工业和信息化部"十四五"规划专著

"十四五"时期
国家重点出版物出版专项规划项目

空间生命科学与技术丛书
名誉主编 赵玉芬　主编 邓玉林

微重力生物学

Microgravity Biology

主　编　李玉娟　王　睿
副主编　吕　芳　谭　信

北京理工大学出版社
BEIJING INSTITUTE OF TECHNOLOGY PRESS

内 容 简 介

微重力生物学是随着载人航天事业的发展而诞生的一门学科，涉及航天条件下生物学学科的多个领域，如天体生物学、空间环境微生物学、空间环境神经生物学等。本书主要聚焦空间微重力条件对人体生理的影响及变化机理、如何对抗微重力引起的生理改变。人体一旦进入太空微重力环境，各主要系统的生理功能势必发生不同程度的适应性变化。对已有飞行任务的大量观察资料和实验研究证明，微重力引起航天员体内水和电解质代谢失调、心血管功能紊乱、消化系统功能失常、骨质丢失及肌肉萎缩、免疫功能下降、神经系统功能紊乱等变化。我国的微重力生物学经历了40多年研究，特别是近10年来成绩斐然，取得了巨大的进展。本书内容主要包括微重力对神经系统、运动系统、体液调节系统、免疫系统、消化系统、循环系统的影响以及微重力引起的各生理系统功能紊乱的药物防护，分别介绍各生理系统有关的国内外研究进展和发展方向，希望能为相关科研人员对本领域的研究提供借鉴。

版权专有　侵权必究

图书在版编目（CIP）数据

微重力生物学 / 李玉娟，王睿主编． －－ 北京：北京理工大学出版社，2023．11

工业和信息化部"十四五"规划专著

ISBN 978－7－5763－3287－2

Ⅰ．①微⋯ Ⅱ．①李⋯ ②王⋯ Ⅲ．①微重力－生物学 Ⅳ．①P312．1

中国国家版本馆 CIP 数据核字（2024）第 000993 号

责任编辑：徐　宁	**文案编辑**：李思雨
责任校对：周瑞红	**责任印制**：李志强

出版发行 /	北京理工大学出版社有限责任公司
社　　址 /	北京市丰台区四合庄路 6 号
邮　　编 /	100070
电　　话 /	（010）68944439（学术售后服务热线）
网　　址 /	http://www.bitpress.com.cn

版 印 次 /	2023 年 11 月第 1 版第 1 次印刷
印　　刷 /	三河市华骏印务包装有限公司
开　　本 /	710 mm×1000 mm　1/16
印　　张 /	21.75
字　　数 /	332 千字
定　　价 /	88.00 元

图书出现印装质量问题，请拨打售后服务热线，负责调换

《空间生命科学与技术丛书》
编写委员会

名誉主编： 赵玉芬

主　　编： 邓玉林

编　　委：（按姓氏笔画排序）

马　宏　　马红磊　　王　睿

吕雪飞　　刘炳坤　　李玉娟

李晓琼　　张　莹　　张永谦

周光明　　郭双生　　谭　信

戴荣继

《微重力生物学》
编写委员会

主　　编：李玉娟　王　睿
副主编：吕　芳　谭　信
编　　委：（按姓氏笔画排序）
　　　　　王志敏　刘骅焱　闫然然
　　　　　杨　静　张宇实　郝梓凯
　　　　　崔姚远

前　言

微重力生物学涉及生命科学多个相关学科，本书主要聚焦微重力引起的机体生理系统改变的相关内容。微重力生物学是研究在微重力环境中生物体的生理变化和适应机制的学科，其可以追溯到20世纪初在高空气球或飞机中进行的生理学观察。随着人类对航空航天领域的兴趣和探索的增强，真正的突破发生在20世纪中期，航天员首次进入太空。这些早期的太空任务揭示了在微重力环境下生物体经历的一系列生理变化，从而引发了对微重力生物学的深入研究。随着太空探索的不断推进，微重力生物学逐渐成为一个独立而重要的学科。在过去的几十年里，科学家们通过在太空实验室中进行实验、观察航天员的生理状况以及利用地面模拟微重力效应的技术，逐渐积累了大量的科学数据和知识。这些研究使我们更加深入了解微重力条件下运动系统、心血管系统、神经系统、免疫系统、消化系统等发生的变化及潜在机制。了解微重力环境对人体生理的影响将对长时间在微重力环境中生活的航天员的健康管理提供重要支持，从而确保航天员在太空中的健康和安全，也可以指导太空任务的设计和执行。

总体而言，微重力生物学的发展为我们提供了更深入了解生物体在微重力环境中如何适应及响应的机制，为太空探索、医学研究等领域的进步提供了基础。通过微重力环境对生物体生理的深入了解也有助于推动医学领域的发展，为应对地球上的健康问题提供新的洞察，不仅拓展了我们对生命科学的认识，而且为改善地球上的医疗实践和健康管理提供了新的视角。

本书主要聚焦微重力对机体多系统的影响，介绍相关国内外研究进展和发展方向，其内容涵盖了微重力对神经系统、运动系统、体液调节系统、免疫系统、消化系统、循环系统的影响以及微重力损伤的药物防护，涉及细胞生物学和分子生物学、运动生理学、免疫学、医学等多个领域。

本书共分为8章，其中，第1章为概论，介绍了微重力生理学的学科定义、背景、重要性及研究方法；第2章介绍微重力对神经系统的影响；第3章介绍微重力对运动系统的影响；第4章介绍微重力对体液调节系统的影响；第5章介绍微重力对免疫系统的影响；第6章介绍微重力对消化系统的影响；第7章介绍微重力对循环系统的影响；第8章介绍微重力机体损伤的药物防护及微重力机体中的药物动力学。

本书在撰写过程中获得了多位专家、学者的指导，在此表示衷心的感谢！由于编者水平有限，书中恐有不当之处，敬请读者批评指正。

作　者

目 录

第1章 概论 1
  1.1 微重力 1
    1.1.1 什么是微重力状态 1
    1.1.2 常见模拟微重力效应模型 2
  1.2 微重力生理学的历史 5
  1.3 微重力生理学问题 8
    1.3.1 长期载人航天面临的问题 8
    1.3.2 微重力时人体生理系统变化的总起因 9
    1.3.3 防护原理及措施 10
  1.4 微重力生理学研究进展与展望 12
    1.4.1 微重力生理学的研究意义 12
    1.4.2 国内外微重力生理学研究进展 12
    1.4.3 微重力生理学研究相关展望 13

第2章 微重力对神经系统的影响 15
  2.1 微重力对感觉功能的影响 15
    2.1.1 微重力对位觉的影响 15
    2.1.2 微重力对视觉的影响 19
    2.1.3 微重力对情绪的影响 27
    2.1.4 微重力对味觉的影响 32
    2.1.5 微重力对其他感觉影响的"空间运动病"症状 37

2.2 微重力对脑调节功能的影响 ... 42
  2.2.1 脑的结构与功能 ... 42
  2.2.2 微重力对不同脑区的影响 ... 45
  2.2.3 微重力或模拟微重力对大脑认知功能的影响 ... 46
  2.2.4 微重力或模拟微重力对大脑运动功能的影响 ... 50
  2.2.5 微重力或模拟微重力对视觉空间信息加工功能的影响 ... 52

2.3 微重力对神经反射的影响 ... 53
  2.3.1 微重力对心血管系统的压力感受器反射活动的影响 ... 53
  2.3.2 微重力对跟腱反射活动的影响 ... 57
  2.3.3 微重力对前庭反射的影响 ... 58

第3章 微重力对运动系统的影响 ... 62

3.1 运动系统基本结构和功能概述 ... 63
  3.1.1 肌肉系统 ... 63
  3.1.2 骨骼 ... 66
  3.1.3 关节 ... 70

3.2 微重力对骨质代谢的影响及应对 ... 72
  3.2.1 骨组织的改变 ... 73
  3.2.2 骨代谢的改变 ... 79
  3.2.3 骨丢失的机理和防护原则 ... 84

3.3 微重力对骨骼肌的影响及应对 ... 87
  3.3.1 微重力造成的肌肉萎缩和功能下降 ... 88
  3.3.2 微重力对骨骼肌代谢的影响 ... 93
  3.3.3 微重力时与骨骼肌供能有关的能量代谢 ... 96
  3.3.4 神经肌肉功能的改变 ... 96
  3.3.5 造成肌萎缩的原因和对机体的影响 ... 98
  3.3.6 微重力对骨骼肌的影响的防护 ... 99

3.4 微重力对平衡-运动系统的影响 ... 102
  3.4.1 动物体的运动平衡系统 ... 102
  3.4.2 微重力对运动协调系统的影响 ... 104

3.4.3 平衡-运动系统的失调发生的机理 　　　　　　　　　　106

3.4.4 微重力造成感觉-运动性改变的应对措施 　　　　　　　108

第4章 微重力对体液调节系统的影响 　　　　　　　　　　　　110

4.1 微重力对人体水和电解质的影响 　　　　　　　　　　　　110

4.1.1 水在体内的重新分布 　　　　　　　　　　　　　　　110

4.1.2 水的丧失 　　　　　　　　　　　　　　　　　　　112

4.1.3 电解质的变化 　　　　　　　　　　　　　　　　　115

4.2 微重力对肾功能的影响 　　　　　　　　　　　　　　　　117

4.2.1 微重力对肾小球滤过率和肾小管重吸收的影响 　　　117

4.2.2 微重力引起的肾脏形态改变 　　　　　　　　　　　118

4.2.3 微重力条件下肾脏各项指标的改变 　　　　　　　　118

4.2.4 微重力所致肾动脉收缩功能的变化 　　　　　　　　120

4.2.5 微重力对肾小管水通道蛋白2表达的影响 　　　　　120

4.2.6 微重力对肾脏氧自由基代谢的影响 　　　　　　　　121

4.2.7 模拟微重力状态对大鼠肾盂肾炎的影响 　　　　　　122

4.2.8 模拟微重力状态对大鼠Toll样受体4表达的影响 　　122

4.2.9 肾结石的形成 　　　　　　　　　　　　　　　　　123

4.2.10 微重力尿白蛋白的影响 　　　　　　　　　　　　124

4.3 微重力对水盐代谢的影响 　　　　　　　　　　　　　　　124

4.3.1 抗利尿激素 　　　　　　　　　　　　　　　　　　125

4.3.2 心房利尿钠肽 　　　　　　　　　　　　　　　　　125

4.3.3 肾素-血管紧张素-醛固酮系统 　　　　　　　　　　126

4.3.4 促肾上腺皮质激素 　　　　　　　　　　　　　　　128

第5章 微重力对免疫系统的影响 　　　　　　　　　　　　　　　129

5.1 免疫系统的基本构成和功能概述 　　　　　　　　　　　　129

5.1.1 免疫的基本概念及免疫系统的基本功能 　　　　　　129

5.1.2 免疫应答的类型及其功能 　　　　　　　　　　　　131

5.1.3 免疫器官与组织 　　　　　　　　　　　　　　　　132

5.1.4 免疫分子和免疫细胞及其介导的免疫学功能 　　　　138

5.2 微重力对固有免疫及适应性免疫应答功能的影响 150
  5.2.1 微重力对免疫器官的影响 153
  5.2.2 微重力对免疫细胞及其介导的免疫应答的影响 157
  5.2.3 航天微重力下免疫功能变化的机理 170
  5.2.4 航天微重力下免疫功能变化预警及应对措施 171

第6章 微重力对消化系统的影响 173
引言 173
6.1 微重力对口腔的影响 174
  6.1.1 口腔的结构与功能 174
  6.1.2 微重力对咀嚼和吞咽能力的影响 174
  6.1.3 微重力对分泌功能的影响 176
  6.1.4 微重力对干细胞增殖和分化的影响 177
  6.1.5 微重力对口腔微生物的影响 177
6.2 微重力对胃的影响 177
  6.2.1 胃的结构 178
  6.2.2 胃的功能 182
  6.2.3 胃的自我保护机制 184
  6.2.4 微重力对胃的影响 184
6.3 微重力对肠道的影响 188
  6.3.1 小肠的结构与功能 189
  6.3.2 大肠的结构与功能 193
  6.3.3 微重力对肠功能的影响 195
6.4 微重力对肝脏的影响 207
  6.4.1 肝脏的结构与功能 207
  6.4.2 微重力对肝脏功能的影响 210
6.5 微重力对胰脏的影响 217
  6.5.1 胰脏的结构与功能 217
  6.5.2 微重力对腺体状态和功能的变化的影响 219
  6.5.3 微重力对胰岛移植治疗的影响 219

小结　221

第7章　微重力对循环系统的影响　223
　7.1　微重力对血流量的影响　223
　　7.1.1　微重力对血浆容量的影响　224
　　7.1.2　血浆容量减少机理　225
　　7.1.3　微重力对红细胞的影响　227
　　7.1.4　微重力时红细胞减少的机理　232
　7.2　微重力对血液流变性的影响　234
　　7.2.1　血黏度增加　235
　　7.2.2　红细胞变形能力　236
　7.3　微重力对心血管调节功能的影响　238
　　7.3.1　微重力对心脏的影响　238
　　7.3.2　微重力对血管的影响　242
　　7.3.3　心血管调节功能　246

第8章　航天生理损伤的药物防护　253
　8.1　微重力骨丢失防护药物　253
　8.2　微重力下肌肉萎缩防护药物　255
　8.3　微重力心血管功能紊乱防护药物　257
　8.4　微重力及空间辐射消化道损伤防护药物　258
　8.5　微重力及辐射神经系统损伤防护药物　259
　8.6　微重力机体中的药物动力学研究　260
　　8.6.1　微重力条件下的药物吸收　261
　　8.6.2　微重力条件下的药物分布　264
　　8.6.3　微重力条件下的药物代谢　266
　　8.6.4　微重力条件下的药物排泄　269
　　8.6.5　展望　270

参考文献　271
索引　324

第 1 章
概　　论

■ 1.1　微重力

1.1.1　什么是微重力状态

　　生活在地球上的人与其他生物，始终处于 $1g$ 的重力环境中，并在长期的进化过程中形成了和地球重力环境相适应的生理结构与功能特征。重力（$1g$）在我们日常生活中的普遍性使我们容易忽略其在形态学和生理学上的重要性。机体的骨骼（bone，skeleton）和肌肉支持系统、细胞泵、神经元以及重力受体和转换器都是在 $1g$ 重力环境下进化而来的。但是进入太空飞行后，生物有机体将处于微重力的状态，会给航天员的机体带来多方面的影响。

　　要了解什么是微重力，就要先明确什么是重力。重力是由于地球吸引而使物体受到的力，一切在地球表面或者附近的物体都要受到地球的引力作用，因此都有重力。进入太空飞行后，有两种因素会造成微重力状态：首先，当飞行器所处位置离地心越远，所受地球引力就越小，离开地球表面足够远后，所受到的地球引力大幅减小，于是就达到了一种"微重力"状态。如飞行器位于地球和月球的连线时，越远离地球，地球引力越弱，月球引力越强，最终在靠近月球端的某一个引力平衡点时，就会出现微重力。其次，当飞行器以第一宇宙速度保持匀速圆周运动围绕地球飞行时，飞行器内物体相当于在自由落体，也会处于微重力状态，只是飞行器的水平移动和自由落体的组合，使飞行器和其内物体做圆弧运动,而不是掉向地面。

1.1.2 常见模拟微重力效应模型

太空飞行提供了唯一的微重力环境,针对航天特因微重力环境的科学实验可以扩展我们对引力生理学的基本理解,并可能为正常生理学和疾病过程提供新的见解。空间站是一个在太空中运行的实验室,为科学研究提供了真实微重力环境。科研人员可以在空间站进行空间生命科学实验,研究微重力对各种生命现象的影响。但由于太空飞行实验的低频率和高耗费,为能在地面上研究微重力状态可能会对航天员造成的生理影响,并寻找合适的防护及治疗措施,保障航天员在轨期间的身体健康与正常工作,需要建立地面模拟微重力模型,模拟太空飞行中的微重力状态,便于地面进行相关研究。目前常见的地面模拟微重力效应模型主要有以下几种。

1. 人体模拟微重力效应模型

随着载人航天的开始,地面上各种人体模拟微重力模型研究陆续开展,主要包括浸水实验、抛物线飞行实验、人体头低位卧床实验等。

浸水实验主要有两种方式:一种是使受试者以坐姿或卧姿浮在特制水槽中的水面上(水槽内水温 30~34 ℃,含盐量 1%~2%);另一种是使受试者穿上特制服装潜入水中。浸水实验所产生的体液再分配、肌肉活动减少、代谢降低等生理变化与微重力状态类似,但是其不足在于身体各部分不在同一水平线上,实验条件对人体各部分的影响不同。目前,浸水实验多用于航天员的训练。

进行抛物线飞行的"零重力飞机"或"微重力飞机"能够在短暂时间内(20~40 s)创建微重力状态,使得舱内的物体(包括动物模型)在飞行的某些阶段经历微重力状态,但是持续时间短暂,仅能用于研究即刻的生理反应和微重力感觉,不能模拟长期微重力对人体的影响,因此通过抛物线飞行进行实验有很大的局限性。

人体头低位(-6°)卧床实验不能严格地称为 $0g$ 重力模拟,重力作用明显是存在的,但是头低位卧床可以模拟微重力状态下的体液头向分布和运动减少,故头低位卧床引起的心血管功能紊乱、肌肉萎缩、骨质疏松、内分泌失调、水盐代谢变化、免疫功能下降等生理变化与真实航天飞行中观察到的现象非常相似。

因此，人体头低位卧床实验是国际上观察人体微重力生理效应以及探索防护措施效果的主要研究方法之一。

2. 动物模拟微重力效应模型

部分实验无法直接在人体上进行，因此就需要建立动物模拟微重力效应模型，用动物代替人进行实验。地面上动物模拟微重力效应模型主要包括猴头低位（-10°）模型、兔头低位（-20°）模型、大鼠尾悬吊/小鼠后肢卸力模型等，如图1-1所示。

图1-1 常见动物模拟微重力效应模型

资料来源：Zhang X, et al. Simulated weightlessness procedure, head-down bed rest impairs adult neurogenesis in the ippocampus of rhesus macaque [J]. Molecular Brain, 2019, 12 (1)：46. Yao Y J, et al. Changes of loading tensile force-stretch relationships of rabbit mesenteric vein after 21 days of head-down rest [J]. Acta Astronautica, 2008, 63 (7-10)：959-967. 陈杰等. 一种模拟长期失重影响的大鼠尾部悬吊模型 [J]. 空间科学学报, 1993, 13 (2)：159-162.

猴在生物进化及组织器官结构、生理习性和代谢功能上同人类相近，能感染和人类类似的疾病。因此，以猴为研究对象模拟微重力效应对人的影响，最易解决与人类相似的病害及其有关机制问题。构建猴的模拟微重力模型时，将猴捆卧于特制的床上，使其头低位，与水平方向呈10°，并将食物放置在猴能自由取食的位置。但是因为猴是一种极为珍贵的实验动物，实验要求高，大部分实验室无法达到用猴进行实验的标准。

啮齿动物在遗传、生物和行为上的特征非常接近人类，细胞核DNA（脱氧核糖核酸）的资料支持啮齿动物是灵长动物的旁系，两者共同组成了灵长总目。因此，啮齿类动物可以更好地被用来模拟构建人类疾病、开展药物筛选及评价研究。最常用的啮齿类实验动物包括兔、大鼠、小鼠等。用兔子构建模拟微重力效应模型时，将实验兔安置在特殊设计的可倾斜笼子中，将其身体固定，并保持头向下20°、尾向上的姿势，头部可以完全自由活动。

大鼠、小鼠作为最常用的实验动物，具有繁殖迅速、相对成本低、基因结构和生理功能与人类有一定相似性、基因易于操控、生命周期短等优势。以大鼠/小鼠为研究对象进行模拟微重力效应实验时，用医用胶布缠绕大鼠/小鼠尾部，并悬挂至吊尾笼顶部的悬挂杆上，通过调节悬挂绳的长度或顶部悬挂杆的高度，使大鼠/小鼠后肢离地，前肢触地，身体与地面成30°角，并且可以自由获得水和食物（即 Morey – Holton 模型）。尽管啮齿类动物在实验研究中有诸多优势，但研究者也需要注意到其生物学差异，特别是在将实验结果推广到人类时可能存在的限制。

总而言之，无论是以猴、兔、大鼠/小鼠，还是以其他动物为对象进行模拟微重力效应实验，都无法达到真正的微重力状态，只是在该模型下，实验动物的生理变化与微重力状态相似，因此可用来模拟微重力效应。

3. 细胞或组织模拟微重力效应模型

细胞或组织模拟微重力效应模型构建主要通过回转器，目前常见的回转器包括美国国家航空航天局（NASA）开发的旋转细胞培养系统（rotary cell culture system，RCCS），以及国内开发的3D细胞回转器、2D细胞回转器等。

微重力细胞培养系统是一种用于在地球上模拟微重力环境的实验设备，广泛应用于生物医学研究，特别是在探索细胞和生物体在太空条件下的行为方面。它通过旋转悬浮的细胞或组织，使其体验到类似于太空中微重力的条件。RCCS 的主要特征和原理包括：①旋转悬浮。RCCS 使用旋转的悬浮系统，使培养液中的细胞或组织能够在微重力条件下生长，并通过旋转使细胞体验到的重力减小，从而模拟微重力环境。②气泡气体交换。RCCS 设备通常设计成允许气泡通过培养液，促进气体交换，有助于提供细胞所需的氧气和养分，同时移除代谢产物。③悬浮培养。细胞或组织通常以悬浮状态放置在旋转的培养舱中，这种悬浮状态更接近自然环境，有助于模拟太空中的微重力条件。④温度和湿度。RCCS 设备通常具有温度和湿度控制功能，以提供适宜的培养条件，确保实验的准确性和可重复性。

3D 细胞回转器又称随机定位仪，是一种利用离心技术在地面模拟微重力生物效应的设备。该装置含两个相互垂直的转轴，分别驱动外框和内框进行独立转动，速度和方向不断变化，使放置在内框上的细胞在三维方向回转。从力学角度考虑，该装置模拟微重力生物效应的原理是基于重力矢量平均，即回转时以细胞为参照，重力方向不断变化，在一个回转周期内重力矢量和为零。

2D 细胞回转器与 3D 细胞回转器不同，主要针对细胞在平面上的生长和反应。它可以使样品绕垂直于重力场的轴旋转，其旋转速度必须足够快，才能使旋转系统不再感知快速旋转的重力矢量的一种状态，从而达到模拟微重力效应的目的。例如，设定回转半径为 1.5 cm，转速为 24 r/min，此时模拟的微重力大小约为 $10^{-3}g$。

回转器的应用涉及细胞生物学、组织工程、免疫学等多个领域，通过回转器构建模拟微重力细胞模型可以更好地理解细胞在微重力环境中的行为，研究其生长、分化、基因表达等方面的变化。这对于深入了解太空环境对生物体的影响，以及在长时间太空探索任务中维持生命和健康方面具有重要的意义。

1.2 微重力生理学的历史

征服太空一直是人类的愿望，20 世纪初，航空航天科学与技术兴起，微重力生理学也随之诞生。航天员在进入环地球轨道飞行后，重力几乎完全消失，处于一种微重力的状态。人们开始认识到在太空中细胞和生物体经历微重力条件，这引起了科学家对微重力生理学影响的兴趣。在国际空间站（ISS）建成后，航天员在空间站的几个月在轨生活证实了早期对短期太空飞行的观察结果，即微重力会影响航天员的健康，从而引发了对微重力生理学的深入研究。微重力生理学试图了解微重力诱导的健康问题的机制，并构思有效的对策。有四个方面使微重力生理学具有吸引力：一是找到更好地使航天员适应微重力的策略；二是确定微重力诱导的疾病（例如骨质疏松症、肌肉萎缩、心脏病等）；三是定义新的治疗方法来战胜这些疾病，最终使航天员和地球上的人们受益；四是最重要的，揭示与微重力相关的分子和细胞变化的机制是改进航天医学的要求。微重力对人体的生理系统有明显的影响，深入揭示长时间微重力生理影响的机制，并提出全面、有效的多系统对抗措施，对实现载人航天目标甚为关键。以下是微重力生理学发展历史的主要里程碑。

1. 早期空间探索

微重力生理学可以追溯到 20 世纪初的航空研究，但真正的关键时刻是 20 世纪50年代初，人类进入太空时代。早期的航天员在太空中经历了微重力的环境，引起了科学家对生物体在微重力条件下的反应的关注，其对于是否能在太空中生存产生了明显的分歧。一方认为微重力环境可能会使人体的各生理系统功能受到影响，从而可能会危害到航天员的健康和生命；而另一方认为航天员机体在在轨期间可以适应微重力环境，根据微重力环境调整各项生理功能，认为载人航天是可行的。因此，微重力生理学研究初期的任务就是收集相关医学和生理学资料，确认载人航天的可能性和安全性。

2. 早期的动物实验

20世纪50年代和60年代初，科学家通过在飞机上进行的拟微重力飞行以及后来的生物火箭和卫星实验，开始研究不同生物在微重力环境下的生理学变化。这些实验主要集中在微生物、植物和小型动物上。1946—1947年，美国最先开始采用生物火箭进行实验动物（猴）的微重力飞行。1946—1959年，美国共发射了14枚生物火箭，每次的微重力时间仅持续 $2 \sim 3$ s。而同期，苏联也开始利用生物火箭进行一系列的微重力生理学研究。1949—1959年，苏联共发射了26枚生物火箭，进行了52只实验狗的微重力飞行实验，且单次最长微重力时间为10 min。此外，1957年，苏联还将名为"莱伊卡"的实验狗通过航天器送入地球轨道，在轨飞行1周。其后，1960—1961年，苏联还成功发射了4次载狗航天器。20世纪60年代，中国科学家也曾用狗进行了少量的生物火箭实验。通过生物火箭实验，国内外研究者分别收集了实验动物在微重力条件下的部分重要生理学指标，包括心率、血压、呼吸和体温等，证明了实验动物可以较好地适应微重力环境，且未出现危及生命的现象，为载人航天的发展奠定了基础。

3. 人类航天的研究

1961年4月12日，苏联航天员加加林乘"东方"1号载人飞船进入太空，开创了载人航天的新纪元，国际上也以此为标志开始了少于2周的短期载人航天飞行，苏联陆续发射了"上升号"和"联盟号"载人飞船，美国则发射了"水星""双子星座"和"阿波罗"载人飞船。通过载人飞船的发射以及航天员在轨生理状态的监测，美国与苏联研究学者广泛收集了航天员在飞行前、中、后发生的生理变化数据，包括心率、血压、呼吸描记图、心电图、心震图、脑电图、眼电图、肌电图、体温及皮肤电活动等，重点关注航天员的心血管系统、前庭系统和工作能力。为了较深入地研究短期微重力时人体生理系统的变化与机制以及发展相应的防护措施,美国利用航天飞机(Space Shuttle)作为空间实验室进行了3次生命科学航天飞行(1991年的SLS-1、1993年的SLS-2与1993年的D-2)。1999年,美国还发射了专门进行神经科学和行为研究的空间实验室——"神经实验室"。研究结果表明,短期微重力飞行后,航天员生理系统主要出现以下变化:在飞行初期,航天员容易出现航天运动病症状;在飞行过程中,部分航天员会出现心律失常和T波降低、定向障碍和错觉,且在舱外活动期间,航天员会出现高于预期的代谢损失;在飞行返回后,航天员出现立位耐力和运动耐力下降、脱水和体重损失、红细胞质量下降、血浆容量减少、骨密度降低等现象。尽管微重力对航天员的生理系统有一定影响,但航天员可以实现在太空环境中进行短时间的生活和工作,也可以适应舱外活动和登月。

4. 国际空间站的研究

美国于1973年发射了"天空实验室"(Skylab)试验性空间站,先后有3批航天员在空间站分别生活和工作了28天、59天和84天;苏联从1971年起先后发射了"礼炮"1~7号和"和平号"空间站,航天员在轨分别生活与工作了30~438天。国际空间站的建设和持续运营,使人类可以进行更长时间的太空任务,为微重力生理学提供了独特的机会。航天员在国际空间站上长时间居住,使科学家们能够更全面地研究长期微重力环境对人体生理功能的影响。长期航天飞行的医学研究结果表明,人类可以适应微重力环境,且不同生理系统的适应过程不同。在轨飞行期间,微重力会引起人机体内环境紊乱,并通过激活特定的功能系统使机体适应长期微重力环境,航天员在长达1年多的航天飞行中可以在微重力环境中很好地生活和工作。但是,长期的微重力环境也会使人的生理系统出现一定程度的病理学改变,如抗重力肌萎缩、骨质疏松、立位耐力下降和心电图改变等,需要采取相应防护措施,维持航天员在在轨期间的身体健康和工作能力以及返回后的再适应能力。

5. 地面实验和模拟

为了更好地理解微重力的效应,科学家们设计了一系列地面实验和模拟,包括使用离心机、水平床休息试验等以模拟微重力环境。20世纪60年代,我国先后建立了航天医学工程研究所(现名为"中国航天员科研训练中心")、第四军医大学航医系，开始了系统的空间医学与微重力生理学的研究。多年来，我国航天医学不仅建立了大型地面模拟设备，还取得了一批重要的科研成果，为航天员的选拔和训练、了解模拟微重力时各生理系统的变化及其机理、制订微重力防护措施提供了坚实的研究基础。在地面模拟状态下进行生理学研究，从整体上观察模拟微重力对人体生理系统的影响，对其变化机理进行初步的研究，并深入研究微重力生理学的分子和细胞机制，制订一些行之有效的防护措施，有助于保障航天员的在轨安全与正常工作。

6. 未来展望

自 1999 年 11 月至 2019 年 4 月，我国长征系列运载火箭先后将神舟系列宇宙飞船、北斗、嫦娥卫星送入太空，预示我国航天运载技术的进步。2022 年，中国"天宫"空间站全面建成，并正式投入运营，国内科学家们也陆续进行一些搭载的实验研究，如搭载具有多种细胞（神经细胞、胶质细胞与免疫细胞等）在轨共培养和分析作用功能的空间微流控芯片生物培养与分析载荷。随着太空探索的继续，微重力生理学仍然是一个活跃的领域。未来的研究可能包括更深入的分子水平的研究、开发适应性对策以减轻微重力效应，以及探索在太空长期居住下维持健康的方法。

1.3 微重力生理学问题

1.3.1 长期载人航天面临的问题

人类生活在具有 $1g$ 重力加速度的地球引力环境已有数百万年，人体生理系统机能及解剖结构早已适应了这一重力环境，载人航天飞行时面临的微重力环境会导致人体心血管功能紊乱、肌肉力量下降等生理学变化，其中心血管机能改变最为明显。长期航天飞行返回后，航天员的运动能力和立位耐力下降，常会出现直立位低血压、头晕甚至晕厥等，严重影响航天员飞行后对地球重力环境的重适应，同时威胁航天员登陆其他相似重力环境的星球。此外，还可能影响航天员在突发紧急情况下独立离开着陆飞船的能力。因此，克服长期载人航天飞行过程中微重力所带来的机体生理变化对保证航天员的安全和健康至关重要。

1.3.2 微重力时人体生理系统变化的总起因

微重力条件下，人体生理系统经历多方面的变化，这些变化可以追溯到微重力对人体的整体影响，以下是微重力时人体生理系统变化的总起因。

1. 感觉传入冲动改变

人在长期的进化过程中逐步产生适应重力环境、具有各种特异功能结构的感受器，这些感受器不断地向中枢系统发送信号，使中枢神经系统（CNS）产生一系列适应地球环境的调节机制。航天中，由于重力消失，一些与重力刺激有关的感受器，如前庭感受器、压力感受器、触—压力感受器、肌肉与肌腱感受器等的传入冲动发生变化，这些变化势必导致在地面长期形成的、储存于各级神经中枢内的感觉—调节模式紊乱，同时也更新原来储存的信息，出现中枢神经系统的重调和生理系统的改变，以适应新的微重力环境。这种中枢感觉冲突的紊乱是引起航天员初期出现航天适应性综合征和感觉—运动紊乱的主要原因，也是长期航天中一些生理功能紊乱的起因之一。

2. 缺乏引力负担

在地球上，人类无论是行走、站立还是工作，都要克服地心引力的作用，经过长时间的发展进化，形成了一套适应重力的、发达的肌肉和骨骼系统对抗引力作用，以维持结构和功能。而在微重力条件下，人体不再承受地球引力的负担，人运动和工作时不需要对抗重力作用，这导致肌肉、骨骼和其他组织受到的力减小，导致相应的适应性变化。由于缺乏重力的作用，骨骼系统无法承受正常的负荷刺激，这会影响骨形成，导致骨密度下降并增加骨质疏松的风险。同时，肌肉承受的负荷减少，可能导致肌肉质量和力量的下降，从而使机体更容易发生肌肉萎缩。

3. 血液/体液头向分布

在地球上，健康人每天 2/3 的时间均以或站或坐的直立位姿势处于地面 1g 重力环境中，由于重力的作用，血液/体液足向分布，血压由头部到脚部依次增加，假如心水平动脉压为 100~110 mmHg，则头部为 70~80 mmHg，而足水平可能高达 200~220 mmHg。而进入微重力状态后，由于重力作用消失，血液/体液的分布和流动发生变化。血液的头向转移会减小腿部的压力相关血管内容量，并且导致上半身血管内壁压力和容积增大。虽然心水平动脉压可能仍维持在 100 mmHg 左右，但眼水平动脉压会显著升高、足水平动脉压显著降低均维持在 100 mmHg 左右，进而造成循环血流增加，颈动脉窦和主动脉弓的压力感受器受到牵张刺激而兴奋，随后通过反射性调节使心率减缓以调节血压。体液的头向转移会使机体面部组织体液增加 7% 左右，小腿部位组织体液减少 17% 左右，眼睑和面部水肿、鼻塞、颈部静脉曲张等现象在航天飞行的前几天会逐渐减轻但直到回到地球前夜不会完全消失。

血液/体液的头向转移将产生以下影响：①机体各组织器官的血液供应状态发生改变，从而引起其结构和代谢的变化；②体液向上身分布，刺激心房中的感受器，可以反射性地引起排尿增加，血液中的水分丢失增多，血细胞所占的比例相对增高，血液变得黏稠，是造成航天血瘀证的原因之一；③红细胞生成素与红细胞质量降低，从而降低氧气的运输能力；④身体内血管所受的压力发生改变，改变对相关压力感受器的刺激，从而影响血压等生理功能的调节；⑤脑部过度充血，影响脑部血液供应，提高眼内压及颅内压，影响脑的功能调节，长期眼内高压还可能损伤视力。

这些变化是由于微重力环境中缺乏地球引力而引起的，对在轨工作的航天员的健康和适应性具有重要影响，同时也为地球上一些相关疾病的研究提供了有趣的观点。科学家和医生正在努力找到解决这些问题的方法，以使航天员在太空任务期间保持良好的健康状态。

1.3.3　防护原理及措施

为了减轻微重力条件对航天员的生理效应，科学家和航天机构采取了一系列防护措施。这些措施旨在维护航天员的健康和适应性，同时减小微重力环境对生理系统的不利影响。以下是一些常见的微重力生理效应的防护措施。

1. 运动和锻炼

定期的体育锻炼对于维持肌肉和骨骼健康至关重要。在太空任务中，航天员会进行特殊设计的运动计划，以减轻肌肉和骨骼负担，促进血液循环，提升心血管健康。

2. 重力模拟

地面上的重力模拟器（航天器旋转或舱内短臂离心机）可用于模拟地球引力，产生的惯性力作为"人工重力"（artificial gravity）提供一定程度的重力负担，这有助于对抗微重力的不良影响，减小微重力环境对骨骼和肌肉的负面影响。

3. 科学营养膳食

饮食中，蛋白质和钙的充足摄入对于维持骨骼健康至关重要。航天员的饮食会特别关注这些营养素的摄入。美国对所有执行航天任务的航天员均按正常人群膳食营养素推荐供给量的125%加以供给。我国航天员推荐的营养素需要量标准目前主要以中国营养学会制定的国人摄入量为依据，这对短期航天任务是适宜的，但长期航天飞行要根据微重力的生理效应进行修正，特别是应降低膳食铁的供应和增加维生素 C 和维生素 D 的供给量，在长期微重力环境下，机体对一些微量营养素和抗氧化剂的需要量也高于地面。

4. 水分管理

水分管理包括保持水分平衡、减轻面部浮肿等问题。

5. 光照控制

太空飞行过程中的光照控制对于维持生物钟和心理健康也很重要，航天员在太空中接受精心设计的光照计划，以维持正常的生理节律。

6. 生理监测和医学研究

航天员在太空中接受定期的生理监测和医学研究，以了解他们的生理状态，有助于及早发现潜在的健康问题并采取相应的防护措施。

7. 合理用药

一些抗骨质疏松药物可能被用于减缓或预防在微重力条件下骨密度减小的问题。此外，人参、黄芪、红景天、银杏叶、丹参、川芎等中药的有效成分（包括鼠李素、木犀草素、槲皮素、白藜芦醇、川芎嗪等）具有改善组织微循环、提升细胞抗氧化能力等作用，可对抗模拟微重力诱发的氧化应激损伤和其他生理效应。按照中医药理论组成的复方制剂可对抗微重力条件下机体多系统的功能异常。近年来，我国特色的中药防护研究取得了一定进展，开发了对抗微重力导致的心血管系统功能紊乱、骨丢失以及肌肉萎缩的多种中药复方制剂，起到了良好的干预效果。

上述各类防护措施的目标是维持航天员在太空中的整体健康和适应性，减小微重力环境对生理系统的不良影响。随着太空任务的不断发展，科学家和医生将继续寻找新的方法来改进这些防护措施，使航天员在长期太空任务中保持良好的身体和心理状态。

1.4 微重力生理学研究进展与展望

1.4.1 微重力生理学的研究意义

生物机体是在地球 $1g$ 的环境下进行生产生活的，早已适应了重力环境。当生物机体通过搭载的方式进入太空时，微重力、辐射以及洞穴环境会导致其产生各种各样的变化甚至可能带来生存的威胁。随着各国航天事业的进步与发展，科学家对空间生命科学的研究兴趣日益浓厚。其中，关于微重力环境下的生理学研究也有众多报道，包括微重力造成的多系统损伤问题、航天用药安全以及航天员的防护训练等内容，研究对象包括动物、植物、微生物个体以及具体的细胞系。局限于航天搭载机会的珍贵性，如今国内外关于微重力环境的研究多在地面构建的模拟微重力效应环境下进行，此方面的研究均具备了一定的数据基础，能为载人航天技术以及其他空间生命科学的相关研究提供理论指导。另外，模拟微重力效应下的"太空育种"方式为丰富种源和农作物的增产、增质提供了新途径，成为新型的育种方式。

1.4.2 国内外微重力生理学研究进展

美国、苏联是最早进行载人航天相关科研工作的国家，其早期数据证实人可以适应微重力环境，但也观察到微重力对一些生理系统产生不利的影响，尤其是心血管系统、肌肉系统和骨骼系统。例如，心血管系统方面，流体静压消失、血液头向分布，航天员立位耐力和有氧能力降低；肌肉系统方面，肌肉萎缩、肌肉力量降低，导致航天员易疲劳；骨骼系统方面，骨吸收增强、形成减弱，骨矿化程度降低，导致骨密度下降，航天员体重减少等，如表 1-1 所示。国外航天生理学研究主要分为三个阶段：①航天准备阶段，通过地面模拟微重力条件确定人进入太空的可能性与安全性；②飞行试验阶段，观察模拟微重力对生理系统的影响并制订防护措施；③系统试验阶段，对航天员在轨不同周期下生理、心理以及结合医学防护的研究。

表 1-1 微重力对航天员机体的影响与危害

生理系统	微重力时变化	危害
感觉系统	视力轻度下降，味觉功能改变，易产生错觉	轻度影响健康和工作
运动系统	失去定向能力，运动协调能力降低	影响飞行中和返回初期的工作
心血管系统	心功能下降，心律失常，血管功能改变，心血管失调	影响飞行中的健康和工作，返回后再适应能力下降
前庭功能	空间运动病（SMS）	身体不适，明显影响短期航天任务
血液系统	航天贫血症，血黏度增高	引起心血管系统和其他系统变化
肌肉系统	肌肉功能下降，肌肉萎缩	引起机体协调性变差
体液系统	体液重新分布，水和电解质丢失	降低立位，导致心律失常，影响细胞的代谢功能
骨骼系统	骨质疏松，钙磷代谢失衡	影响长期航天飞行任务，易引起骨折，影响其他生理功能
免疫系统	免疫器官萎缩，免疫功能下降	增加患病机会，可能贻误病情

国际上的太空育种研究始于 20 世纪 70 年代，以航天员及未来的太空移民在空间站滞留时实现必要的自给自足为目的。后来人们发现，种子在太空发生了变异，是可以拿回地球、服务于民众的。目前，关于太空育种的研究已经不只是局限于农作物如太空椒、娃娃菜等，还有果木如枇杷甚至茶叶等。对服务于未来太空生存的航天育种，建造"会飞的农场"。目前我国正在进行模拟微重力实验，航天育种产业创新联盟秘书长、中国空间技术研究院原航天生物总工程师赵辉介绍说："从小麦、水稻到各种蔬菜，茎菜、叶菜类等都有，不同类型的作物在天上种植有不同的使用目的和需要，有的就是为了获取食物，有的就是为了参与受控生态系统建设。"

1.4.3 微重力生理学研究相关展望

微重力生理学的研究在未来仍将继续为太空探索、航天员健康和地球上相关疾病的理解提供有益的信息。以下是微重力生理学研究相关展望。

1. 长期太空任务

随着人类对深空探索的兴趣增强，如登陆月球和火星的计划，长期太空任务将成为现实。未来的研究将关注在这些任务中如何最好地维持航天员的健康，减小长期微重力环境对生理系统的潜在影响。

2. 基因和分子水平研究

随着分子生物学和基因研究的发展，未来的微重力生理学研究可能更加关注基因表达和分子水平的变化。这将有助于揭示微重力条件下细胞和组织的更深层次的适应性和响应机制。

3. 生命支持系统

在长期太空任务中，研究生命支持系统的进一步改进将是关键。这包括寻找更好的方式来维持航天员的营养、水分平衡、光照控制等，以使他们在太空中保持良好的健康状态。

4. 新技术和设备

未来可能会出现更先进的技术和设备，用于模拟微重力环境、监测航天员生理状态以及进行实验研究。这些技术将提供更准确、可控的实验条件，有助于深入了解微重力对生物体的影响。

5. 地球上相关疾病的研究

微重力环境中观察到的一些生理变化可能与地球上某些疾病的发展有关。未来的研究可能会探讨微重力条件下细胞和生物体的生理变化如何关联到骨骼健康、免疫系统功能和其他地球上的医学问题。

6. 跨学科研究

微重力生理学未来可能会更加强调跨学科研究，涵盖生物学、医学、工程学等多个领域，这将有助于综合理解微重力条件下的整体生理学变化。

随着太空探索的不断发展和技术的进步，微重力生理学的研究将继续为人类在太空中的健康和适应性提供重要的见解。这些研究成果也可能在地球上应用，帮助解决一些与骨骼、肌肉、免疫系统等相关的医学问题。

# 第 2 章
微重力对神经系统的影响

2.1 微重力对感觉功能的影响

人的重力感知来自感觉器官（如眼睛、耳朵、内耳前庭器、肌肉、关节、皮肤等）对重力信号的获取，并将其提供给大脑，以判断身体重心位置及躯体各部分相对位置的精确信息。然而，人们在日常生活中却很少感受到重力的存在，因为大多数重力信号来自恒定的地球引力（包括大小及方向），而人类在进化中已经产生了许多无意识的反应能力来对抗这些无处不在、永恒的地球引力。但是，当机体处于上升或下降的运动状态，如乘电梯、飞机起飞或坐过山车时，人们又能感受到地球引力（重力）的作用。在航天环境中，重力的变化会对航天员的心理、生理产生影响，最直接的影响就是由感官感受到的，包括对运动的辨别失衡（或方向的迷失）、视觉影响、情绪焦躁、食欲不振及眩晕等，这些都是在特定太空环境中发生的，也常被称为太空运动病，本章主要介绍太空环境中的微重力因素对人类多种感官造成的影响及其成因。

2.1.1 微重力对位觉的影响

1. 内耳前庭器的生理结构

在人的感觉器官中，内耳前庭器是很重要的。它对人体位置变化比较敏感，与维持运动平衡相关。内耳前庭器由三个半规管和耳石器（包括椭圆囊和球囊）组成，且与耳蜗器官组成了人体内耳的膜迷路系统，能感受自身的运动状态及头部在空间的位置。半规管是角加速度计，当头部旋转时，它能感知任何方向的角加速度。它不是对身体在重力作用下的位置做出反应，而是对身体位置的变化做出反应。相比之下，胞泡和囊泡构成多向线性加速度计，它们对身体的平移和倾斜做出反应。囊和胞室是充满液体的小囊，它们的内表面排列着不同长度的感觉毛细胞。覆盖在感觉毛细胞上的是胶状基质，即耳膜，其中含有固体碳酸钙晶体，被称为耳石。半规管对头部角度的变化比较敏感，也被称为角加速度感受器，可以感知机械刺激造成的头部位置变化。而椭圆囊斑和球囊斑能积极响应线加速度的变化（指由外力产生的加速度），能感受头部静止的位置及直线变速运动引起的刺激。内耳前庭器的结构如图2-1和图2-2所示。其中，半规管根据所在位置的不同可以分为外半规管、上半规管和后半规管三部分。当人直立且头向前倾30°时，外半规管所在平面与地面平行，同侧三个半规管互相垂直。椭圆囊位于前庭后上部，通过结缔组织纤维、前庭神经等紧密连接在骨壁上，呈椭圆形囊状结构。其底部具有椭圆形、较厚的感觉上皮区，内有神经纤维分布，可感受位觉，即椭圆囊斑。而球囊较小，位于椭圆囊前下方，通过纤维组织、前庭神经的球囊附着在前庭的骨壁上。球囊斑位于球囊前壁，呈"7"字形，结构类似于椭圆囊斑，二者与壶腹嵴均属前庭终器，具有毛细胞（有Ⅰ型和Ⅱ型，前者有神经杯包绕，后者无）和支持细胞，且毛细胞的纤毛深入其中。

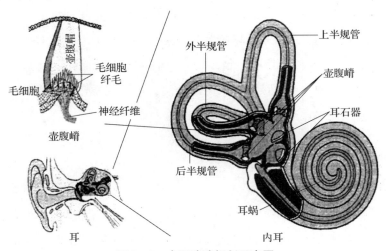

图2-1 内耳迷路解剖示意图

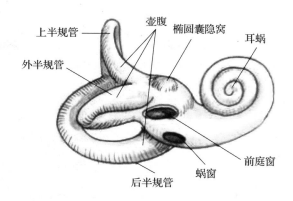

图 2-2　内耳前庭器的结构示意图

2. 内耳前庭器的功能

内耳前庭器是人体的主要位觉感受器。其中，半规管是角加速度感受器，其原理大致为：角加速度作用可使半规管内的淋巴液发生惯性作用下的反旋转方向流动，进而推动壶腹帽顺应淋巴液流动方向倾斜，通过牵引毛细胞的纤毛刺激感觉细胞。毛细胞根据纤毛受牵引的方向不同，发生兴奋或抑制，调节传入神经的放电频率，从而实现对角加速度的感应。一般地，感觉纤毛朝动纤毛的方向移动，细胞膜去极化，毛细胞兴奋，传入神经的放电频率增加；相反，细胞膜超极化，毛细胞受抑制，传入神经的放电频率减少。椭圆囊斑或球囊斑是线速度感受器，其原理为：线加速度可使耳石按反作用力的方向移动，使椭圆囊斑或球囊斑中的毛细胞纤毛受到牵引作用，发生与半规管类似的信号传导现象，将机械刺激转换为神经电活动传入中枢。

3. 航天微重力环境对内耳前庭器的影响

在微重力环境下，人体在引力场中自由运动时不受重力影响，即重力加速度 $g=0$，处于"漂浮的状态"，由半规管与椭圆囊或球囊组成的内耳前庭器对人体运动状态信号的获取不再那么敏感。正常情况下，外半规管与地面平行，同侧三个半规管相互垂直，而微重力状态下，人体很难维持直立状态，半规管对地面的方向判断会受影响，体液的流动也不如在地面时有规律，则依靠半规管内淋巴液发生惯性的反方向旋转来传导机械信号的机制也会发生紊乱，表现为机体察觉不到头部的偏转。另外，基于相互作用力原理的椭圆囊对线速度的感受也不敏感，表现为对运动方向失敏,产生空间定向障碍。其实质是内耳前庭器对方向的分辨取决于重力,在微重力环境中内耳前庭器无法发挥作用,会使大脑产生对方向的迷失感,同时机体很难维持姿势导致运动失衡。在没有重力的情况下,视觉是航天员在太空任务早期阶段可用的另外方式,航天员的眼睛可以分辨出自身所处的状态(如倒立),因此前庭与眼睛传递给大脑的信息相互冲突,导致他们对方向和错觉的误解,混乱的大脑甚至会产生恶心感。与前庭患者一样,航天员经常出现运动病(运动变性)、空间定向障碍、恶心和其他感觉运动障碍。

此外,研究人员选用尾悬吊(TS)法模拟微重力研究其对豚鼠前庭器官超微结构的影响,发现模拟微重力可以对椭圆囊斑、球囊斑及壶腹嵴中的I型毛细胞造成损伤,表现为:胞浆内线粒体肿胀,嵴断裂,空泡形成,可见髓样变性;纤毛散乱、倒伏,排列不规则,有融合现象,甚至出现缺失,低倍扫描下壶腹嵴中央区呈秃斑状,透射镜下见纤毛间连接处分离。这说明模拟微重力效应可引起前庭器微循环障碍和毛细胞能量代谢紊乱,因此会干扰前庭器中毛细胞及纤毛对机体位觉的感受,并影响航天员对空间位置的判断。另外,该研究还发现,与正常组豚鼠相比,尾悬吊组豚鼠的耳石膜网状胶质层架变薄,耳石数目减少。因此,微重力环境中,航天员可能对自身线速度的变化不敏感,从而失去方向感。

除此之外,位于肌肉、肌腱和关节内感受四肢及人体其他部分质量的机械接收器,以及皮肤,尤其是脚底的压力接收器,在微重力环境中获取的信号都会受到干扰和破坏,从而失去对自身质量感及机械力的作用感,具体表现为:四肢失去质量感,使人体的姿势不受控制,且运动时肌肉也不再收缩和舒张;脚掌、脚踝的触觉和压力接收器也不会发送向下的信号,促使人产生"倒置"的幻觉。正如飞船负载方面的专家 Byron K. Lichtenberg 在评价他早期的飞行经历时所说:"主发动机刚一关闭,我马上就有一种倒转180°的感觉,即使在太空飞行一段时间之后,这种感觉仍不时出现。"苏联航天员格·格列奇科描述他初到太空时的感受时说:"你感觉到,就像你的头向下倒立,血液涌向头部,头脑发胀,脸涨得通红,胸腔似乎充满了血液,自我失去协调。"因此,微重力会严重干扰人体的位觉感受器,使航天员对自身的运动状态失去判断和控制,影响机体的位觉。

2.1.2 微重力对视觉的影响

1. 眼球的生理结构

人的眼球位于眼眶内,并通过后端的视觉神经与视觉中枢相连。眼球主要由眼球壁及眼球内容物组成,而眼球壁则由纤维膜层、血管膜层和视网膜层三层膜由外至内构成;眼底内容物是眼球内一些无色透明的折光结构,如晶状体、房水和玻璃体,可与角膜一起形成眼的折光系统,如图2-3所示。其中,纤维膜层由透明的角膜(前)和巩膜(后)以1∶5组成。血管膜层由虹膜、睫状体和脉络膜构成。视网膜层是眼球感光、换能、产生视觉动作电位的神经组织,中央凹是其最敏锐的地方。光线经由角膜、瞳孔、晶状体、玻璃体和眼房水折射后成像于视网膜。

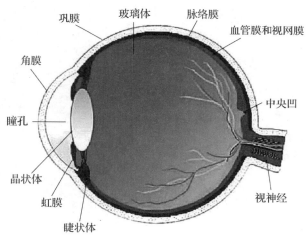

图 2-3 人类眼球结构简图(纵切面)

视网膜是一层透明的薄膜,也是视觉系统的第一级功能结构,其后界位于视乳头周围,前界位于锯齿缘,外面紧邻脉络膜,内面紧贴玻璃体。从解剖上来看,人的视网膜由三部分组成:以视杆细胞和视锥细胞感受器为主的外核层;以双极细胞、水平细胞、无长突细胞和网间细胞的胞体组成的内核层;各种神经节细胞的胞体组成的神经节细胞层,如图2-4所示。在视觉信息的传递中,光感受器通过中间神经元—双极细胞将光刺激信息传给输出神经元—神经节细胞,并由其进一步向中枢传递。此外,视网膜后极部有一直径约2 mm的浅漏斗状小凹陷区，称为黄斑，该区含有丰富的叶黄素。视盘是位于黄斑向鼻侧约 3 mm 处的淡红色圆盘状结构，直径约为 1.5 mm，边界清晰。它是视觉纤维汇集穿出眼球的部位，对视觉功能起着至关重要的作用。

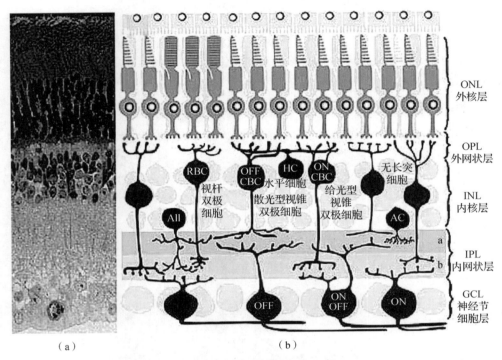

图 2-4　视网膜组织结构示意图

(a) 视网膜组织染色切片；(b) 视网膜结构示意图

2. 眼球的功能

眼球是视觉的产生器官，而视觉是人类和高等动物的眼部产生的对客观世界的认知，与多种输入大脑的感觉信息相关。可见光通过人类眼部的视觉通路可将物体的亮度、颜色、大小、远近、运动等信息反馈给大脑。其中，视觉通路由眼球的屈光系统、视网膜、视神经、丘脑和大脑皮层枕叶组成。

眼球主要具有两个功能：一是利用光学系统将外界物体的像呈现在眼底的视网膜上；二是通过视网膜神经元网络将像所包含的视觉信息转换并加工成神经冲动，经过视神经传入视觉中枢。其具体的机制是：自然界的物体通过眼球的屈光系统成像在视网膜上，视网膜的光感受器细胞（即视杆细胞和视锥细胞，对光信号敏感）将光信号转变成生物电信号，再经过视网膜神经元网络处理、编码，在神经节细胞形成动作电位。之后，视觉动作电位由神经节细胞轴突形成的视神经传递到丘脑及大脑，这些信号在大脑中恢复成图形，再根据人的经验、记忆、分析、判断、识别等极为复杂的过程构成视觉。

3. 航天微重力环境对眼部的影响

因为航天员视功能的改变会影响其工作能力及身心健康，所以微重力对视功能的影响一直是各国航天医学研究人员关心的内容之一。目前，关于微重力对航天员视功能影响的研究主要包括眼内压、视力变化及药物防护等方面，常采用头低位（$-6°$）卧床的模拟微重力方法。因此，可分为如下几个方面。

1）对眼内压的影响

微重力会导致颅内压（ICP）相对于眼压（IOP）不成比例地升高，从而降低眼后部的跨层压梯度。液体进入视神经头的可能来源包括视神经毛细血管、周围脉络膜、玻璃体和通过视神经淋巴系统的脑脊液。在眼压升高的情况下，如青光眼，初始损伤发生在视神经头前层的视网膜神经节细胞轴突中。眼压也是跨层压差的一个组成部分，已被提出与青光眼发病机制有关。当进入微重力状态后，眼压立即升高，相对于重力应力和微重力眼压的研究引起了极大的兴趣。

1992—1993 年，德—俄联合飞行的两次实验中，航天员在进入微重力状态 15~16 min 后，眼内压较地面时升高了 92%~114%，并持续了数小时至数天。另有报道称，眼压在微重力暴露的第 1 周内恢复到基线值。从长时间的太空飞行返回后，眼压值与飞行前测量值相似（分别为 10~14 mmHg 和 10~16 mmHg）。需要注意的是，降落在地球后测得的眼压可能低于飞行前的水平。在阿波罗航天员中，与飞行前的测量值相比，已经观察到飞行后眼压的下降。且在微重力飞行中，科学家也发现了短期微重力（20 s 时）引起的眼内压升高及视网膜动脉口径收缩的现象。一部分的研究结果表明，短期微重力或模拟微重力可引起眼内压升高并维持一段时间，但总的趋势下眼内压是降低的，处于人体可调节的正常范围内。其原理可以用房水生成/排出的动态平衡来解释，即在短期微重力环境中，航天员的血液分布发生变化，迅速上涌至头部和胸部。此时，机体的代偿机制尚未充分启动，导致头面部静脉压异常升高。这种压力变化影响了房水的正常排出,进而导致眼内压升高。然而,随着微重力时间的延长,机体的代偿机制能够协调血液在全身及头面部的分布,使眼内压逐渐恢复正常。眼内压的变化主要受以下两个因素的影响:第一,在微重力条件下,血液流向头部和胸部,导致头胸血容量增加。在神经—体液的反射性调节作用下,水—钠排出量增加,从而减少全身血容量。此外,眼部动脉的收缩也会减少局部的供血,这些因素共同作用,促使眼内压逐渐恢复正常水平。第二,在微重力条件下,机体的静脉压升高会导致 $Na^+ - K^+ - ATP$ 酶活性降低,从而减少房水的生成。静脉淤血会导致缺血缺氧,加速组织分解,并释放出氨基酸等小分子物质。这些物质会使周围静脉内的渗透压升高,降低房水与回流静脉间的渗透压差,促使房水排出量增加,从而有助于降低眼内压。因此,随着微重力时间的延长,机体的血容量慢慢开始回升(一般7天左右),可有效改善局部供血,使静脉淤血症状减轻,渗透压趋于正常水平,航天员的眼内压会逐渐恢复并平衡在一个稳定的水平上,表现为数值上稳定于较低的水平,如表2-1所示。

表2-1 卧床实验中受试者眼内压的变化($x \pm SD$, $n = 5$ mmHg)

卧床实验前	卧床实验后				
	3天	7天	11天	16天	21天
16.32 ± 4.02	15.19 ± 3.18	15.74 ± 2.99	16.39 ± 3.11	13.73 ± 3.93	13.92 ± 2.79**

注:* $P < 0.05$,** $P < 0.01$,与卧床实验前比较。

2) 对近视力、远视力、近点及立体视觉的影响

微重力对视力改变的影响是在早期微重力与长期微重力状态下,航天员的视力下降十分显著,即近视力下降出现得早且持续时间久,但可以恢复。其作用原理为:在微重力环境中,航天员的血液头向分布且眼底动脉收缩,并出现静脉淤血的现象,这会使视网膜缺血缺氧,引起其功能的下降;除此之外,由于房水生成减少,角膜、晶状体和玻璃体的营养状况受到影响,进而导致屈光间质的折光性能发生改变。眼内压的下降可能导致角膜曲率异常,从而产生散光,这些因素共同作用使得视网膜接收外界光线投射的影像受到干扰。同时,视网膜自身的功能下降也会影响视觉相关的神经电生理功能,最终导致视力下降。特别地,当眼内压下降最显著时,近视力下降也最显著,如表2-2和表2-3所示。此外,在

短期的模拟微重力状态下,人眼的远视力(采用Logmar视力表检查)、近点(受试者能看清近视力表1.0视标的最近距离)及立体视觉(使用颜少明的随机点立体图进行检查)等基本的视功能也会有轻微的下降趋势,但不会使正常的视功能产生明显的变化,且有迅速恢复的倾向,如表2-4所示。

表2-2 卧床实验中受试者近视力的变化($x \pm SD$,$n = 5$,entries)

卧床实验前	卧床实验后				
	3天	7天	11天	16天	21天
7.0 ± 0.9	5.9 ± 1.4*	5.5 ± 0.8**	6.1 ± 1.4*	4.5 ± 0.9***	5.5 ± 0.9**

注:* $P < 0.05$,** $P < 0.01$,*** $P < 0.001$,与卧床实验前比较。

表2-3 卧床实验中受试者眼球平均敏感度的变化($x \pm SD$,$n = 5$,mmHg)

右眼		左眼	
卧床实验前	卧床实验后	卧床实验前	卧床实验后
22.05 ± 0.06	21.95 ± 0.17	21.95 ± 0.17	22.07 ± 0.04

表2-4 模拟微重力状态对人眼的远视力、近点及立体视觉的影响($x \pm SD$,$n = 14$)

人眼	组别	远视力	近点	立体视觉
右眼	卧床实验前	1.29 ± 0.66	8.67 ± 1.34	70.00 ± 23.35
	微重力第2天	1.15 ± 0.59	7.67 ± 2.15	73.33 ± 23.09
	微重力第5天	1.25 ± 0.59	8.00 ± 1.71	88.33 ± 13.37
左眼	卧床实验前	1.31 ± 0.39	9.67 ± 1.78	83.33 ± 14.35
	微重力第2天	1.23 ± 0.44	9.50 ± 2.47	80.00 ± 19.07
	微重力第5天	1.18 ± 0.23	8.67 ± 1.44	85.00 ± 12.42

感知重力的缺失改变了前庭系统的输入,因此可能影响代偿性眼球运动。眼球运动可能是前庭系统的反应,这些在太空飞行中被研究得最多。在微重力状态下,在移动头部和跟踪移动目标的同时,保持对目标专注的能力可能会发生变化,但这种变化尚未得到充分检验。不过,关于眼球运动控制的几个实验结果表明,在微重力的最初阶段和着陆后不久,这种专注能力可能会减弱。人脑中存在

一个系统，这个系统允许人们在随意地移动头部期间将目光固定在静止的目标上，并且能跟踪移动的目标，位于脑干中的前庭核是这个系统的一部分。微重力前庭感受器功能改变，可能会导致这个系统在飞行过程中受到干扰。有报告指出，在微重力的前3天，当航天员自愿移动头部和试图跟踪移动的视觉目标时，垂直眼球运动的幅度都减小了。在轨道上飞行4天后，眼球运动的幅度回到了飞行前的水平，这可能是由于颈部感受器信号代替前庭感受器信号的结果。

3）对视网膜的影响

在人的视觉功能中，视网膜是物体成像及将光信号转化为电信号并传递给中枢的重要部位，因此视网膜的状态能很好地反映机体的视功能。常用的视网膜功能指标为视网膜电图（electro retino graphy，ERG），包括视锥细胞反应和闪烁光反应、视杆细胞反应、最大混合反应、振荡电位五项，具体可参照2008年国际视觉电生理学会修订的临床ERG检测标准程序记录的ERG各波。其中，视锥细胞反应和闪烁光反应主要记录的是视锥细胞的电反应，反映视网膜的明视功能；视杆细胞反应主要记录的是视杆细胞的电反应，反映视网膜的暗视功能；最大混合反应为视锥细胞及视杆细胞的混合反应，反映视网膜的综合功能；振荡电位可能产生于视网膜的抑制性反馈回路中，具体来源于视网膜无长突细胞或内颗粒层的轴突，被认为是反映视网膜血液循环的一个较敏感的指标。

有研究发现，头低位模拟微重力实验对人的视网膜电图有轻微程度的影响，表现为：视杆细胞反应及最大混合反应波的潜伏期有显著改变；振荡电位右眼O1波潜伏期呈现逐步延长趋势；振荡电位各波的波幅及总和波均呈现在受试第2天升高、受试第5天恢复的趋势。因此，在微重力的环境中，视网膜的暗视功能会受到影响，表现在各波的潜伏期先缩短再恢复，明视功能几乎无影响。其可能的原因是，微重力状态下，血液再分布，眼部的缺血刺激对视网膜细胞的影响主要是神经细胞电反应传导速度的下降，而对细胞本身并无明显器质性损伤，且明视功能的代偿性要高于暗视功能。

因此，在航天微重力的环境中，航天员的视觉会受到严重影响，包括眼内压的降低、视功能的下降。此外，流行病学研究发现，近视屈光不正、眼内压与青光眼发病相关，会增加这类航天人员在微重力环境中发生青光眼的风险。为保证航天员的在轨正常工作及身体健康，需要对航天员进行必要的防护措施。

4）眼震

有证据表明，线性加速度可以改变眼球对光动力刺激的反应。当两名航天员在太空中待 75 天后，其在测试中无法跟踪以 80 条/min 移动的水平光动态刺激，并且在 40 条/min 和 60 条/min 的速度下表现出不对称性。然而，除了飞行初期垂直视动性眼球震颤（OKN）的振幅下降外，飞行中对垂直和水平光动力刺激（6°/s）的反应没有发生变化。

在 4 次太空任务中，10 名受试者测量的平均 OKN 慢相速度表明，在飞行中和飞行后重复测试的过程中，两个方向的水平 OKN 增益都略有增加。这种增加更可能是由于训练效果，而不是适应微重力变化和重新适应地球重力的结果。随着试验的重复，还观察到垂直 OKN 增益的增加。然而，在飞行开始时，对于向下的慢相速度，这种增加要大得多。下降慢相速度比飞行前快；而向上的慢相速度在飞行初期基本没有变化。因此，垂直 OKN 增益的正常（地面）上下不对称，即向上的光动力刺激比向下的光动力刺激引起更高的增益响应，在飞行的前 3 天被逆转。在随后的飞行中没有观察到不对称，飞行前增益和上下不对称在着陆两周后恢复。在 OKN 过程中对眼睛位置的仔细观察也揭示了眼球震颤跳动场，即凝视的平均眼睛位置，在飞行早期向上移位。

耳石输入也可能在垂直 OKN 的不对称中起作用，主要表现在重力存在的情况下，它们会对眼球运动施加向上的驱动，这可能是由迷宫反射产生的伸肌张力的结果。一些基于地面的研究可验证这一假设。例如，在松鼠、猴身上，黄斑神经和前庭神经病变会引起垂直 OKN 慢相眼速度的改善，双侧囊切除术影响垂直 OKN 不对称性和眼球震颤跳动场。垂直 OKN 不对称已被证明在光动力学系统中占主导地位，该系统涉及皮层下通路，并将活动传递给眼速度储存机制。头部位置相对于重力的变化，以及耳石信息的变化，改变了垂直 OKN。

然而，除了耳石对眼球震颤的直接影响之外，人们还提出了另一种理论来解释垂直 OKN 不对称的变化。根据亚历山大定律，头部相对于重力倾斜和太空飞行的整体影响可能与耳石依赖的眼睛位置变化有关，这影响慢相速度。亚历山大定律是基于这样的观察：慢相眼速度随着眼球快速相方向的偏移而增加，而随着眼球快速相方向的偏移而减小。在太空飞行中观测到的垂直 OKN 跳动场的变化与这一解释一致。加热场的向上位移会导致向下的慢相速度增大和向上的慢相速度减小，从而扭转了原有的上下不对称。

参照亚历山大定律，首选凝视垂直方向的变化，即直线方向的变化，也可能是微重力下垂直前庭眼反射（VOR）增益不对称逆转的根源。然而，迄今为止所有的太空飞行实验都集中在眼速的测量上，很少有人研究眼位的实际变化。微重力下耳石的卸载导致静止眼位的向上偏移，进而可能改变垂直眼球震颤的对称性。

5）眼动的空间定向

在视觉方面，立体视觉与空间定向的关系十分密切。光的动态刺激有效地起到了一种速度存储机制的作用，因为在灯光熄灭后，眼球震颤后视动力（OKAN）在同一方向上持续几秒钟，慢相速度下降。OKAN的衰减时间常数与前庭眼反射的主导时间常数相似，是速度储存机构的时间常数的直接反映。

地面的研究表明，人类的OKN慢相速度方向和灵长类动物的OKAN方向受到头部相对于重力的位置的强烈影响。当被试动物侧倾时，眼转轴在OKN过程中的方向逐渐从视觉刺激轴向重力垂直方向偏移。在速度存储更有效的猴子身上，在OKAN过程中，眼睛旋转轴也会在头部滚动倾斜时发生变化，并倾向于与重力对齐。因此，OKN和OKAN慢相的方向可以看作速度存储机制的空间方向的表示。在地球上，速度存储使用所有的线性加速度，包括重力，来确定其方向以及OKN和OKAN响应的方向。假设这个方向在微重力中消失，可以使用新的参考，如头部或身体的纵向z轴。为了支持这一假设，研究发现当航天员在太空中自由飘浮时暴露于水平光动力刺激下，即使他们将头部向一侧倾斜，在OKN期间眼睛旋转轴与头部垂直轴也保持一致，表明在微重力下，速度存储机构的方向从一个非中心的、重力参考的框架移动到一个以自我为中心的、头部参考的框架。当辊倾斜位置比较之前和之后的飞行，OKN的垂直分量发生在起飞前的水平的OKN辊倾斜位置。这一结果表明，速度存储机制的重力取向在太空飞行后立即消失。

基于地面的研究证实，在视觉引导的跳眼运动中，所有眼睛方向的空间组织，被称为Listing平面，它作为静态和动态头部在空间中的方向的函数而系统地变化。视平面定义为眼处于主位时的眼赤道面，即视线垂直于眼扭转轴所在平面时的视平面。当被测者头部直立静止时，眼睛的旋转轴在视线变化时被限制在 Listing 平面内。

使用双目视频眼动测量系统，Clarke 和他的合作者目前正在研究在微重力环境中，在视觉引导下，不同静态头部倾斜和有无视觉输入的跳眼运动中，Listing 平面方向的潜在变化。他们的假设是，在微重力下，Listing 平面的方向会发生改变。此外，随着耳石介导的引力参考的丧失，前庭系统坐标框架的方向预计会发生变化，因此应该观察到 Listing 平面与前庭坐标框架之间的分歧。在国际空间站微重力测试中，所有受试者的 Listing 平面都向后倾斜，并在着陆后的前两周恢复到飞行前的水平。

2.1.3 微重力对情绪的影响

载人航天环境是非常特殊的环境，存在物理、生理、心理和人际四类应激源，会对航天员的身心造成伤害。情绪是研究微重力下航天员心理状态的重要内容之一。情绪是机体各种感觉、思想和行为的综合体现，是对外界刺激产生的心理与生理反应，包含情绪体验、情绪行为、情绪唤醒和对刺激物的认知等复杂成分。空间飞行状态下，航天员在密闭的舱体内工作与生活，往往达数月之久。狭小的空间与长时间的微重力状态，不节律的作息方式及可能的高压工作，会使航天员的心理状态发生相应的改变，产生烦躁、焦虑等负性应激情绪。有研究表明，在模拟微重力前、中、后过程中，受试者的抑郁程度明显提高，活力程度下降，迷惑的情绪提高，紧张焦虑、愤怒敌意的程度也有所提高。目前关于微重力影响机体情绪变化的研究较多，一般可通过情绪自评表、磁共振成像技术及语音识别的方法对男（女）性志愿者进行情绪评价，也可通过情绪唤醒手段研究大鼠在模拟微重力条件下的情绪变化。其中，语音识别方法源于 1972 年美国海军航空医学研究实验室对愤怒、恐惧、悲伤下语音基频变化规律的研究，后被广泛应用于航空、航天等军事领域中。情绪可分为如下两大类。

1. 烦躁、抑郁情绪

抑郁情绪是一种常见的精神障碍。当机体长时间暴露在应激条件下时，会诱发抑郁情绪，主要表现为食欲减退、体重下降、情绪心境低落及思维迟缓等新奇事物。航天环境中的微重力是一个长期应激源，因此可能使航天员产生抑郁情绪。已有研究发现，尾悬吊大鼠会出现抑郁症状，与对照组相比，尾吊组大鼠体重增长速度降低,对陌生环境中水平和垂直方向新奇事物的探索欲望、冲动减少,探索能力下降。

1) 微重力对男性航天员情绪变化的影响研究

有科学家建立了 60 天头低位卧床实验的模拟微重力模型,对 6 名男性志愿者进行语音识别的应激情绪实验,在微重力的第 8、21、35、40、43、45、50 天录制他们的语音材料,每条语料重复 10 遍,共获取平静语料 780 条、应激语料 5 460 条。将发音人自评为烦躁的语料及情绪自评量表中得分最高时的语料作为烦躁情绪语料,将发音人自评为平静及量表中得分较低的语料作为平静情绪语料,在该实验中可获取平静语料 600 条、烦躁语料 1 200 条。利用人在平静与烦躁状态下发音时声道传播的涡流存在非线性成分改变的原理,对这些语料进行非线性情绪识别特征的提取,并使用隐马尔可夫模型技术进行小词汇量、特定人的烦躁—平静情绪识别。实验结果表明,利用语音识别技术可以很好地识别微重力环境中航天员的烦躁情绪,且在微重力状态下,航天员易产生烦躁的情绪。

也有研究者在研究情绪变化与人脑波的关系,建立了 45 天头低位卧床实验模型,并采用贝克焦虑量表、贝克抑郁量表及积极消极情绪量表进行情绪自评。结果显示:从卧床实验一开始,积极情绪便表现为持续性下降,并且在卧床前与卧床后出现显著性的差异;相应地,卧床期间的负面情绪评分则表现为逐渐上升,且在负面情绪中,焦虑和抑郁的情绪均呈上升趋势,如表 2-5 所示。此外,60 天卧床实验揭示情绪变化趋势为高—低—高—低,具体表现为:卧床开始后的前 1~2 周出现负性情绪峰值,随后下降;在卧床实验中期 5~6 周时再次出现峰值;在起床后和回访期间,焦虑量表和抑郁量表分值降低。

表 2-5 头低位卧床实验期间志愿者的情绪状态变化

情绪指标	头低位卧床实验测试时间点(mean ± SD, $n=16$)					P 值
	卧床前 2 天	11 天	20 天	32 天	40 天	
积极情绪	30.3 ± 9.17	27.2 ± 7.11	25.7 ± 7.72	25.1 ± 9.21	22.8 ± 9.02	0.004
消极情绪	10.8 ± 0.862	11.1 ± 1.88	11.1 ± 1.58	12.4 ± 4.24	12.5 ± 4.84	0.189
贝克焦虑量表	26.3 ± 1.96	29.3 ± 4.33	28.3 ± 5.56	27.9 ± 3.79	29.2 ± 5.73	0.134
贝克抑郁量表	2.75 ± 4.43	4.38 ± 5.33	3.63 ± 4.53	4.31 ± 7.48	5.25 ± 9.47	0.609

2）微重力对女性航天员情绪变化的影响研究

随着载人航天技术的进步与发展，女性也成为航天员中不可或缺的重要力量，因此微重力环境对情绪的影响应考虑到性别因素。一般地，女性较男性更易情绪波动，情绪化已成为女性的第四特征。研究人员曾对 22 名女性志愿者进行 15 天的头低位卧床实验，使用情绪自评表对志愿者在卧床实验前期、中期、中后期及卧床结束的情绪变化进行评价。结果显示，焦虑分数表现出明显的高低变化趋势的波形曲线，且在卧床第 5 天时最高，在卧床第 10 天时下降到与前测时差不多的水平。抑郁分数及积极情绪分数均随着卧床实验的进行而缓慢降低，且消极情绪分数在卧床第 10 天时明显下降，如图 2-5～图 2-7 所示。其中，在各项情绪指标中，有接近半数的志愿者在卧床前和卧床第 5 天时都"容易激动"，在第 5 天，半数以上的志愿者出现"头晕"，1/4 的志愿者出现"呼吸困难"，一半的志愿者出现"痛苦"的消极情绪，且"不安"情绪的出现率在此时达到最高。总的来说，许多志愿者在头低位卧床第 5 天出现较多的负性情绪反应，总体的情绪变化是卧床前及卧床适应过程中的紧张、容易激动到卧床中后期趋于平静，是一个从痛苦到适应的过程，在积极、消极情绪评定上志愿者基本都给予自己积极的肯定，说明其整体情绪没有受到显著影响。

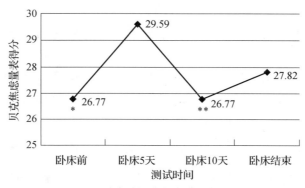

图 2-5　不同测试时间的焦虑情绪得分（$n=22$）

3）微重力对大鼠情绪变化的影响研究

航天环境中存在的微重力使机体长时间处于应激状态，容易使航天员产生身心压力，并致使其焦躁、抑郁。地面模拟微重力时，在大鼠身上也观察到了类似的情绪变化。研究者通过情绪唤醒水平实验发现大鼠在模拟微重力的环境中容易

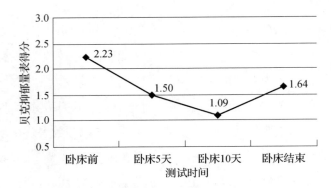

图2-6　不同测试时间的抑郁情绪得分（$n=22$）

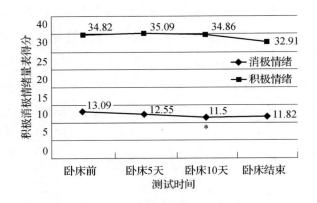

图2-7　不同测试时间的积极情绪和消极情绪得分（$n=22$）

出现焦躁、抑郁的情绪。其中，情绪唤醒水平是利用动物情绪这种特殊的躯体和植物神经系统反应的表现，通过一定的刺激（热应激和心理应激），观察动物的外部行为来进行评价的。情绪唤醒水平是动物内在的神经行为个体素质特征。研究者给予大鼠一定的机械刺激，观察微重力环境与对照组中大鼠的取出难易、挣扎程度、发声程度、自发性排尿和自发性排便五项行为指标，并建立一套打分标准来评价情绪唤醒水平。结果显示，微重力环境（尾悬吊）中大鼠的情绪唤醒水平高于对照组，如图2-8所示。

2. 恐惧情绪

航天微重力环境会给航天员带来一定的心理影响，进而影响其在轨工作。情绪变化是太空中常见的心理问题之一。其中，恐惧情绪是航天员的情绪稳定性评

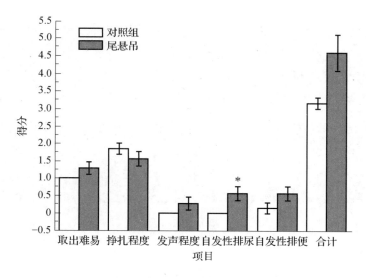

图 2-8 大鼠的情绪唤醒水平评价（$x \pm SD$，$n=8$）

注：$*P<0.05$，与对照组比较。

价的重要因素，对研究微重力环境中航天员的情绪变化具有重要的研究价值。以往的研究结果发现，杏仁核与恐惧情绪相关，负责识别与威胁和恐惧有关的刺激，且左侧杏仁核一般参与无意识状态下的情绪加工，右侧杏仁核参与有意识的恐惧情绪加工。研究进一步发现，恐惧情绪的加工协调过程通常由外侧前皮层及皮层联合区和大脑边缘系统如杏仁核、下丘脑协同执行。功能磁共振成像技术（functional magnetic resonance imaging，fMRI）是神经科学领域中对脑功能状态进行无创、实时观察与评价的常用手段，其原理为：脑内神经元活动引起伴行毛细血管内血流量和血流容积增加，相应脑区氧和血红蛋白含量增加，神经元活动区的信号强度高于非活动区的信号强度，这一微小信号差别（3%~6%）可通过计算机处理呈现。有研究者使用功能性磁共振成像技术扫描观察 8 名男性志愿者卧床 21 天前后经恐怖图片刺激的脑区活动，发现在模拟微重力前后，人脑的双侧枕叶枕中回、枕叶楔叶、双侧额叶额中回、双侧丘脑、双侧边缘叶海马旁回及右侧杏仁核均出现了激活区，且微重力前后激活区的范围及信号强度变化不大，但存在优势侧的改变：杏仁核的激活由左转右；枕叶由左优势转为双侧激活甚至右优势；额叶由双侧激活转为左侧激活；丘脑无变化。这说明模拟微重力效应对航天员经恐怖引起的情绪变化影响较小，如图 2-9 和表 2-6 所示。

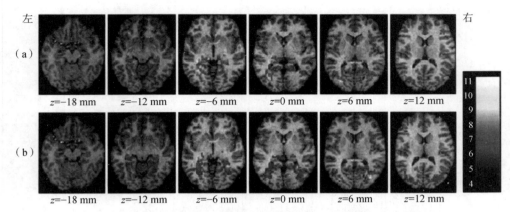

图 2-9　8 名模拟微重力志愿者完成恐惧情绪图片刺激的脑内激活图

（a）模拟微重力前完成任务时的脑内激活图；（b）模拟微重力后完成任务时的脑内激活图

注：图下方的数字代表蒙特利尔坐标的 z 轴坐标值。

表 2-6　8 名模拟微重力志愿者完成恐惧情绪图片刺激的脑区激活表

测试时间	脑激活区	布罗德曼分区	体素大小	t 值
卧床实验前	枕叶	19	556	8.74
	海马	30	188	5.14
	楔叶	19	57	5.48
	杏仁核	—	14	4.85
卧床实验后	枕叶	37	478	10.98
	海马	30	164	5.18
	楔叶	19	60	8.96
	丘脑	—	82	11.15

综上所述，微重力环境容易给人带来焦躁、抑郁等负面情绪的感受，随着微重力时间的延长，航天员逐渐适应航天环境，消极情绪能够得到缓解，但仍要在飞行前期做好航天员的心理疏导工作。

2.1.4　微重力对味觉的影响

在航天环境中，航天员会出现食欲不振，甚至有反胃感，这种感觉类似于在日常生活中人们坐在汽车里遇到凹下去的大坑或是过山车向下俯冲时胃部下沉的感觉。此外，也有研究报道，模拟微重力可导致大鼠食欲减退，嗅觉和味觉敏感度降低，体重减轻。摄食行为是生物最原始、最基本的生理本能，由多重内源和外在因素调控。大脑中参与摄食行为调控的主要是由下丘脑的植物性神经系统与大脑皮层、边缘前脑等构成的奖赏系统。其中，下丘脑是机体摄食行为调控中的重要中枢。

1. 下丘脑摄食相关核团

研究发现，下丘脑外侧区（lateral hypothalamus，LH）、腹内核（ventral medial hypothalamus，VMH）和弓状核（arcuate nucleus，ARC）是下丘脑三个与摄食调控密切相关的核团，位于第三脑室周围。其中，LH 是饥饿中枢，VMH 是饱食中枢。破坏 LH 会导致机体食欲减退，而破坏 VMH 会造成机体进食过量。三个核团因为含有特异的肽能神经元，可参与摄食行为的调控，其空间分布如图 2-10

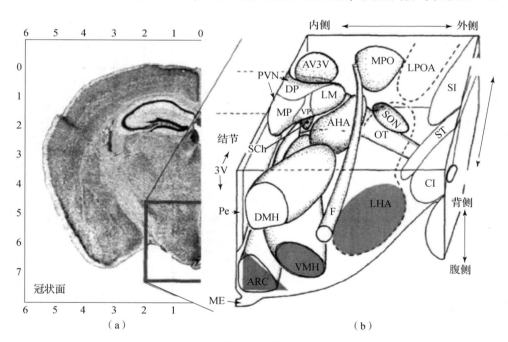

图 2-10　小鼠下丘脑核团的空间分布

（a）下丘脑位于脑区底部；（b）下丘脑核团示意图

注：MPO：下丘脑内侧视前区；LPOA：外侧视前区；PVN：下丘脑室旁核；DP：背花茎皮质；SON：视上核；OT：视神经；AHA：下丘脑前区；MP：视前内侧；SCh：下丘脑交叉上核；LHA：下丘脑外侧区；DMH：下丘脑背侧内侧；VMH：腹内核；ARC：弓状核；ME：正中隆起。

所示。外侧区特有的肽能神经元是表达食欲素和黑色素聚集激素的神经元，二者均具备刺激食欲的作用；腹内核主要由表达胃动素相关肽和类固醇生成因子-1的神经元构成，它们组成了下丘脑腹内核中的饱腹感相关神经肽系统；弓状核位于大脑最下层，紧贴第三脑室和颅骨底面，易于感受血液中激素水平的信号变化，含有的特殊神经元为表达神经肽Y和阿黑皮素原的神经元，分别起促进和抑制摄食行为的作用。

2. 摄食调控信号机制

下丘脑参与摄食调控主要通过外周激素信号的调节进行。这样的激素信号主要为瘦素和胃动素相关肽，它们可与下丘脑中的神经肽Y（NPY，具有强大的促进食欲功能）和阿黑皮素原（POMC，抑制摄食的神经肽）等内源信号相互作用于三个核团，参与摄食调控。其中，下丘脑弓状核中含有大量的瘦素受体，与瘦素结合可阻断刺鼠相关肽（agouti-related protein，AGRP）的进食刺激。此外，瘦素也能激活阿皮黑素神经元，分泌α-MSH（α-促黑色素细胞激素），减少摄食行为。胃动素神经元和受体在下丘脑弓状核、腹内核中均有分布，发挥着与瘦素相反的调节作用。

3. 微重力对摄食调控的影响

在微重力条件下，科学家观察到胃黏膜内的几种胃肠激素分泌发生了变化，包括生长抑素（somatostatin，SS）、胃泌素（GAStrin，GAS）、5-羟色胺和嗜铬颗粒A等。其中，瘦素是一种调节体内脂肪贮存量、能量代谢及维持恒定体重的内分泌调节因子且由胃黏膜上皮细胞分泌，由肥胖基因编码，常作为摄食反馈环路中的传入饱食信号。瘦素在体重调节中扮演着至关重要的角色。它与下丘脑的瘦素受体紧密结合，通过抑制神经肽Y的合成与释放，对神经肽Y的合成与释放进行精确调控。这一过程直接影响下丘脑体重调节中枢的功能，有效抑制食欲，从而控制能量的摄入。有研究者利用大鼠尾悬吊模型，通过ELISA方法对微重力组与正常组中大鼠胃组织及血清中的瘦素进行测定，结果如图2-11和图2-12所示：在模拟微重力的条件下，大鼠胃组织与血清中的瘦素水平均升高。因此，微重力可调节胃黏膜分泌瘦素，瘦素又经体液循环，作用于下丘脑摄食中枢，传入饱食信号，使大鼠的食欲减退，并出现体重下降的现象。

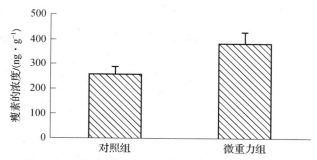

图 2-11　模拟微重力对大鼠胃组织瘦素水平的影响

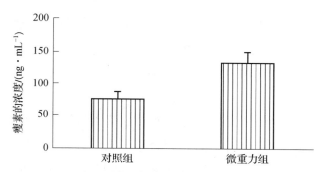

图 2-12　模拟微重力对大鼠血清瘦素水平的影响

1）其他影响因素

（1）体液头向转移：对味觉和嗅觉的敏感度降低可能是由于被动鼻塞和体液向头方向移动造成的。然而，使用低头最佳休息的微重力模拟研究显示，受试者对味觉和嗅觉的敏感度没有变化。由于持续的头向下倾斜会导致液体从下半身转移到上半身，就像在微重力条件下一样，因此头向液体转移不能对航天员在太空飞行中的味觉和嗅觉变化负责。

（2）太空对流变化：味觉，特别是由味蕾介导的非挥发性成分，可能对微重力下的阈值变化敏感，因为微重力状态下对流变化导致的味蕾刺激减少的物理因素。

2）对听觉的影响

空间飞行的几个方面会对听觉能力产生影响：①生命维持设备持续运行（从空调的 64 分贝到某些通风减压阀的 100 分贝），噪声在航天器结构中回荡；②航天员一天 24 小时待在办公室里，总是靠近噪声源；③没有隐私，与其他人员不断互动。因此，像地球上那样的安静期并不存在；即使耳塞可以减少噪声，但不能减少振动。根据航天飞行中经常遇到的噪声水平，机组人员面临听力损伤的风险，因此需要在飞行任务期间和之后跟踪这种损伤的技术与调查方式。

根据在航天飞行期间对听觉脑干反应进行的记录，听觉诱发电位在研究迷走和中枢神经系统下部的压力增加或血管灌注减少时特别有用。这项研究的目的是验证在微重力条件下流体向上半身的转移是否会导致这种压力增加，这可能在空间运动病中发挥作用。研究从 12 小时开始，在空间飞行任务的不同时间记录了 7 名航天员在飞行中的听觉诱发电位。在地面或飞行过程中，没有观察到任何电位的平均潜伏期数值之间的显著差异。响应形态的轻微变化归因于飞行中的噪声和航天飞机上的电子干扰。由于这些听觉电位的效用主要与临床上的听觉阈值测定有关，所以在飞行中没有明显的衰减客观上表明在微重力下听觉功能没有改变。

听力正常的人能够定位环境中的声源，这种能力取决于双耳听觉，即一只耳朵接收的声音与另一只耳朵接收的声音进行比较的中央处理过程。定向听觉用于确定声源的方向，是空间方位的线索。我们可以假设，在明显缺乏重力的情况下，听觉线索的定向对空间定向会起更重要的作用。为了验证这一假设，1991 年奥地利—俄罗斯飞行任务期间在和平号上进行的一项实验，旨在确定定向听觉在微重力下比在正常重力下更重要，测试刺激包括白噪声和维也纳华尔兹的几个小节，并模拟固定位置或在受试者头部周围移动的声源。两名航天员记录了受试者的眼球运动（EOG）和主观评价。实验的第一阶段试图确定受试者能够多精确地定位耳机上双耳固定声源的方向。结果表明，微重力下水平面上的定位误差与地球上的误差范围相同，即在 1°~2°。然而，观察到高度判断明显向下偏移约 10°。换句话说，测试对象认为声音来自他们实际位置下方 10°，或者听觉场的中心向上移动了 10°。这个实验的第二阶段试图通过听觉线索引发一种运动错觉。有人假设，如果声音定位在微重力环境下更重要，那么就更容易"欺骗"航天员因听到移动的声源而产生运动感。与这一假设相一致的是，逆时针方向移动的声音会导致身体顺时针方向旋转的错觉，这是两名受试者在地面上的实验从未观察到的。这种感觉在华尔兹中比在白噪声中更强烈。观察到相应的眼球运动，慢相为逆时针方向。反转声源的旋转方向会引起眼睛方向的反转运动，但不是旋转错觉，表明空间定向受到干扰，但不是听觉受到干扰。

2.1.5 微重力对其他感觉影响的"空间运动病"症状

空间运动病是人进入太空初期常见的生理病症，其症状与"地面运动病"类似，即出现疼痛、睡眠问题、注意力不集中、乏力、没有食欲、恶心及呕吐等，植物神经反应症如晕船、晕车或晕机。重要的是区分一些人所说的空间适应综合征（SAS）和 SMS。SAS 可能包括 SMS，但它也指生理系统假设零重力正常状态或飞行稳态的趋势。另外，SMS 是专门针对在太空飞行中产生的晕动病，根据定义，它的外观需要自身或周围视觉环境的运动。航天飞行中也会出现以旋转感、眼球震颤、头晕和眩晕为主的即刻反射性运动反应，这些症状都与前庭反应有关。一般地，空间运动病在航天员微重力状态的前 3 天为高发期，且 67% 的航天员在第一次飞行时会出现此症状。此外，在航天员飞行返回地面时也会出现空间运动病，有数据显示，27% 的苏联航天员在短期飞行返回地面后出现，而 92% 的航天员长期飞行返回后出现。最早出现航天运动病症的是 1961 年 9 月苏联第二名航天飞行的航天员格·季托夫。他在绕地球飞行第二圈时开始头晕、恶心和腹部不适，在做头部运动时，这些症状加重，睡眠后症状减轻，返回地面后症状消失。这说明，空间运动病多与头部运动相关，且在短期微重力内对前庭的刺激大，翻转或滚转头动即可引起空间运动病。视觉刺激也会导致空间运动病，在微重力早期，航天员会把视觉中距其最近的面认为是主观的"地"，即发生视觉重定向。空间运动病严重时可影响航天员的正常工作，1969 年 3 月，阿波罗 9 号登月舱驾驶员就因发生空间运动病呕吐两次，导致出舱活动推迟，原计划两小时 5 分钟的出舱时间也缩短至约 45 分钟，只进行最重要的优先作业任务。

1. 几种常见的由感觉引起的空间运动病

1）恶心、呕吐感

在太空环境中，航天员会出现恶心、呕吐等类似于地面运动病的症状，但此类呕吐现象与地面上不同，它常无恶心的预兆且不能用传统的晕车药抵抗。此症状在微重力后的几分钟或几小时内出现，且在空腹时呕吐可重复一次到数次。有科学家认为，微重力环境中的体液头向分布会造成脑脊液压力和生化成分的改变，颅内环境的改变会刺激中枢神经系统，一方面直接刺激呕吐中枢，引起恶心、呕吐；另一方面，通过增加内淋巴液压力或成分改变影响前庭中枢，引起输入信号的改变，与机体的视觉产生冲突，带来眩晕、恶心的感觉。此外，体液头向分布也会给航天员带来头部充血的感觉。

2）疼痛感

航天员在飞行的初期常常会出现头痛、背痛等疼痛症状。仅1995—1998年和平号空间站任务中就发生过17人次头痛，国际空间站远征1~40任务飞行中头痛的发生率为2.27次/(人·年)。在国际空间站任务中，航天员背痛的发生率为52%，其中86%为轻度疼痛、11%为中度疼痛、3%为重度疼痛。这些疼痛现象多半见于飞行任务的早期，与对空间的适应性相关。头痛症状在航天员适应微重力72小时后会有好转。此外，戒断咖啡或舱内二氧化碳浓度升高也会引起航天员的头痛症状。而背痛多由微重力环境中脊柱伸长和椎间盘的力学去负荷效应引起，特别是在睡眠时，航天员会感觉到颈部或背部痉挛性疼痛、有紧缩感，疼痛部位局限，不放射，影响到椎旁肌肉。微重力导致的肌肉和骨骼的不适也是航天员产生乏力感的重要原因。

3）睡眠障碍

航天飞行任务中，昼夜节律的改变及极端的空间环境（如微重力）会给航天员的睡眠造成极大的影响，使航天员难以入睡或保持熟睡状态，容易引起疲劳并干扰他们的正常工作。有数据报告，78%的航天员在超过半数的夜晚需服用安眠药，其中17%的夜晚中，航天员需服用两次安眠药。

4）眩晕感

微重力状态下，液体的静压消失，航天员的下肢容积变小，体液头向分布，可引起前庭水肿，导致中枢神经系统压力升高，发生颈性眩晕症状。这也可能是因为在微重力条件下，椎间盘明显膨胀，头的支承角改变，从而引起颈部感受器变形所致。

2. 空间运动病的成因

研究表明微重力本身不会诱发SMS，如在水星号和双子星座号的太空飞行中没有出现晕动病的报告。目前认为空间运动病的成因比较复杂，不仅是前庭器官状态异常带来的影响，也是多种人体感官信号综合作用的结果，甚至还有心理学的因素。在这些成因中，体液头向分布（转移）理论及感觉冲突论占据主要地位。

1）体液头向分布（转移）理论

在航天微重力环境下，由于流体静压消失，体液分布发生变化，航天员出现鼻阻、脸胀和倒立感。一些卧床实验表明，头部的移动会导致头晕、恶心、自发性眼震及倾斜和坠落时的错觉。这些现象可能与体液头向转移引起的前庭器和脑组织微循环障碍有关，进而导致组织能量代谢紊乱。研究表明，模拟微重力环境会对蝌蚪、鱼、大鼠和猕猴的前庭器形态产生影响，具体表现为球囊耳石膜相对萎缩，椭圆囊耳石膜增大1.3倍，耳石的形状和分布发生变化，感觉细胞被肿胀的杯状神经末梢包围。这些变化可能是由于体液头向分布引起的微循环障碍所致。体液头向分布对机体的影响途径主要有以下三种：第一，通过改变颅内环境，体液头向分布急性增加脑脊液压力或改变其成分，影响中枢神经系统（如前庭中枢、植物神经系统和呕吐中枢），导致恶心和呕吐等不适感。在临床上，颅内高压患者的典型表现之一就是喷射性呕吐。第二，通过影响前庭器，增加内耳淋巴液压力或改变其成分，引起前庭器官本身的病理变化和功能异常。这会导致前庭感觉输入信号异常，出现类似梅尼埃病急性发作的症状。例如，内淋巴管的周围血管充盈可能限制内淋巴液由耳蜗流向内淋巴囊，引起水肿，改变前庭感受器的反应特性。第三，通过影响本体感觉，微重力时脊柱的变化类似于地面卧床时的变化，椎间盘肿胀和扩大，这不仅影响头的活动角度，也改变了机体感觉信号的传递。此外，还有观点认为体液头向分布会导致血管紧张素（angiotensin，Ang）活动变化，进而由于化学感受器诱发区神经递质和激素的变化，产生空间运动病。

2）感觉冲突论

感觉冲突论也被称为神经失匹配、感觉矛盾、感觉重组理论等，是由于视觉、前庭觉、本体感觉的输入信号异常，与中枢固有的感觉模式相"冲突"引起的，表现为空间定向神经系统对传入信息处理机能失调。通俗地讲，人体感官（如位觉感受器等）受重力信号干扰形成的错误信息会干扰大脑的判断，如在轨道上飞行时人体是处于绝对自由落体状态的，即随着飞船以某一前行速度绕轨道飞行，但是经过太空飞行的人并没有产生下坠感，这可能是因为下坠感是由感官信号（如视觉、位觉等）与气流等共同产生的。因此，当信号提示有误时，人体会产生与在地面上不一样的感觉，严重时便会出现空间运动病。人在恒定的环境中，通过视觉、前庭觉和本体感觉可以获取自己在空间的信息，并在脑内整合形成自身对位置判断的"经验"，支撑机体在环境中的定向功能。其中，前庭觉是机体重要的位觉感受器，半规管可提供机体的角加速度信息，耳石可提供机体的线加速度信息。视觉信息在空间定向中占据重要的位置，全视野的视景运动能使人产生运动错觉（即视动错觉），有时伴有恶心、呕吐等症状。本体感觉是肌肉、关节和内脏等提供给机体的空间定位信息。在正常环境中，这些系统输入的信息是和谐的并相互补充，可与"经验"相匹配，而在微重力环境中，感官受到影响，导致传入中枢的感觉信息与中枢存储的"经验"不符，机体不能很快地建立新的"经验"，从而诱发空间运动病。常见的感觉冲突有五种，即半规管—视觉冲突、耳石器—视觉冲突、前庭—本体觉冲突（Money 和 Cheung 假设，如果存在一种前庭机制来促进对毒物的呕吐反应，那么手术切除动物的前庭装置会导致对毒物的呕吐反应缺陷。对这一假设进行了测试，他们给 7 只狗注射了四种催吐毒药，给 4 只动物注射了第五种毒药；在手术切除前庭器官前的两周内，每种毒药共被给予 6 次。手术 7 周后，这些狗再次接受了每种催吐毒药的测试。结果发现，对匹罗卡平和阿波啡的呕吐反应不受前庭器官切除的影响，而对洛贝林、左旋多巴和尼古丁的反应延迟，在 108 次术后试验中有 56 次没有发生。研究人员得出结论，促进呕吐反应毒素的机制部分是前庭的）、耳石器—半规管冲突以及左右耳石器不对称引起的冲突。

3）耳石不对称假说

关于耳石不对称引起的空间运动病，科学家提出了机制补充感觉冲突论，他们认为地面上两侧内耳重力感受器在生理和解剖学上的差异，由于长期生活在 $1g$ 重力下而得到了很好的代偿，即中枢神经系统能提供神经冲动来弥补那种质量不足耳石膜所致的欠缺。处于新的重力状态下时，如在微重力（$0g$）下，半规管功能接近正常，但与头部运动有关的耳石刺激、躯体感觉及本体感觉反馈都不再正常，如耳石没有了重力刺激处于自由飘浮状态，半规管与耳石输入输出关系发生变化，一些人先天的耳石系统不平衡，不能得以代偿，这将引起前庭反应的不稳定而诱发空间运动病，同时半规管和视觉系统也变得对刺激非常敏感，产生旋转性眩晕、眼球运动和姿势改变，直到中枢的"代偿中心"调整到一种新形势时，上述症状才停止。当重新恢复到 1g 状态时，又会产生新的不平衡状态，从而诱发相似的运动病症状。这也是航天员返回地面时仍会出现空间运动病的原因。

4）Treisman 理论

Treisman 认为，从进化的角度来看，晕动病机制的目的不是对运动产生呕吐反应，而是为了从胃中清除毒素。他认为运动只是激活这些机制的人工刺激，即挑衅性运动作用于设计/开发的机制，以响应吸收毒素产生的最小生理干扰。根据 Treisman 的说法，协调来自所有感觉系统的输入以控制肢体和眼睛运动的神经活动将被神经毒素的中枢作用所破坏。因此，通过不自然的运动破坏，这种活动被解释为吸收毒素的早期迹象，然后激活产生呕吐的机制。

5）感觉补偿假说

当来自一个感觉系统的输入减弱而来自其他感觉系统的信号增强时，就会发生感觉补偿。在微重力环境中，如果没有合适的重力感受器信号（或者可能存在非典型信号），来自其他空间定向感受器（如眼睛、半规管和颈部位置感受器）的信息将被用来维持空间定向和运动控制。事实上，航天员经常报告说，他们在空间定位和运动控制方面增加了对视觉线索的依赖。空间定位依赖视觉线索的增加可以用这种机制来解释。与这种感觉补偿假说密切相关的是下面描述的耳石倾斜平移重新解释（OTTR）假说。

6）OTTR 假说

OTTR 假说是根据早在第 8 次航天飞机飞行时进行的实验数据提出的，是对 Young 及其同事提出的耳石重新解释假说的改进。这一假说的基本原理如下。

(1) 微重力是一种刺激重新排列的形式，人们可以适应。

(2) 由于线性加速度和重力之间基本等价，重力感受器既表明头部相对于重力的方向（倾斜），也表明头部的线性加速度被认为是平移。

(3) 由于在轨飞行中没有重力感测，重力感受器在微重力状态下对静态俯仰或滚转没有反应。然而，它们确实对线性加速度有反应。由于在太空飞行中没有重力刺激，将重力感受器信号解释为倾斜是没有意义的，因此，在适应微重力的过程中，大脑会重新解释所有的重力感受器输出来指示翻译。

2.2 微重力对脑调节功能的影响

航天员在太空飞行过程中时刻面临着噪声、辐射和微重力等环境因素的影响。这些环境因素对航天员的脑功能都会有不同程度的影响，其中微重力的影响是最主要的，也是多方面的。在航天员从地球重力环境进入太空微重力环境后，他们的机体发生了一系列生理变化。这些变化中，最早出现且对人体的生理系统影响较大的主要有三个方面：第一，大约有 2 000 mL 的血液会从下半身转移到头胸部，其中约 20% 会流向头部，即体液头向分布。这种体液的重新分布改变了脑循环的状态，并影响了心血管系统中高、低压力感受器的工作状况。第二，重力感受器—前庭系统的工作状态发生突变。第三，与姿势维持和重力承受相关的本体感受器的工作状态也发生了变化。由于脑是一个结构和功能都非常复杂的器官，它的工作状态是由其各个子系统的状态及其相互作用决定的。因此，上述三个方面的微重力生理效应不可避免地会影响脑的功能状态。

2.2.1 脑的结构与功能

脑是人体的中枢神经系统的重要组成部分，负责人的感知、思考、情绪、行为等各种活动。脑可以分为大脑、间脑、小脑和脑干四个部分，每个部分都有其特定的功能。

大脑是脑的核心部分，由左、右两个半球组成，是高级认知功能的主要区域。大脑表面是大脑皮质，由神经元和神经胶质细胞构成。大脑内部则包含许多神经核团和传导束，负责传递和处理各种信息。大脑皮质是大脑半球表面的灰质结构，与人的行为和认知功能有较大的关系。大脑皮质的表面积约为 4 000 cm^2，覆盖了整个中枢神经系统灰质的 90%。大脑皮质的厚度不均，在 1.5~4.5 mm，平均厚度为 2.5 mm。其中，在脑回凸面的大脑皮质较厚，而在脑沟深处的大脑皮质则较薄，大约 2/3 的皮质区域被埋在脑沟内。大脑皮层的质量约为 600 g，占脑重的 1/3~1/2。脑皮质可划分为较老的异皮质（allocortex）和较新的同皮质（isocortex）。其中 90% 是同皮质，是脑皮质的主要组成部分，包含与前脑相关性小的感觉系统和运动系统。10%为异皮质，包括古皮质和旧皮质。除此之外，扣带回和海马回的结构介于异皮质和同皮质之间，被称为中皮质（mesocortex）或邻异皮质（juxtallocortex）。人类大脑的一个主要特征是两侧半球在结构和功能上具有不对称性，也就是说，产生行为、高级心理活动或认知功能的神经过程中，左右大脑半球起着不同的作用。一般来说，语言功能、运用技巧主要依赖左侧半球，而空间功能则主要依赖于右侧半球。

边缘系统是与情绪和记忆相关的区域，包括大脑半球内侧面的一些较古老的皮质和皮质下结构，靠近脑干和胼胝体。边缘系统包括颞叶前内侧部的海马旁回、海马结构（海马和齿状回）、杏仁体、扣带回、隔区、下丘脑（特别是乳头体）、丘脑前核、丘脑背内侧核、中脑的中央灰质、脚间核、被盖背核、被盖腹核等。边缘系统与保持个体和种系生存的防御反应、获食、进食、生殖等关联的动机、情绪、记忆、内脏及运动功能有关。由于这部分结构对内脏功能的巨大影响和广泛参与各种精神活动，其又被称为内脏脑和精神脑。

间脑位于大脑和中脑之间，主要包括丘脑和下丘脑。其中，丘脑是感觉信号传入大脑的重要中继站，将来自身体各部位的神经信号传递给大脑皮质，同时过滤和整合这些信息。下丘脑则负责调节人体的许多基本生命活动，如体温、食欲、睡眠等。

丘脑是位于大脑皮质下的一个重要神经结构，具有多种功能，包括感觉的接收、处理和传递。丘脑是感觉接替核，负责将传入神经系统的各种感觉信号，包括一般感觉、本体感觉和特殊感觉（嗅觉除外），传递到大脑皮质的相关区域。因此，丘脑被称为皮质下最高感觉中枢，在感觉处理中起到至关重要的作用。丘脑的病变可能会导致各种感觉症状的出现。轻度病变可能导致对侧面部或局部肢体的麻木或不适感，但并没有明显的客观体征表明感觉缺失。更严重的病变可能导致对侧偏身感觉的完全消失，并在后期恢复部分感觉，但轻触觉、位置觉和形体辨别觉可能会持续丧失或出现严重障碍。这可能导致丘脑痛或丘脑综合征的出现。此外，当丘脑受损时，对侧身体对各种感觉刺激的兴奋阈可能会增高，需要较长的潜伏期才能感知到刺激，但引起的感觉反应可能会异常增强，导致异常不适和难以忍受的症状。这表明丘脑在调节感觉反应方面也起到关键作用。总之，丘脑是一个重要的神经结构，在感觉处理和调节中起到至关重要的作用。了解丘脑的功能和作用有助于深入理解感觉处理的过程与机制，对于研究和治疗与丘脑相关的神经系统疾病也有重要意义。

下丘脑又称丘脑下部，位于下丘脑沟的下方，其首尾及侧壁都有明确界线，与周围结构紧密相连。下丘脑的质量很小，仅为4 g，约占全脑质量的0.3%。虽然下丘脑的占比很小，但是它的功能至关重要，是机体实现对全身各系统调节的重要组成和功能部分，是植物神经的皮质下最高中枢。不仅如此，它还参与边缘系统、网状结构的联系，并对全身各系统进行调节。下丘脑某些部位的血脑屏障薄弱，允许多巴胺等释放因子和神经递质直接进入血液。下丘脑接收来自脊髓、脑干、丘脑和边缘系统的信息，同时也受血液成分如温度、渗透压、糖、盐、激素等的影响。

小脑位于大脑的后下方，负责协调和调节人体的运动功能，如姿势控制、动作协调等。小脑由许多小叶组成，表面有许多沟壑，可以容纳更多的神经元和突触。脑干是脑的最底部，连接大脑、小脑和脊髓，负责许多基本生命活动，如呼吸、心跳、血压等。小脑位于颅后窝内，位于脑桥和延髓的背面。它的主要功能是保持身体的平衡、调节肌肉的紧张度，以及协调身体的运动。小脑由两个半球组成，这两个半球在中间由一条称为蚓部的结构相连。小脑表面有许多沟和裂，这使小脑可以被分成许多部分。此外，小脑还包括绒球小结叶和小脑体部，其中小脑体部又可以分为小脑前叶和小脑后叶。尽管目前对小脑的发育过程仍不完全清楚，但已知它与机体的躯体运动调节密切相关。当小脑受损时，可能会出现平衡和协调问题，以及肌张力的变化。

脑干位于大脑下方，是中枢神经系统的一个较小部分，呈不规则的柱状形。自下而上由延髓、脑桥和中脑三部分组成。延髓部分下连脊髓，脑干上端与大脑相接，下端与脊髓相连。脑干的功能主要是维持个体生命，包括心跳、呼吸、消化等重要生理功能，均与脑干有关。经由脊髓传至脑的神经冲动，呈交叉方式进入，即左传右再入脑，右同理。脑干各部的白质和灰质都有神经纤维联系，其中以白质的纤维联系最丰富，它是大脑、小脑与脊髓相互联系的重要通路。脑干内的灰质分散成大小不等的灰质块，叫"神经核"。神经核与接受外围的传入冲动和传出冲动支配器官的活动，以及上行下行传导束的传导有关。在延髓和脑桥里有调节心血管运动、呼吸、吞咽、呕吐等重要生理活动的反射中枢。总之，脑干在中枢神经系统中起着重要的作用，它几乎参与意识状态、运动控制、感觉调节和内脏活动等所有的重要功能。

2.2.2 微重力对不同脑区的影响

人的大脑结构依据其主要的功能作用分为不同的区域，不同的区域受到损伤或者功能下降后，呈现出不同的表现。微重力对脑造成了较为广泛的影响，有研究总结了航天任务或模拟微重力效应下，不同脑区呈现出的功能下降的不同表现：大脑初级躯体感觉皮质和顶叶的躯体感觉运动联合区的功能出现下降后，本体感觉和躯体感觉的传入与处理会受到影响，表现为躯体感觉障碍或感受自身位置的准确度下降；初级视觉皮质和视觉联合皮质功能下降时，视觉感知力下降，表现为对物体颜色辨认能力改变以及视敏度下降；听觉联合中枢受到影响时，听力与听觉感知能力下降，如确定声音来源的位置能力下降；前额叶皮质及前运动区皮质功能下降时，解决问题的能力、执行功能、抑制功能、工作记忆能力、决策能力和注意能力都受到影响，可能导致决策错误率增高、工作记忆能力下降等；初级运动皮质功能障碍，随意运动的启动能力障碍，尤其是四肢末端肌肉、脸部肌肉和口腔内部肌肉的控制；额叶视区受影响时，可以表现为视觉注意功能下降；嗅觉皮层功能下降导致味觉及嗅觉能力改变；前庭神经系统受到影响，导致空间运动病、呕吐、头痛、头晕、萎靡不振；大脑边缘系统主要功能是参与情感感受、记忆、影响对奖励的敏感性，受到影响后导致社交活动减少、易怒、缺乏内在动机、抑郁、焦虑等情绪问题。航天员的感觉功能、认知功能、视觉和运动协调能力发生一定程度的变化，将会造成航天员工作能力的下降，直接影响航天任务的完成和航天员的健康。

微重力暴露会导致大脑结构发生变化。例如，对后肢悬吊大鼠的研究表明，微重力暴露会导致躯体感觉皮层和小脑的结构变化。这些影响包括突触减少和轴突末端变性。一项研究报告称，啮齿动物神经干细胞在后肢去除悬吊时表现出增殖减少和不完全分化和成熟。研究者没有报告应激反应的证据，而是将这种影响归因于整体运动的减少。对辐射暴露的研究还表明，辐射诱导的神经元损失似乎对感觉运动脑区域产生不同的影响。

长时间的头低位卧床（head-down bed rest，HDBR）会导致类似的液体向头部转移。在这种情况下，可观察到后顶叶皮层的脑灰质体积明显增加，额叶区域减少。Roberts 及其同事报告了类似的发现，包括顶点周围的脑脊液（CSF）拥挤和颅骨内大脑的向上移动。他们还将一种新颖的后处理技术应用于在 HDBR 受试者身上获得的弥散 MRI（磁共振成像）扫描。该技术定义并量化了"自由水"——不受周围环境阻碍或限制的水分子。游离水存在于脑室、脑实质周围和细胞外空间。因此，游离水分析是研究 HDBR 和太空飞行过程中发生的非侵入性脑液转移的绝佳工具。数据还表明，由于长时间的 HDBR，额颞区的自由水增加，后顶区减少。这些影响在 HDBR 两周后基本恢复。有趣的是，在校正了这些自由水位移后，没有发现明显的白质变化。

在载人航天飞行后，许多 HDBR 后的效应也明显发生，表现出一致性。这些影响包括：颅骨内的大脑向上移动，伴有脑下部和额叶区域的灰质体积减小，以及上部和后部区域的灰质体积增加。研究发现，在国际空间站上待了 6 个月的人比在航天飞机上只待了几周的人的灰质体积更大。通过对同一数据集的其他分析，Roberts 及其同事报告了中央沟变窄，心室宽度和体积增加以及小脑扁桃体向上移位。

2.2.3　微重力或模拟微重力对大脑认知功能的影响

认知过程是高级脑功能活动，是人对客观事物的认识中对感觉输入信息的获取、编码、操作、提取和使用的过程。这一过程包括感知、识别、记忆、概念形成、思维、推理及表象过程。认知功能作为人类高级神经功能的重要组成部分，已得到充分的研究。当脑的结构发生改变时，就会伴随相应功能的改变。海马、杏仁体、丘脑、顶叶、额叶、扣带回及小脑等都是与认知相关的脑区。太空飞行对感觉运动和认知功能的负面影响已被充分证明。其中包括飞行后姿势控制障碍和运动障碍，以及认知负荷下手动跟踪误差增加和质量辨别能力降低（即识别两个不同物体质量差异的能力降低）。此外，太空飞行对行为的负面影响包括飞行中的空间定向障碍和头晕，以及对重力变化的凝视变化。微重力条件下的航天员也会遇到自我运动感知的变化。例如，一项研究发现，当微重力状态下自由飘浮时，一个人通过虚拟隧道在向上/向下（俯仰）方向而不是左/右（偏航）方向的自我运动感知会立即发生变化，这表明微重力状态可能会对自我运动感知的早期处理阶段产生负面影响（即前庭和光动力学功能）。虽然消极的行为变化一直是许多研究的重点，但微重力暴露也会诱导大脑对视觉、前庭和本体感觉信息的适应性处理。这种飞行中适应的证据被视为感知、空间定向、姿势、步态和眼头协调方面的可测量飞行后干扰。

1. 行为表现

研究发现，在模拟微重力的头低位卧床条件下，额叶和中央脑区的靶区与非靶区事件关联电位中的正电位减小，这表明脑的注意反应能力有所下降。在头低位倾斜两小时内，选择心算靶和非靶事件关联中 200 ms 后的正电位均低于头高位对照组的相应值，这表明在头低位倾斜时，脑的选择心算能力有所下降。这种下降主要反映在对非靶信号的反应上，包括对信号的感知、判断及数字回忆等能力的下降。在头低位卧床 1 小时内，这种下降最为显著，但此后有所恢复。而对靶信号的反应则涉及更高级的脑活动，包括感知、判断、回忆、心算及存储记忆等能力的下降。随着头低位倾斜时间的延长，这种下降尤其明显，尤其是 1 小时后下降更为显著。受试者对靶信号的处理过程比对非靶信号的处理需付出更多的脑力活动，提示模拟微重力对这种更高级的脑活动有更持久的影响。研究者还发现 15 天 HDBR 模拟微重力条件下，再认记忆能力及基于事件的前瞻记忆能力没有受到显著损害，自我启动较多的基于时间的前瞻记忆能力受到一定干扰。Pavy – Le 等在 28 天 HDBR 期间利用便携式自动测量系统测量了受试者的认知、知觉和运动能力，也观察到行为能力降低的表现。对在太空停留 16 天的大鼠幼崽进行空间能力测试、水迷宫和旋臂迷宫实验，结果表明微重力或模拟微重力对大鼠的学习记忆能力有一定损害。"生物卫星 2044" 号飞行中，记录了微重力状态下两只猕猴在学习能力测试中脑皮层电图的改变，发现慢波节律增加、β节律的几种特征发生改变，返回后上述改变恢复，表明微重力影响了动物的注意力和学习能力。30°尾悬吊实验也是目前最常用的大鼠微重力模型。研究人员从行为学角度，如 Morris 水迷宫（Morris water maze，MWM）实验、穿梭箱（shuttle box，SB）实验和 Y 迷宫实验等来观察大鼠的学习记忆能力变化。例如，Wang 等将大鼠 TS 两周后立即进行 MWM 实验，结果显示，与对照组相比，尾悬吊组的大鼠在水迷宫中表现较差。穿梭箱实验和 Y 迷宫实验也出现类似现象。这些研究都表明模拟微重力环境会造成大鼠的空间方位和位置记忆能力的减弱，使其出现认知功能障碍。

　　研究表明，在微重力环境下，大脑皮层的灰质体积会发生不同程度的改变。例如，NASA 对一组进行两周航天飞行的航天员和另一组在国际空间站工作 6 个月的航天员进行了静息态 fMRI 监测。结果表明，这两组航天员的大脑前额区灰质体积均有所减小。此外，在地面进行的 HDBR 实验也得到了相似的结论。

　　此外，Li 等对进行了 30 天 HDBR 实验的 14 名志愿者进行了头部 fMRI 分析，实验结果表明这些志愿者的大脑双侧额叶、颞叶、海马旁回以及右侧海马的灰质体积明显减小。此外，一项更长期的研究观察到 18 名右利手男性受试者在进行了 70 天的 HDBR 实验后，其前额区的灰质体积也出现了减小，这些变化在实验结束后 12 天仍未完全恢复。这些研究结果揭示了微重力环境对大脑结构和功能的影响，尤其是体液头向转移和颅内压增大导致的神经元冲动减少，为微重力条件下认知功能的研究提供了重要的神经解剖学依据。除了灰质体积的变化研究外，利用脑电图（EEG）进行的脑认知功能研究也正在深入开展。太空医学研究首次发现在短期模拟微重力条件下受试者的右额上回的 EEG 的 β 波分量受到了明显的抑制。这一变化可能会对中枢神经造成损害，进而抑制皮层活动。该结论在其他研究中已被验证。在 6 个月的真实航天飞行中，研究者发现航天员在太空飞行之后，枕叶和感觉运动皮层的 EEG α 节律的事件相关去同步（event related desynchronization，ERD）功率有所增加。这表明这些区域在活动上变得更加活跃。研究者认为，这与航天员在执行视觉运动对接任务时需要加大注意力分配比重有关。此外，小脑和前庭神经网络的 α 节律 ERD 功率呈现递减趋势，这可能与处理不一致的前庭运动平衡信息的过程有关。综上所述，微重力对不同脑区的影响是多样化的，它可以通过影响前庭系统、视觉系统以及感觉运动系统等多个方面，进一步影响大脑的认知功能。

　　研究表明，在进行 HDBR 实验 7 天后，与认知和工作记忆相关的脑区如双侧前额叶的腹侧、右侧额叶前运动区以及前扣带回等开始表现出显著的激活面积和信号强度增加。然而，当实验进行到 28 天时，这些工作记忆相关的脑区激活程度开始降低。对比 7 天和 28 天的结果，可以明显观察到模拟微重力条件下工作记忆脑区的相反变化趋势。HDBR 实验 28 天的激活面积和强度已与卧床前相似，但仍稍有差异，提示 HDBR 28 天大脑已经逐步适应微重力环境，但并未恢复如初。在另一项研究中，研究者通过以受试者静息态 fMRI 数据中的低频振荡振幅（amplitude of low frequency fluctuation，ALFF）作为指标，检测脑认知活动的变化，结果显示左侧海马和左侧尾状核区域 ALFF 值在受试者 72 小时的 HDBR 后减弱，这两个脑区在结构和功能上都与前额的执行区域密切相关，脑区的活动减弱可能会给个体认知功能带来不利影响。

2. 微重力或模拟微重力对认知相关神经递质的影响

微重力或模拟微重力时脑内多种与学习记忆有关的神经递质均发生改变。神经递质是指由突触前神经元合成并在末梢处释放，经突触间隙扩散，特异性地作用于突触后神经元或效应器细胞上的受体，引致信号从突触前递质到突触后的一些化学物质。神经系统过程的生理功能依赖于不同生物标志物的差异表达。这些生物标志物包括受体、基因和神经元膜离子通道。这些在与学习和记忆相关的认知机制与可塑性中起着重要的作用。在微重力极端条件下可能发生的神经生理变化是神经系统内稳态的丧失。这导致了一系列与特定受体、基因、神经递质和神经元膜离子通道在大脑不同位置的功能和表达相关的生物学机制。

研究表明，神经营养因子、乙酰胆碱、单胺类神经递质去甲肾上腺素、多巴胺、5-羟色胺等均参与人和动物的行为及精神情绪活动。神经营养因子家族的成员，包括脑源性神经营养因子（BDNF）和胶质细胞源性神经营养因子（GDNF），在神经元存活、神经元分化和突触的建立中发挥作用。它们位于与学习、记忆和思考相关的基底前脑、海马和皮层。血清素和多巴胺能系统包括 5-HT3、5-HT2A（5-羟色胺 2A）、单胺氧化酶 A 和单胺氧化酶 B（MAO-A 和 MAO-B）、酪氨酸羟化酶（Th）、多巴胺 1 类受体（D1r），儿茶酚-氧-甲基转移酶（COMT）深入参与情绪和行为的调节。它们在大脑中的位置决定了它们的功能。单胺氧化酶存在于人体大多数细胞类型中，酪氨酸羟化酶存在于中枢神经系统、外周交感神经元和肾上腺髓质中。多巴胺 1 类受体、DRD1 在中枢神经系统中的表达在背侧纹状体（尾状体和壳状体）和腹侧纹状体（伏隔核和嗅结节）中。COMT 是一种在多巴胺降解中起作用的酶，主要在前额叶皮层。胰岛素样生长因子 1（IGF-1）是一种类似于胰岛素的激素，主要在肝脏中产生，但在每个细胞中都有发现，并参与了生物合成。它是代谢途径的一部分，能使体内的小分子变成大分子。γ-氨基丁酸（GABA）受体是大脑中 30%~40% 突触中主要的抑制性神经递质，分布于黑质、海马、基底神经节苍白球核、中脑导水管周围灰质、下丘脑等部位。通过突触传递，在神经元通信中起重要作用。以上生物标志物的上调或下调可能对神经传递、记忆和学习的失调产生效应。

对大鼠进行7天的TS后，海马区有七种神经递质的表达发生明显变化，包括谷氨酸、乙酰胆碱浓度升高等。研究者认为，这些变化可能与微重力导致的大鼠空间学习能力下降有关，可能与谷氨酸的兴奋性毒性以及特定神经递质的失衡有关。Homick等在研究飞行动物时，发现海马膜上的五羟色胺–1受体数量增加，而纹状体上的D2受体的数量减少，额叶前部皮层中的D2受体没有改变。Homick等认为这是由于动物从地球的重力环境进入太空的零重力环境所引起的。这种变化不仅与身体的周期性调节有关，还与学习记忆有关。在另一些生物卫星飞行实验中，研究者发现动物的下丘脑区域多巴胺浓度增加，但并没有发现儿茶酚胺合成或分解过程中关键酶活性的改变。此外，大鼠的垂体后叶加压素含量在飞行后出现下降。在地面通过尾部悬吊模拟微重力实验进行更深入的研究，研究结果表明大鼠的神经垂体细胞和促甲状腺素细胞的超微结构发生了改变。这可能引起这些细胞的机能活性下降。这种变化可能导致人的精神与体力的逐渐衰退，出现懒散、健忘、注意力不集中等情况，从而影响到航天员的太空作业。总而言之，微重力或模拟微重力状态下，脑内多种神经递质都产生了一定程度的可逆性改变。这些神经递质的变化在脑学习记忆等高级神经功能改变中的作用、变化时程等还有待进一步探讨。同时，微重力或模拟微重力对大脑运动功能的影响也是值得深入研究的课题。

2.2.4 微重力或模拟微重力对大脑运动功能的影响

当人站立时，为了防止摔倒，大脑需要对身体姿势进行精细的调节。这涉及维持重心在双脚形成的支撑区域内，从而抵抗地心引力的影响。在进行自由活动时，大脑也需要适当地调整身体姿势，以应对运动带来的身体不平衡，并为运动肢体提供必要的支撑。为了确保运动的流畅和准确，大脑还需要充分考虑重力的作用。这一系列调节身体姿势和运动的过程，实际上是由大脑所控制的。大脑通过接收来自肌肉、皮肤、前庭器官和眼睛的信号，来精确判断个体在空间中的位置以及身体各部位肌肉的张力状态。只有这样，大脑才能精确地调控身体姿势和运动。在地球的重力环境中，持续地接受重力刺激，在控制姿势和运动时，总是把重力的影响考虑在内，形成了许多运动调控的程序而储存在脑内。在需要时，人脑能迅速调用这些"程序"。在太空或模拟微重力的环境下，人们会发现自己的身体感知发生了扭曲。肌梭等器官不再受到地球重力的影响，人体的本体感觉发生了改变。这导致在被动移动肢体时，人们常常错误地判断自己在飞船中的位置。为了正确判断身体在周围环境中的位置，人们需要在视觉的帮助下重新调整自己的空间定向，以适应这种全新的空间关系。在空间环境运动时，原有的将重力影响考虑在内的运动"程序"不再适用，不得不在视觉帮助下重新学习，形成新的"程序"。此时，耳石的重力感受器不再对倾斜等重力刺激做出反应，而只对线性加速度有反应。神经系统需要重新解释这些重力感受器的传入信号。前庭、本体感觉、运动感觉和运动变化的综合影响，使人们感到无所适从。这导致身体空间定向和视觉-运动协同动作发生变化，产生幻觉，从而引发身体倒转的感觉和不适。

感觉-运动系统的功能在航天后的数小时到数周内会有明显的改变。其中与微重力条件下运动的控制和前庭系统有密切的关系。前庭系统负责感知和控制运动，前庭信号与来自视觉系统和本体感受器的信息相结合，以控制维持平衡和补偿运动的过程。这些稳定的反射是通过眼睛和骨骼（如脖子、躯干、下肢）的运动系统来组织的，这些运动系统接收到来自前庭感受器的信息，从而做出相应的反应。研究发现，在太空飞行中，构成前庭系统线性加速度探测器的耳石突然失去了重力感。这阻碍了外围输入，反过来影响前庭核，以及在皮质集成不同的感官输入，如丘脑、顶叶区域。在俄罗斯 Bion-M1 生物卫星上进行的 30 天飞行实验使用雄性小鼠运动功能的研究结果显示：与留在地球上的对照组小鼠相比，结束 30 天的太空飞行返回地球后，小鼠的活动明显减少，而且它们表现出明显不适应地球引力的迹象。此外，参与多巴胺合成和降解的基因表达减少，尽管这并没有改变血清素代谢和信号传导的主要基因的表达。然而，它确实减少了 5-羟色胺 2A 受体基因在下丘脑的表达。由于这些原因，多巴胺系统的改变也可能导致在人类和小鼠中都检测到的由太空飞行引起的神经运动障碍。对返程航天员运动定时和运动协调问题的反复观察表明，负责协调和精细运动控制的小脑的结构和功能可能发生了改变。

2.2.5 微重力或模拟微重力对视觉空间信息加工功能的影响

研究表明，一些航天员在国际空间站执行4~6个月的任务期间或任务结束后出现了眼部变化。这些变化包括脉络膜折叠、视盘水肿、棉絮斑、全球变平和屈光改变。另外，在航天飞行过程中，航天员在多种视觉空间任务中表现为视觉空间能力、视觉追踪等能力下降，说明微重力生理效应可能对视觉空间信息加工能力有所影响。视觉空间信息，是指通过视觉系统所获得的物体的空间位置信息，如物体所在位置、方位，物体运动速度、方向等。视觉空间信息经过视觉通路而传导和部分加工，后传递至其他视觉空间信息加工脑区将这些信息加工并传递至大脑皮层的感觉运动联合区。感觉运动联合区将视觉空间信息和其他所有传入的感觉信息加工、转化，传递至初级运动皮质。初级运动皮质依据接收的信息，生成运动信号，下达指令，指挥躯干、四肢等肌肉做出相应的动作，使人们准确地抓取目标物体，或做出动作以靠近或远离静止的或运动的物体。

在微重力环境中，本体感觉系统与前庭系统大量感官刺激感受能力丢失，传入信号减少，而此时对于自身和外界物体的相对位置与相对运动状态的判断就大量地依赖视觉通路的信息传入，尤其依赖视觉空间信息的获取和加工处理。一旦视觉空间信息的加工过程也受到微重力生理效应的影响，那么航天员在需要视觉空间线索的运动任务中的表现也会受到影响。事实上，有许多研究证明，航天员的视觉空间能力相关任务的表现有所下降。不论是短期的航天飞行还是长期的航天飞行的初期，航天员的视觉追踪能力均受到影响，适应数天后，视觉追踪能力又恢复至飞行前地面水平。1993年，对为期8天的航天飞行任务的研究首次发现，航天员视觉追踪能力下降，研究结果显示，航天员的视觉追踪任务在航天飞行的第3天，失败率显著高于飞行前测试。Bock等2010年的研究同样发现，在航天飞行任务的早期适应阶段，航天员视觉追踪能力和视觉—运动转换能力下降。他们的视觉追踪能力测验与上述测验方法相同，但是追踪目标的移动方向包括水平和垂直两个维度，目标移动超出7 cm则为操纵失败。除此之外，其还添加了按键反应测验，即提供给受试者一个含有5个按键的装置，包括一个中间键和上、下、左、右4个按键，受试者需在测试开始后持续按压中间键，按压一定的等待时间后（等待时间随机），屏幕的上、下、左、右四个边界上的随机一个边界出现矩形目标，要求受试者看到目标后尽快放开中间键，并按压相应方向的按键，记录按键的反应时间和错误率。研究结果显示，视觉追踪任务和按键反应测验的失败率在航天飞行任务初期均显著增高。在长期的航天飞行初期，航天员的视觉追踪能力同样下降，Dietrich Manzey 对航天飞行长达 438 天的任务中的航天员做了视觉追踪测验，发现在航天飞行的前 3~4 天，航天员的视觉追踪能力测验结果的错误率增高，而在之后的数百天内，视觉追踪测验结果稳定并与飞行前地面测试结果无差异。结束航天飞行返回地球后的前 4~5 天，航天员的视觉追踪能力测验结果又出现错误率增高，而后恢复至正常水平。这些测验结果充分说明，重力的改变会影响视觉追踪能力，而视觉追踪能力一般在 3~5 天内便会适应新环境，恢复正常功能。

2.3 微重力对神经反射的影响

长期生活在 1g 的地面环境中，机体会适应地心引力的作用，以完成正常的生理活动。而当人体进入太空时，由于受微重力等因素的影响，机体会发生各种各样的变化。同样地，当机体适应了微重力的环境，又返回至 1g 的地面环境时，重力环境的再次改变也会诱发一些生理反应。前面两节介绍的微重力对机体感觉及脑功能的影响（包括运动失衡、出现太空运动病症状，以及学习、记忆、认知功能下降等），与神经反射调节状态的改变息息相关。本节将通过列举方式介绍微重力对几种神经反射活动的影响。

2.3.1 微重力对心血管系统的压力感受器反射活动的影响

心血管和神经科学占空间生命科学实验的大部分。目前的研究发现，由微重力状态带来的压力感受器反射功能的改变是造成航天员立位耐力下降，进而引起其心血管功能失调的主要原因，主要表现为航天员的运动量和耐受时间明显减少，运动时心率过度加快、脉压缩小，耗氧量和心输出量指标下降，严重时可出现晕厥。

1. 心血管系统压力感受器反射的生理结构

压力感受器反射弧由感受器、血管中枢和效应器组成。研究表明，心血管中枢系统主要由延髓和延髓以上的心血管中枢构成。其中，延髓是心血管的初级中枢，包括与压力调节相关的区域及神经递质：①延髓腹外侧区（VLM）是血管运动中枢，可影响交感神经的兴奋性。其所含的 CVLM（尾端延髓腹外侧区）部位可直接接受延髓孤束核来自压力感受器的冲动，为一降压区，富含去甲肾上腺素能神经元。而 RVLM（头端延髓腹外侧区）部位含有丰富的交感前运动神经元，为一升压区，富含肾上腺素能神经元。其中参与从 CVLM 到 RVLM 信息转换的神经递质是 γ-氨基丁酸。②延髓的背内侧区（DMM）与血压降低调节相关，也被称为内脏副交感神经的低位中枢。DMM 中所含的孤束核（NTS）是心血管反射中传入神经最先经过的部位，并在此处形成突触，部分投射在其迷走神经背核（DMV），其传出神经可支配迷走神经核及脑干其他核团，也可通过神经递质支配 VLM。其中参与信息传递的神经递质为谷氨酸和 P 物质等。③延髓的中间部，即位于 DMM 和 VLM 之间的网状结构，可接收和中转压力感受器的传入信息，参与血压调控。以上三个部位可统称为延髓内脏带（MVZ）。

延髓以上，脑干和大脑的许多结构也参与血压调节。其中，下丘脑视上核（SON）及室旁核（PVN）在血压调节中承担重要的角色，该部位含有丰富的能分泌加压素的神经元，当 NTS 接收到压力感受器的刺激时，可通过多个突触将压力信号上传至 SON 或 PVN（如 CVLM 内 A1 区儿茶酚胺能神经元对 PVN 的作用），SON 和 PVN 通过释放加压素来影响压力感受器反射。其中，加压素神经元发出轴突经下丘脑—垂体束入垂体后叶，并在此处释放加压素进入血液中。

2. 心血管压力感受器反射的作用机制

心血管压力感受器反射在血压调节中发挥重要作用。当动脉血压升高时，压力感受器受到增强刺激，导致传入神经的冲动增多。这些冲动在延髓的孤束核处形成突触，并参与血压调节。具体来说，有三种途径参与其中：①向 CVLM 投射，通过释放兴奋性氨基酸增强 CVLM 的紧张性。然后，通过一个短轴突的抑制性神经元，其末梢释放 GABA 来抑制 RVLM，导致 RVLM 的紧张性降低。同时，RVLM 还接受室旁核的直接投射调节。二者的综合作用的结果，或通过 NTS 向脊髓中间外侧区（IML）的直接投射使脊髓交感节前神经元抑制，则心交感神经和交感缩血管神经传出冲动减少。②NTS 换元后直接投射到 DMV，导致迷走神经传出冲动增加，从而减慢心率、减弱心收缩力并扩张外周血管，最终血压下降。

③NTS 换元后还通过多个突触与途径抑制 SON 与 PVN 的升压素释放，使外周血管扩张、血管阻力降低，进一步导致血压下降。相反，当动脉压力下降时，压力感受器的刺激减弱，上传到 NTS 的冲动减少。这导致 CVLM 的紧张性降低，其对 RVLM 的抑制减弱，恢复 RVLM 紧张性。另外 NTS 至 DMV 的冲动减少，同时 SON 与 PVN 的升压素释放增加。这些方面的综合作用导致血压升高。

3. 微重力对心血管压力感受器反射的影响

1）微重力对延髓——心血管初级中枢的影响

已有研究表明，微重力和模拟微重力会造成脑干中参与血压调节的儿茶酚胺能神经元对去甲肾上腺素转运能力下降，引起心血管功能的失调。在模拟微重力下，尾悬吊 3 个月的大鼠，其动脉压力反射功能也会发生变化，表现为平均动脉压 – 心率（压力反射引起）曲线向右上方移动，心率低限坪值升高，血压调节范围变窄，静态工作点升高，且用普萘洛尔阻断 β 受体后，尾吊组大鼠压力感受性心率反射的平均增益及心率反应范围均高于对照组；用阿托品去除迷走神经作用后，压力感受性心率反射的各项参数无显著差异，如图 2 – 13 所示。这说明，长期模拟微重力可通过调控交感神经的肾上腺素能活性来调控心血管，也能增强迷走神经作用。

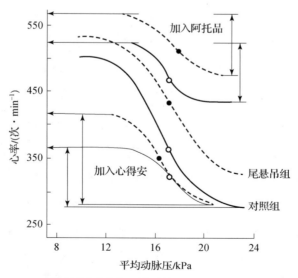

图 2 – 13　90 天尾悬吊大鼠与正常组大鼠的平均动脉压 – 心率曲线

注：在正常情况，加入普萘洛尔或阿托品时。

而在短期模拟微重力下，有研究发现，人对倾斜诱发的压力反射引起的心脏反射功能下降，且静息时去甲肾上腺素和肾上腺素水平升高，因此短期模拟微重力可引起交感神经功能增强，副交感神经功能减弱。有研究者对男性志愿者进行7天头低位卧床实验，采集他们在卧床实验后立位实验的心率变异数据，分析发现卧床实验后对立位耐力下降的志愿者的 LF/HF 功率增加，如图 2-14 所示，说明交感神经兴奋性增加，而迷走神经及外周血管交感神经活动下降，使得心血管系统对立位应激的适应性下降。其中，LF/HF 是心率变异谱中反映交感—迷走神经调节平衡的参数。高频（HF）功率大小可反映心脏迷走神经功能；低频（LF）功率大小受交感神经和迷走神经双重影响。因此，当迷走神经抑制、交感神经兴奋时，LF/HF 值增大。

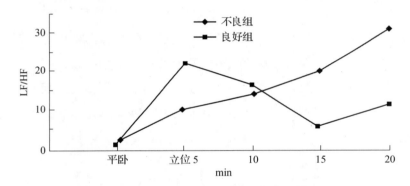

图 2-14　7天卧床实验后不良组和良好组立位中 LF/HF 的变化

注：良好组指卧床后能完成立位实验；不良组指卧床后不能完成立位实验并晕厥。

2）微重力对下丘脑-垂体系统的影响

（1）微重力对下丘脑与血压调节相关区域的影响。下丘脑在延髓以上的心血管中枢中发挥着极其重要的作用，其与垂体形成的下丘脑-垂体系统在机体的神经内分泌调节中也发挥着重要的作用。有研究发现，微重力状态下，下丘脑的室旁核会调控升压素的分泌来对抗微重力。如模拟微重力 20 周的人体和尾悬吊 2 周的大鼠血管中的升压素含量都明显增加，其原因可能是模拟微重力状态下，机体的体液头向分布，血容量减少，压力感受器接受刺激，并经过延髓内的神经通路投射到 PVN，影响升压素的合成与分泌，改变神经内分泌及血液动力学机制来适应微重力环境。研究人员用抗 Fos 蛋白免疫组化的方法研究了此调节机制，对模拟微重力4周的大鼠进行观察，发现微重力组大鼠延髓的 MVZ 区，下丘脑中的 SON、PVN 区及脑干 A5 区等部位出现 Fos 蛋白的阳性表达，说明这些部位参与了模拟微重力下心血管中枢的反应。进一步实验发现，在延髓内，大量的儿茶酚胺能神经元参与了微重力刺激的信号转导，其作用机制是经 NTS 和 VLM 区神经元将压力反射信号上传至 PVN，影响升压素的合成与分泌。其中，Fos 蛋白的表达来源于压力感受器的激活，发生在中枢神经一系列突触活动效应中，因此被用于标记压力敏感神经元活动。其优点在于反应灵敏，当机体受到躯体或内脏源性刺激时，中枢神经系统部分神经元会迅速做出反应，并表达 Fos 蛋白。由于 Fos 蛋白主要存在胞核中，因此可以通过免疫组化方法进行显示观察。这一方法常用于观察与特定功能相关的神经元在中枢神经系统中的分布情况。

（2）微重力对下丘脑中神经递质的影响。有研究证明，模拟微重力 28 天的大鼠，其下丘脑 - 垂体体系中的儿茶酚胺类神经递质，如多巴胺和去甲肾上腺素的浓度降低，如表 2 - 7 所示，说明模拟微重力可影响下丘脑 - 垂体系统中的相关神经递质的浓度，进而影响其神经反射调节功能。

表 2 - 7　正常组与尾悬吊 28 天大鼠下丘脑中儿茶酚胺含量

组别	鼠数/只	多巴胺/$(ng \cdot mL^{-1})$	去甲肾上腺素/$(pg \cdot mL^{-1})$
正常组	8	9.96 ± 1.2	47.90 ± 5.2
尾悬吊组	8	9.63 ± 1.06	43.02 ± 5.72

2.3.2　微重力对跟腱反射活动的影响

跟腱反射是腱反射中的一种，它是最简单且反应快的脊髓反射，受中枢调节，因此可以通过测定它的反射情况来了解中枢神经系统的状态。美国和俄罗斯在飞行前后都测量了航天员的跟腱反射，结果是飞行后跟腱反射的阈值下降，腱反射持续时间缩短，要经过一个月或更长时间才能恢复到飞行前水平，这也表明在微重力状态下航天员中枢神经的调控能力受到影响。此外，肌梭是腱反射弧中的主要外周感受器，能够感知肌肉长度的变化，并将这些信息转化为传入神经纤维的冲动，以便传递给中枢神经系统，由 γ 运动神经元支配。正常情况下，大脑皮层运动区通过脑干网状结构抑制区发出网状脊髓束，可抑制γ运动神经元的活动，从而影响肌梭的活动，进而影响肌肉的紧张性。实验表明，在模拟微重力下，肌梭的神经传入活动减少，出现肌肉萎缩现象。这是因为在模拟微重力的环境下，重力对机体的作用减弱，对肌梭的刺激性减少，使得肌梭—神经中枢系统—肌肉之间的反馈调节中断，影响肌肉的紧张性。一方面，模拟微重力也影响肌梭的结构和功能，包括通过破坏线粒体结构影响钠－钾离子泵分布，影响肌梭神经末梢的静息电位；破坏肌肉收缩与舒张的基本单位——肌节，影响γ运动神经元与肌纤维间的联系，以上均会使肌梭的传入冲动发生变化。另一方面，一些科学家在飞行中观察到前庭脊髓反射的幅度逐渐降低、飞行后霍夫曼反射和肌腱反射的增强，这表明通过前庭（耳石）功能下降来介导反应，并通过中枢神经系统对在轨飞行时的刺激性重排来恢复耳石功能。

2.3.3　微重力对前庭反射的影响

前庭系统具有高度可塑性，即暴露于不同的重力环境，其灵敏度可能会改变。前庭系统的可塑性及其对前庭介导功能的影响与微重力诱发的医学并发症（如身体不稳定、直立性低血压、肌肉萎缩和骨质流失）息息相关。人体平衡的维持依靠前庭、视觉、本体感受器三个系统共同协调完成。当重力或加速运动破坏人体原有的平衡状态时，这些系统的感受器将产生冲动传至平衡中枢，通过眼球、颈肌、四肢的肌反射运动系统维持人体平衡，保持重心稳定。研究表明，姿势平衡的控制中，有65%来自前庭系统，而35%则主要依赖于视觉和本体系统。前庭感受器在维持平衡中起着关键作用，主要通过球囊斑和椭圆囊斑来感知头部位置和直线加速度，以及通过壶腹嵴来感知角加速度。这些感受器产生神经冲动，并传送到脑干的前庭神经核。神经冲动一方面继续上传到大脑皮层的平衡中枢，另一方面直接通过前庭眼束、前庭脊髓内、外侧束等路径，分别到达第Ⅲ、Ⅳ、Ⅵ对脑神经核和脊髓各段前角运动神经元。这些路径引发了前庭眼反射（VOR）和前庭脊髓反射（VSR）。VOR的生理意义在于使眼球向与头部运动相反的方向移动，以保持清晰的视力。而VSR的意义在于调节颈部、躯干及四肢抗重力肌肉的肌张力和运动，以稳定头部和身体，保持姿势自控。在前庭反射通路中，VOR通路尤为重要，其主要作用是前庭器官通过探测空间中头部的方位，将这一信息传递给前庭核,与视野的连接通过 VOR 帮助纠正和协调头部与身体的姿势。研究者对微重力条件下的 VOR 进行了较为充分的研究。

1. 行为及功能上的变化

研究表明,微重力后,由耳石器介导的一系列生理反应有明显改变。眼反向转动耳石反应(OCR)是一种常用于评估耳石器功能的方法。已有研究表明,微重力环境下的 OCR 会显著下降,随着微重力持续时间的延长、OCR 下降的幅度增大,且回到地面初期 OCR 仍会处于较低水平。这可能因为 OCR 的功能是维持视网膜成像的稳定性和清晰度,在地面正常的重力环境下,OCR 以重力垂直线为参照,然而在微重力飞行时,OCR 则是以自身为参照,因此,OCR 下降可能是以自身为参照维持视网膜成像稳定向以重力为参照维持视网膜成像转变过程中的一种表现,并且这种变化很可能发生在中枢。Dai 等的恒河猴实验表明,在经过 11 天的微重力飞行后的 OCR 降低了 70%。Yakovleva 等的研究表明航天员在返回地面后的第 14 天,其 OCR 仍然处于较低的水平,直到飞行后的第 36 天才恢复正常。除了 OCR 外,其他由耳石器介导的 VOR 在航天员返回地面后也会发生一定的变化。例如,正常情况下,头部突然前倾可以有效抑制由绕垂直轴旋转突然停止后引起的旋转后眼震。然而,在微重力环境下,这种倾倒抑制作用会消失。此外,Cohen 等通过观察两只飞行 14 天的恒河猴证实了这一现象。Dai 等以这两只恒河猴为研究对象,继续研究它们 VOR 反应的变化。研究表明,在微重力飞行后 VOR 发生了明显的改变,具体表现为在同一倾斜角度下,眼震的慢相速度明显增大,甚至超过了原来的 50%,并且当超过一定倾角时,表现出饱和现象。总之,由耳石器信息传入中枢引起各种反应在经过一定时期微重力后有改变。

为了更直接地反映前庭系统的适应情况,有研究直接记录了半规管和耳石器传入纤维的神经放电活动。他们发现,在微重力情况下,这些神经放电活动呈现出明显的波动性变化。除此之外,有研究记录了恒河猴水平半规管传入纤维的神经放电情况,结果表明在经历 14 天的微重力飞行后,其增益几乎是飞行前的两倍。这直接证明了水平半规管,甚至是前庭终器在微重力情况下可以发生适应性的功能变化,并且这种变化很可能是由传出神经系统所介导的。在组织结构方面,微重力也会引起耳石的适应性变化。Kozlov Sirota 等的研究表明微重力时恒河猴有关前庭神经中枢的神经电活动情况与静息状态下相比没有明显的变化,它们视跟踪及坠落试验时则与飞行前相比表现出一定改变，具体表现为在微重力第 2~5 天，前庭神经内侧核的活动增强，在第 6 天以后前庭神经内侧核的活动又恢复到了飞行前的水平。除此之外，研究者还发现前庭神经和小脑绒球的活动在凝视试验（gaze test）上表现为在飞行前 3 天增加，前庭神经的活动在整个微重力期间一直保持高水平的活动。值得说明的是，Corriea 与 Cohen 两位作者的研究对象相同，且在微重力后返回地面后几乎同步进行实验。然而，Corriea 记录的水平半规管传入活动的增强与 Cohen 观察到的水平 VOR 反应增益不变似乎是相悖的。Cohen 认为这两种现象说明视觉因素对 VOR 反应有适应性效果，也就是在微重力飞行后，中枢神经系统重新校准了 VOR 反应，以精确补偿头部运动，从而保持视网膜成像稳定。

2. 组织结构上的适应性变化

研究者对航天飞行后的动物耳石检查的结果显示，微重力会导致耳石在大小、形状、分布和成分等方面发生变化。Lychakov 发现在微重力的 8 天后，动物的耳石膜囊斑大小出现变化，表现为萎缩或增大。同时，耳石的形状和分布也发生了改变。除此之外，内淋巴中的 Na、K、Ca、P 和 S 等离子的成分也出现了一定的波动。有研究表明，大白鼠在微重力 20 天后的耳石形状变得更加圆滑。在囊斑的周边区域，还出现了颗粒状的暗影，这可能是 $CaCO_3$ 晶体开始脱钙的迹象。尽管 Ross 未观察到大鼠在微重力 7 天内的脱钙现象，然而他发现小耳石的含量有所增加，并且小耳石的形状变得更加圆滑。此外，Ross 还从毛细胞与其支配神经之间的突触可塑性的角度观察了微重力引起前庭适应性变化。在微重力 9 天后，Ross 观察到大鼠耳石囊斑Ⅰ型毛细胞的突触增加了 41%，Ⅱ型毛细胞的突触增加了 55%。特别值得注意的是，以成对或成簇形式（超过 3 个）的突触增加最为显著，其中成簇的突触数量几乎是地面对照组的 12 倍。这些发现表明，成熟的囊斑毛细胞与其支配神经具有突触可塑性，能够针对重力场的改变做出适应性反应。

3. 微重力对前庭心血管反射的影响

前庭系统在控制姿势转换时的血压（前庭-心血管反射，VCR）中起着重要作用。前庭耳石器官检测姿势（重力）变化，并在短暂的潜伏期内反射性地增加交感神经活动，然后诱导血压增加，以抵消随后由于脚液移位而导致的血压下降。然而，在不同的重力环境下，前庭系统的敏感性可能会改变。因此，VCR 作为前馈动脉血压调节器来抵抗重力变化。由于长期暴露于微重力可能引起的直立性不耐受，VCR 在太空飞行后可能会变得不那么敏感。

前庭系统在姿势变化期间调节血压方面起着重要作用，这代表重力的量和方向的变化。Gotoh 等表示，前庭病变消除了超重力或微重力诱导的大鼠血压反应，出现了直立性不耐受。耳石器官感知头部倾斜并向大脑发送有关空间方向的信息。在暴露于微重力期间，对耳石器官的输入可能很小，迫使耳石器官在微重力条件下适应并实现空间定向。当航天员重新进入地球引力场时，耳石介导的反射可能会改变。Hallgren 及其同事研究了暴露于微重力 6 个月对相当大的航天员 ($n=25$) 耳石介导的眼部反应的影响，发现眼部反滚动反应在返回后 2~5 天降低，但在返回后 9 天恢复到飞行前水平，表明外周耳石系统可以在 9 天内实现完全恢复。然而，在该研究中，VCR 在返回后 11~15 天内没有恢复。对这种差异的一个解释是存在一种关于眼球反滚动反应的补偿机制。由于前庭介导的眼球运动的获得通过体感输入或充分的训练而增加，返回后的康复过程可能加速了对地球引力场的重新适应。

第 3 章
微重力对运动系统的影响

　　动物的运动系统主要包括肌肉、骨骼，以及骨连接等结构。运动系统的基本功能包括产生运动、支撑身体及保护脏器等。从运动角度看，骨骼是相对不变的结构部分，骨骼肌是动力部分，关节是运动的枢纽。肌肉在有能量输入并在神经支配下收缩时，就牵拉其所附着的骨，以可动的骨连接为枢纽，产生运动。人和动物在静止时的姿态的维持有赖于不同肌群一定的、彼此不同的张力的存在。此外，各种体腔也受到骨骼和肌肉的保护。一些重要的脏器，如脑组织和心肺，就分别受到颅骨和胸廓的保护。

　　动物的运动系统是在地表 $1g$ 的重力环境下逐渐进化形成的，其结构和机能的组成适应于 $1g$ 的重力环境下进行运动和身体支撑。当重力环境发生变化时，这些结构和功能也会发生相应的改变。尽管这些改变具有一定的适应性意义，但面对全新的重力环境，运动系统也会出现对身体健康有害的失调状态；当航天员返回地面时又要面临再适应 $1g$ 重力的情况。如何处理重力改变对身体的不利影响，尽量减小其危害，是航天生物医学所面临的重要问题。重力改变包括超重和微重力。超重是由于航天器的飞行动作所产生，一般延续的时间较短，不至造成运动系统结构和功能的显著改变；而微重力往往是伴随航天飞行的整个过程，对运动系统会产生明显的影响，另外，如果人和动物登陆到某个星球，这个星球的重力系统有别于地球，也会面临超重或微重力的情况，如月球的重力就只相当于地球的 1/6，长期驻留也会造成类似于微重力的效应。

　　本章首先简单介绍运动系统的基本结构和功能，然后分别介绍微重力对肌肉和骨骼系统的影响及应对措施。

3.1 运动系统基本结构和功能概述

肌肉的收缩产生不同形式的运动。当一块肌肉的两端附着在不同的骨骼时，肌肉的收缩借助骨关节引起骨骼的相对位移，造成宏观的运动。位于骨和关节两侧的肌肉群的收缩会造成骨关节相反的运动，如手臂的收缩和伸张。这类作用相反的肌肉群称为拮抗肌。不同拮抗肌各自保持一定的收缩度，便维持机体的一定形态。由骨、骨连接和骨骼肌三种器官组成的运动系统彼此配合，共同完成运动系统的基本功能。

3.1.1 肌肉系统

1. 肌肉的分类

肌肉是动物特有的基本组织。人体有 600 余块肌肉，占体重的 35%~45%。肌肉组织按结构和功能又可分为骨骼肌、心肌和平滑肌三种。骨骼肌一般附着于骨骼，收缩时带动骨骼运动。由于骨骼肌可随人的意愿舒张和收缩，因此称为随意肌。心肌和平滑肌主要位于内脏，分别主导心脏和心脏之外其他内脏和血管的运动。此外分布于体表的立毛肌也属于平滑肌，它们的收缩可使毛发竖立。心肌和平滑肌不受自主神经控制，而是受到交感神经、副交感神经和激素的调控，故又称不随意肌。心肌和骨骼肌在显微镜下观察呈横纹结构，故又都称横纹肌，但两者在结构上仍有明显差别。

根据骨骼肌内肌红蛋白和血红素含量的不同，骨骼肌纤维又分为红肌纤维、白肌纤维两种（图 3-1），它们在外观上分别呈红色和白色。红肌纤维又称Ⅰ型纤维，含有较多肌红蛋白和血红素，可以较充分地结合和利用氧气，但肌纤维相应较细。其主管比较缓慢、比较持久的肌肉活动，故又称慢肌纤维。这种肌纤维的收缩活动依靠持续的氧气供给。白肌纤维又称Ⅱ型纤维、快肌纤维或快解醣纤维。其肌红蛋白和血红素含量较少，而肌纤维则较多。白肌纤维多在需要快速运动的情况下，依靠内部糖酵解反应迅速伸缩，其特点是持续、反应时间短，反应时间仅是红肌纤维的 1/4。

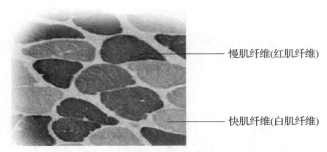

图 3–1　骨骼肌的断面，显示快肌纤维和慢肌纤维

人体的红、白肌纤维大概维持各 50% 的比率。

根据骨骼肌所在的部位，肌肉可分为头肌、躯干肌、上肢肌和下肢肌。头肌可分为面肌（表情肌）和咀嚼肌两部分。躯干肌可分为背肌、胸肌、腹肌和膈肌。上肢肌可分为肩肌、臂肌、前臂肌、手肌及颈肌等。下肢肌可分为髋肌、大腿肌、小腿肌和足肌。由于下肢肌负责支持体重、维持直立及行走等需要强大的肌力，因此比上肢肌粗壮。

2. 骨骼肌的基本构成——肌腹和肌腱

肌肉系统的每一块肌肉都是一个相对独立的器官，由肌腹和肌腱两部分组成（图 3–2）。

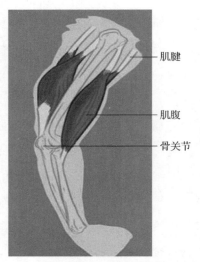

图 3–2　骨骼肌的基本结构及与骨骼的关系

1）肌腹

肌腹是肌肉的主体部分，由许多骨骼肌纤维借助结缔组织结合而成，具有收

缩能力。包裹在整块肌肉外表面的结缔组织称为肌外膜。肌外膜向内伸入，将肌纤维分成不同的肌束，称为肌束膜。肌束膜再向内伸入，包围着每一条肌纤维，称为肌内膜。所有这些肌膜成为肌肉的支持组织，使肌肉具有一定的形状。血管、淋巴管和神经随着肌膜进入肌肉内，营养肌肉，便于肌肉代谢，并支配肌肉的功能活动。

2）肌腱

肌腱位于肌腹的两端，由致密结缔组织构成，主要成分是胶原。肌腱在四肢多呈索状，在躯干多呈片状，后者又称腱膜。肌腱与肌内膜连接，并借助肌内膜贯穿于肌腹中。肌腱不能收缩，但有很强的韧性。肌腱的末端伸入骨膜和骨质中，使肌肉牢固地附着于骨上。

随着年龄的增加，横纹肌逐渐由结缔组织所代替，肌力变弱，不再进行强力收缩。

3. 肌细胞的收缩机制

除了肌腱是由结缔组织结合而成外，骨骼肌的主要部分肌腹是由一种特殊的细长细胞——肌细胞（也称肌纤维）所组成。肌细胞是很大的长形细胞，其直径在 $20 \sim 100 \ \mu m$，长度可达几厘米。这种巨大的肌细胞来源于成肌细胞。在胚胎发育过程中，不同的成肌细胞融合形成含有多个细胞核的肌细胞，这一过程称为肌生成。

成束的肌纤维横向贴合在一起形成更大的结构单元：肌束。不同肌束再纵向结合在一起就构成了肌肉的主体：肌腹。

肌细胞内具有收缩功能的结构是肌原纤维。肌原纤维可以伸长或缩短，造成整个肌细胞、肌束乃至整个肌肉的伸缩。这里主要介绍骨骼肌的肌原纤维结构和功能。另外两种肌肉类型的基本分子过程也是类似的。

肌原纤维包含两类平行于纤维长轴方向延展的肌丝，分别称为粗肌丝和细肌丝。它们相间排列，每根粗肌丝周围有 6 根细肌丝，每根细肌丝周围则出现 3 根粗肌丝。所有细肌丝都固定在垂直于纤维的长轴的 Z 盘上。从一个 Z 盘到另一个 Z 盘的肌原纤维单元称为肌小节。肌动蛋白（actin）是构成细肌丝的主要蛋白质，肌动蛋白也是动物细胞中含量最丰富的蛋白质之一。粗肌丝由肌球蛋白组成，肌肉收缩时，在 ATP（三磷腺苷）提供能量的情况下，粗肌丝和细肌丝之间产生相对滑动，粗肌丝深入细肌丝内部，造成肌小节长度的缩短。此外，在肌小节内还存在原肌球蛋白和肌钙蛋白,它们在收缩过程中参与肌动蛋白和肌球蛋白的相互作用。

4. 肌肉的血液供应和神经支配

肌肉的血液供应丰富,与肌肉的旺盛代谢相适应。主要血管多与神经伴行,沿肌肉间隔、筋膜间隙走行,在肌肉内反复分支,最后形成包绕每个肌细胞的毛细血管网,由毛细血管网汇入微静脉、小静脉、静脉离开肌肉。肌腱的血供较少。

大多数肌肉接受单一的神经支配,但腹肌和背部深层肌肉受到节段性神经支配。支配肌肉的神经与肌肉的主要营养血管伴行,进入肌肉部位也基本相同。支配肌肉的神经通常含有感觉和运动两种神经纤维。感觉纤维传递肌肉的痛温觉和本体感觉,本体感觉主要感受肌纤维的舒缩变化,在肌肉活动中起到精细调节作用。运动神经负责肌肉的收缩和保持肌张力,其末梢和肌纤维之间建立突触连接,称为运动终板或神经肌肉连接。在神经冲动到达时,神经肌肉连接释放乙酰胆碱,引起肌纤维的收缩。此外,神经纤维对肌纤维也有营养性作用,由其末梢释放某些营养物质,促进糖原和蛋白质的合成。在神经损伤的情况下,肌肉失去原有的神经支配,肌肉内糖原合成减慢,蛋白质分解加速,肌肉趋于萎缩,称为营养性肌肉萎缩。

3.1.2 骨骼

骨骼是人或动物体内或体表坚硬的组织结构,分为内骨骼和外骨骼两种。人和各种脊椎动物的骨骼在体内,由许多块骨头借助关节组成骨骼系统,称为内骨骼。节肢动物体表坚韧的几丁质的骨骼、软体动物的贝壳、棘皮动物石灰质的板和棘等称为外骨骼,它有保护和支持内部结构,防止体内水分蒸发的作用。通常所说的骨骼是指内骨骼。本章主要讨论内骨骼。

1. 骨骼的基本构造和功能

骨骼是动物的坚硬器官,它的主要功能包括运动、支持和保护身体。骨骼的进化与骨骼的支撑功能有关,多细胞动物只有在进化出支撑系统后才能增大体积,做到躯体内的重要器官在空间上的合理配置,并保持相对稳定的空间位置。支撑系统还促进了动物的运动器官的发展。在骨骼、关节和肌肉的共同作用下,动物体可以完成为生命活动所需的各种复杂的运动。

骨骼在进化过程中，还逐渐赋予其对动物的防护功能，无脊椎动物的外骨骼既是支撑系统，又是防护系统。不同的动物进化出不同的利用骨骼的策略。例如头足类（直角石）进化出外骨骼，主要功能是防护；甲壳动物具有几丁质的外骨骼，具有防护与支撑的双重功能；脊椎动物出现内骨骼，主要功能是支撑，大部分机体的防护功能由皮肤承担，但一些重要脏器的防护，如大脑和心肺，仍然需要骨骼系统承担。

除上述功能外，骨髓腔中的骨髓具有造血功能；骨骼还有储藏矿物质、调节钙磷代谢等功能。

骨的结构包括骨膜、骨质、骨细胞和骨髓（图3-3）。骨膜包被在骨的外表，由纤维结缔组织构成，含有丰富的血管和神经，负责骨的营养、再生和感觉。骨外层比较坚硬，称为骨皮质，是矿物质化的结缔组织，为坚硬的蜂巢状立体结构。内层较为疏松，有成骨细胞和破骨细胞，分别具有产生新骨质和破坏骨质的功能。骨的中空部分是骨髓腔，里面充满骨髓，是身体的造血器官。骨的其他结构还包括神经、血管和软骨。其中软骨是骨的生长点，在生长的软骨上沉积骨矿物质，形成硬骨。成人骨干垢端的软骨消失，长骨不再变长。骨与骨之间一般用关节和韧带连接。

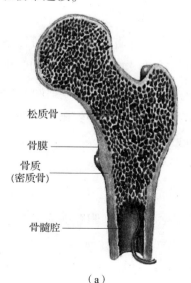 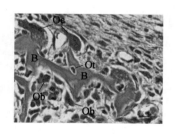

Ob：成骨细胞，Oc：破骨细胞
Ot：骨细胞

（a） （b）

图3-3 骨的基本结构和各种骨骼细胞

（a）骨的基本结构；（b）各种骨骼细胞

2. 骨骼的化学组成和代谢

骨骼由无机盐、有机质和嵌入矿化有机基质的细胞组成。骨基质的有机成分主要是Ⅰ型胶原，占有机基质的90%~95%；其他有机成分还包括蛋白多糖（如透明质酸和硫酸软骨素），以及非胶原蛋白（如骨钙素、骨桥蛋白或骨唾液蛋白）。它们由成骨细胞合成并分泌到细胞外，作为各种无机盐沉着的基质。人体骨的主要无机成分是羟基磷灰石，其基本成分是$Ca_{10}(PO_4)_6(OH)_2$，还包括其他钙和磷酸盐化合物。在骨的非细胞成分中约30%是有机物，剩下的约70%的质量来自无机物。骨有机物赋予骨拉伸强度和韧性，而分散在骨胶原中的羟基磷灰石晶体赋予骨硬度和抗压强度。

在骨质形成过程中，首先由成骨细胞合成胶原和其他基质成分并分泌到周围环境，形成细胞外基质。在这个阶段，它们还没有矿化，称为类骨质。然后钙和磷酸盐沉淀这些基质内，在几天到几周内成为羟基磷灰石晶体。成骨细胞分泌含有碱性磷酸酶的囊泡，并作为钙和磷酸沉积和晶体生长的中心。碱性磷酸酶会分解磷酸基团，促进无机盐沉积。

骨质的光学密度主要与钙磷无机盐的多少有关，当骨钙含量减少时骨密度降低。因此骨密度测量主要是测量骨中无机盐的含量变化。

3. 骨骼中的细胞

骨是具有代谢活性的组织，这种代谢主要由骨骼细胞完成。骨骼细胞包括参与骨组织形成和矿化的成骨细胞、参与骨组织再吸收的破骨细胞和骨细胞。成骨细胞和骨细胞来源于骨祖细胞（osteoprogenitor cell），而破骨细胞来源于单核的巨噬细胞的分化和融合。在骨髓中还有造血干细胞。这些细胞分化成不同阶段的血细胞和成熟血细胞，包括白细胞、红细胞和血小板。

1) 成骨细胞

成骨细胞是骨中的主要细胞，来源于间充质干细胞（mesenchymal stem cells, BMSCs）。MSC可分化为成骨细胞、脂肪细胞和心肌细胞等。成骨细胞的数量与构成骨髓脂肪组织的骨髓脂肪细胞的数量成反比。成骨细胞大量存在于骨膜、骨外表面的结缔组织和骨内膜中。成骨细胞负责骨质的合成，它的分泌物构成类骨。在类骨矿化后，埋藏在骨基质中的成骨细胞便称为骨细胞。在微重力造成的废用性骨丢失过程中，间充质干细胞向成骨细胞的分化和成骨细胞的活性降低。

2）骨细胞

骨细胞来源于成骨细胞。位于矿物化骨内的骨细胞的合成活动减少，但仍能产生新的基质，使骨组织钙、磷沉积和释放处于平衡状态。骨细胞在胶原基质中占据的椭圆形小腔称为骨陷窝，而骨细胞突起通过骨小管与成骨细胞、破骨细胞和其他骨细胞保持接触。骨细胞在骨骼维持中具有重要作用。

3）破骨细胞

破骨细胞是体积很大的多核细胞，来源于单核细胞干细胞谱系，它们具有与巨噬细胞类似的吞噬能力，负责骨骼的分解，在骨吸收过程中起重要作用。成骨细胞形成新骨，而破骨细胞造成骨的再吸收，两种细胞的相互作用造成骨骼的不断重塑。随着年龄的增长，骨形成和骨吸收的平衡被打破，骨吸收大于骨形成，这种情况特别见于绝经后的妇女。骨质流失造成骨质疏松，严重的可导致骨折。在微重力造成的废用性骨丢失过程中，破骨细胞功能活跃。

4）间充质干细胞

骨髓间充质干细胞（bone marrow mesenchymal stem cells，BMSCs）是一类起源于中胚层的成体干细胞，具有自我更新和多向分化潜能，可分化为成骨细胞、软骨细胞、脂肪细胞等，其分化方向取决于所在的微环境。除了主要存在骨髓外，间充质干细胞还可以来源于许多组织，如脂肪、滑膜、肌肉、肺、肝、胰腺等组织以及羊水、脐带血等。在空间微重力环境下，间充质干细胞的生长和不同方向的分化功能受到影响。

4. 人体骨骼构成

人类在出生时有 300 块骨头，随后由于不同骨之间的融合，到成年时减少到 206 块，如骶骨出生时有 5 块，青春期后即融合成 1 块。此外还有一些小的附属骨骼，如一些籽骨等。成年的骨头类型和数量如下。

脊柱：椎骨 26 块，其中颈椎 7 块，胸椎 12 块，腰椎 5 块，骶骨 1 块，尾椎 1 块。在微重力时下端椎骨的骨丢失相对严重。

胸部：肋骨 12 对，胸骨 1 块。

头骨：29 块，其中颅骨 8 块，面骨 15 块，耳骨 6 块。

上肢骨：64 块，包括上下臂骨 5 对、手骨 27 对。

下肢骨：60 块，包括：股骨、髌骨、胫骨、腓骨各 1 对，脚骨 26 对。下肢骨负责承重整个身体的质量，因而比上肢骨粗大，在微重力情况下也最容易引起骨丢失。

骨盆：两块。

5. 骨骼所需的营养

1) 钙

人体的钙多以钙盐的形式存于骨骼中，骨骼也成为调节血钙的器官。当钙的摄入不足时，骨骼中的钙就会释放到血液里，以维持血钙浓度，导致骨密度降低和骨质疏松；当摄入较充足的钙时，钙离子进入骨组织形成钙盐，增加骨密度。多余的钙排出体外。日常生活中约1%的骨钙与血液中的钙离子处于不断变化的动态平衡中。身体摄入和排出的钙离子，骨骼和血液的钙离子，细胞内外的钙离子处于一种动态平衡的状态，使身体各处的钙含量基本恒定。中国营养学会建议每人每日摄入 800～1 000 mg 的钙。

2) 维生素 D

维生素 D 可促进肠道钙吸收，减少肾脏钙排泄。缺少维生素 D 时，骨密度会降低，对于儿童可造成佝偻病；成年人则出现骨质疏松。与其他维生素不同的是，人体可以自己合成维生素 D，前提是光照射。人体90%的维生素 D 来源于在阳光中的紫外线照射下的皮肤合成；其余10%通过食物摄取。

3) 蛋白质

骨骼中22%的组分是蛋白质，主要是胶原蛋白。缺乏蛋白质的骨头缺乏韧性，容易骨折。

此外，镁、钾、磷、锌等无机离子对维持骨的正常代谢、促进钙离子的吸收等都是重要的。维生素 K、维生素 B_{12} 等也是骨代谢所需的重要维生素。

3.1.3 关节

关节是身体内骨骼之间的一种主要的连接形式，将骨骼系统连接成一个功能整体。关节有众多的构造，允许在不同骨之间产生不同程度和类型的相对运动。

1. 关节分类

人体关节有多种不同的分类方式。

1）按连接两个骨的组织类型分类

按连接两个骨的组织类型，关节可分为纤维接头、软骨关节、滑膜关节和小关节。①纤维接头：由富含胶原纤维的致密结缔组织连接，构成关节的两个骨之间基本不能运动，如颅骨之间的骨性结合；②软骨关节：由软骨连接两骨，如耻骨联合，软骨关节也几乎不产生运动；③滑膜关节：两骨间存在一个滑膜腔，两骨由致密结缔组织连接形成关节囊，通常与副韧带相关联；④小关节：存在于两个椎骨的两个关节突之间的关节。

2）按连接组织的性质和活动情况分类

按连接组织的性质和活动情况，关节可分为不动关节、动关节和半关节。①不动关节：又称无腔隙连接，是指两骨之间以结缔组织相连接，中间没有任何缝隙，如坐骨、耻骨和髋骨之间的骨性结合等。②动关节：相邻骨之间的连接组织中有腔隙的连接，又叫有腔隙骨连接，即通常所指的关节。人体绝大部分骨连接属于此种类型，共有 200 多个，如肩关节、肘关节、腕关节、髋关节、膝关节、踝关节等，它们是骨转动的支点。③半关节：是介于动关节和不动关节之间的一种连接方式。其特点是两骨之间以软骨组织相连接，软骨内有呈裂缝状的腔隙，活动范围很小，如耻骨联合。

3）按涉及的骨骼数量分类

按涉及的骨骼数量，关节可分为简单关节、复合关节和复杂关节。①简单关节：两个骨各有一个关节面，如肩关节、髋关节等；②复合关节：具有三个或更多关节面，如桡腕关节；③复杂关节：具有两个或多个关节面，外加有关节盘或半月板等结构，如膝关节。

2. 关节的基本构成

可运动的关节一般由关节面、关节囊和关节腔三部分构成。关节面是两个以上相邻骨的接触面，一个略凸，称关节头；另一个略凹，称关节窝。关节面上覆盖着一层光滑的软骨，可减少运动时的摩擦，软骨所具有的弹性还能减缓运动时的震动和冲击。关节囊是很坚韧的一种结缔组织，把相邻两骨牢固地联系起来。关节囊外层为纤维层，内层为滑膜层，滑膜层可分泌滑液，减少运动时关节面的摩擦。关节腔是关节软骨和关节囊围成的狭窄间隙，正常含有少许滑液。

3. 辅助结构

有些关节具有一些辅助结构：①韧带，是连接骨与骨之间的结缔组织束，成为关节囊的增厚部分，可加强骨连接的稳固性；②关节盘或关节半月板，是位于膝关节的两关节面之间的纤维软骨，能使两关节面的形状相互适应，减少运动时的冲击，有利于关节的活动。

4. 关节运动的形式

关节在肌肉的牵引下，可做各种运动：①屈，是相连两骨之间的角度减小；②伸，是相连的两骨之间的角度增大；③内收，是肢体向正中矢状面靠拢，如用手拍胸动作时出现的运动；④外展，是关节的远端通过运动离开正中矢状面；⑤旋转，是骨绕本身的纵轴（垂直轴）的转动，如上肢的前面转向内侧是旋内，转向外侧是旋外；⑥环转，骨关节的远端做圆周运动，是屈、伸、内收、外展所产生的复合运动。

3.2 微重力对骨质代谢的影响及应对

作为应对地球重力而进化出来的骨骼系统，当机体进入微重力环境时，将产生废用性改变。这种改变涉及哪些骨骼结构和代谢过程，发生的速度有多快，其变化是否可恢复，恢复时间的长短等，都是与载人航天有关的重要生物医学问题，从人类航天实践伊始就受到各国航天生物医学家们的高度重视。从20世纪70年代开始，苏联即在宇宙号生物卫星上和地面模拟微重力下对骨的重力生理改变开始了系统的研究。随后，美国等和我国的科学家都开展了一系列研究。主要的研究包括：航天实验动物在飞行前后骨密度、骨代谢和骨细胞的状况；航天员飞行前后骨密度、骨代谢的改变。更多的实验是利用地面模拟微重力环境而进行的。

研究证明，骨丢失的程度与骨在重力状态下的受力大小有关。人和动物骨骼系统的不同部分承担着不同的功能，根据承受动物体质量的情况，可将其分为承重骨和非承重骨，承重骨包括脊柱，骨盆，以及下肢的股骨、胫骨、跖骨和跟骨。这些骨的代谢和构造与重力的变化关系密切，重力的减退或消失对这些骨的影响也比较大；非承重骨包括头骨、上肢骨、肋骨和手部的骨骼等。这些骨的结构和代谢与重力关系较小,微重力对它们的影响也较小。

微重力下人和动物的骨矿质代谢出现明显的废用性变化,主要表现为在飞行的全过程中,体内钙离子的负平衡持续地、进行性地发展;骨矿盐含量下降,骨质疏松;骨密度和骨矿盐含量在体内重新分布。航天员和实验动物在返回地面后需要较长时间才能恢复或部分恢复。有些研究显示这种损伤是不可逆的。成骨细胞和破骨细胞分化和功能也产生相应的变化。目前普遍认为骨丢失是空间环境对人体最严重的危害之一。

3.2.1 骨组织的改变

微重力条件下对骨密度改变的证据主要来自航天动物实验、地面动物模拟微重力实验、地面人体模拟微重力实验和航天员飞行实验等研究。下面分别介绍有关的结果。

1. 航天动物实验

20世纪70年代以来,各主要航天大国进行了一系列航天动物实验,包括:苏联/俄罗斯从70年代到90年代发射的宇宙号系列生物卫星,美国的空间实验室1号和空间实验室3号中所进行的动物实验。结果表明,微重力确实可引起骨密度和骨机械强度降低,伴随着骨骼形态的改变。

1) 骨密度变化

短期的航天飞行一般不会造成骨密度的明显下降,骨密度的明显改变通常出现在飞行两周之后。例如,在宇宙605、936和1129号上的大鼠飞行18～22天的股骨远干骺端的骨密度下降了7.5%～21%。股骨头损失了5.2%～17.7%。同时伴有骨钙的含量和钙磷比值下降。图3-4是乘宇宙1514、1667、2044、782和605号飞行5～22天的大鼠股骨和肱骨头密度的变化,可见飞行早期骨密度降低不明显,两周后会出现明显的变化。电子显微镜下可见大鼠的管状骨干骺端骨质疏松。四环素标记方法证明在宇宙1129号飞行18.5天的大鼠胫骨形成率下降55.8%,肱骨形成率下降39.1%。

对猴的飞行实验得到相似的结果。例如飞行后髌骨的横切面下降17.1%,而对照组只下降了1.3%;尺骨远端横切面下降了10.3%,对照组下降了0.5%。

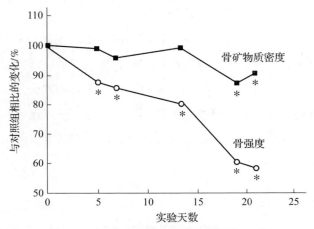

图 3-4　飞行大鼠肢体骨密度和骨强度的变化

2）骨形成的抑制

骨形成的抑制出现在骨密度发生明显改变之前。例如在宇宙 1667 号和 SL3 号上飞行 7 天的大鼠即检测出股骨和肱骨的近干骺端骨基质的减少，提示成骨障碍；在宇宙 1887 号飞行 12 天的大鼠成骨细胞的数目和占比减少，而破骨细胞活动增强，造成成骨减少、破骨增加，伴有骨小梁变薄、数目减少。

3）骨的力学结构的改变

伴随骨密度的下降，骨的内部结构和矿化程度也发生改变。实际上，在骨密度尚未发生明显改变时，骨强度已经出现明显的下降。在宇宙 1514 号飞行 5 天和 1667 号飞行 7 天的大鼠即出现骨弯曲强度下降，脆性增强。在空间实验室 3 号进行的另一项实验中，飞行 7 天的大鼠的第三腰椎骨矿物质明显丧失。肱骨弹性系数降低 25%，断裂强度降低 40%。一般讲断裂强度的降低大于弹性系数的降低，股骨头的密度和强度的下降大于肱骨。

在返回地面后，在骨钙和骨密度开始恢复时，骨强度仍在继续下降。例如在宇宙 1129 号飞行 19.5 天的大鼠，返回地面 9 天时股骨头的密度略有增加，但强度却持续下降，其原因可能是返回地面之初，$1g$ 重力下的机械刺激开始时可能激活骨的再吸收，抑制骨的形成。

2. 地面动物模拟微重力实验

在地面主要采取吊尾等方法限制动物活动，让体液向头部流动以模拟太空微重力的效应，并进行有关的分析。模拟微重力实验的优点是省时省力，可以反复进行，研究手段不受航天条件的限制，免除航天过程的其他干扰，可以完成更多更细致的实验研究；其缺点是不能完全模拟微重力的效应，结果仍需空间实验的证实。

1）骨骼的生长和质量

微重力对骨骼系统的主要效应是废用性变化，这一点可以在地面进行模拟。动物吊尾实验是用绳索将动物尾巴拉起悬吊，只让前肢着地，由此造成与微重力时相似的后肢废用，并产生与空间微重力相似的体液头向流动。结果表明，吊尾动物的骨骼质量明显降低，骨骼生长放缓；生长期大鼠骨的生长长度短于对照组，承重骨的致密组织的厚度变薄。有实验表明，吊尾 30 天的大鼠的股骨和胫骨质量减轻 16%~20%，长骨的长度较对照组短 2%~3%。在骨的横断面上，骨皮质减少 6%~11%，密度下降，骨髓腔变大。这主要发生在骨干的中部。随着吊尾时间延长，这一趋势越发明显。

2）骨密度和结构的变化

模拟微重力同样造成动物骨密度的下降。家兔在 30 天限制活动后，X 线观察发现肱骨、股骨和胫骨的骨密度下降，致密皮质层变薄，骨组织片状结构改变。限制猴子活动两个月后也发生类似的变化，表现为椎骨的骨小梁宽窄、数目下降，走向发生紊乱，椎骨致密层变薄。在附着肌腱的地方，骨组织吸收明显。在对大鼠的实验中，运动减退 20 天时，骨骼变化尚不明显。到第 40 天则发生股骨在肌肉附着处的骨质疏松、股骨骨小梁数目减少、皮层变薄等。随着实验时间的延长，这种趋势越发明显，不过到第 100 天时，变化趋于稳定。限制狗活动 6 个月后，管状骨和跟骨出现了明显的骨质疏松，在肌肉附着处的皮层变薄，出现空洞和骨小梁丧失。以上骨结构改变的同时，骨骼的血管系统也发生改变。

3. 地面人体模拟微重力实验

地面人体模拟微重力实验主要采用头低位卧床和浮力水槽来模拟微重力所造成的废用性变化和体液分布的改变。实验表明，限制活动的人体同样表现出骨骼系统的废用变化，这种变化对承重骨表现得更明显。例如跟骨矿物质的损失大于股骨，而股骨的骨丢失又大于腰椎等。

1）骨密度的改变

短时间地限制人体活动量即可造成骨密度的下降，苏联学者早在 20 世纪 60 年代就进行了人体卧床实验，对跟骨密度变化的测量结果表明，在卧床第 15 天跟骨密度就下降了6.1%，第30天为7.24%，第60天达到10.3%。起床后跟骨密度逐渐恢复，但到40天时仍比实验前少5.4%，说明恢复的时间要长于下降时间。一些非承重骨骼，如指骨等的骨密度也下降，但小于承重骨。使用γ骨密度测量仪测量分析表明，受试者每月平均钙的丢失量约占身体总量的0.5%，在卧床第30~50天期间，钙的丢失最为明显，随后钙的排出和骨密度的变化趋于稳定。起床后4~6个月可基本恢复正常。

在不同的卧床实验中，跟骨比较恒定地出现改变，尽管幅度有所不同；而对腰椎的骨质变化，不同的研究结果不尽一致：有一些有所下降，有一些不明显，而有的反而增加了。对于上身的骨骼，特别是头盖骨，在测试过程中骨密度有增加的趋势。这与卧床时体液包括血液的头向流动有关，造成头部骨骼的营养水平高于站立位。人体头低位卧床实验的变化大于水平卧床时。在30天头低位卧床实验中，骨盆和腿的骨矿物质含量出现轻度下降，而头骨则增加了10%。时间更长的水平卧床（17周）时，腰椎和跟骨骨矿物质含量分别下降2.2%和10.4%，而头骨增加了3.2%。大约有1/3的个体出现上身骨密度的增加。

人体卧床中骨密度的变化有较明显的个体差异，随着卧床时间的延长，个体差异更加明显。以腰椎测量为例，使用CT（电子计算机断层扫描）观察了370天头低位卧床中的变化，两名受试者腰椎骨小梁分别下降了12%和34%，其他的受试者则增加了11%~27%。

2）骨样品的活体检查

在一些卧床实验中，用活检的方法取得受试者的骨头样品进行结构研究。结果表明，长期卧床可造成骨形成和骨矿化减少，包括骨小梁密度的减少，同时伴有破骨细胞的活性增强。这种作用的强弱与卧床时间的长短有关。时间越长，骨质的损失越大。

4. 航天员飞行实验

空间在轨实验和地面模拟实验是相辅相成的两个方面。在轨环境真实，数据准确、直接；不足的是实验条件有限，一些数据难以实时得到，通常是航天员返回地面后获得。此外，人体实验一般都是无创性的，更加深入的有创性研究还需进行动物实验。但不管是动物实验还是人体地面模拟实验的结果，最终都要通过选择性的航天员飞行实验结果加以证实。多年对航天员的研究与上述其他方式的研究结果之间具有很高的相似性。

测量航天员飞行前后骨密度的变化是研究微重力对骨骼系统影响的重要方面。测量方法在早期主要是 X 射线照射密度检测，目前使用的主要方法包括单光子吸收测定法（SPA）、双能 X 线吸收测定法（DEXA）、定量 CT（QCT）、超声波测定法等。综合结果如下。

1）航天飞行后骨密度下降

跟骨是较常用于检测航天员承重骨的骨密度变化的骨样品。结果表明，短期飞行即可引起航天员跟骨密度的下降。对美国双子星座 4 号、5 号和 7 号航天员在飞行前后跟骨密度的测量表明在飞行后骨密度下降了 2%～15%。在双子星座 5 号上飞行 8 天的航天员骨密度的下降最为明显，在飞行 75 天后才得以恢复。

对阿波罗和天空实验室工作的航天员使用更精确的单光子伽马再吸收法测量了飞行前后骨密度的变化（图 3-5）。阿波罗航天员、天空实验室 3 号和 4 号航天员在飞行后跟骨密度轻度下降，下降幅度的均值在 1%～4%，其中幅度最大的达到 7.9%。但天空实验室 2 号航天员在飞行 28 天后，跟骨密度基本上没有发生改变。

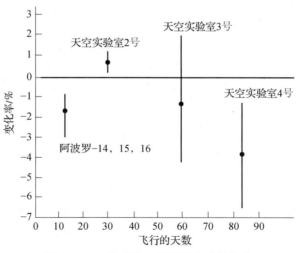

图 3-5 飞行后航天员跟骨密度的变化

苏联方面，"礼炮" 6 号的两名航天员在经过 175 天飞行后，其跟骨密度分别减少了 8.2% 和 3.2%。经过 184 天飞行的航天员，跟骨密度下降了 7%。

以上结果表明不同的个人，不同的飞行条件下，骨密度下降的差值较大，反映了影响微重力下骨丢失的潜在因素很多。其中有营养方面的，假如航天飞行中钙摄入量不足则易造成骨丢失；也有因测量方法不同导致的差异；还有不同个体体质条件方面的因素，其中一些人对微重力导致的骨丢失有一定抵抗性。

航天飞行时间与骨密度变化的关系尚未确定。随着飞行时间的延长，骨丢失逐渐增加，但骨密度的变化与飞行时间的长短尚无明确的对位关系。在一些飞行任务中，跟骨的密度随着飞行时间的延长，下降更明显，但在另一些飞行任务中，骨密度与飞行时间的关系并不密切，如在175天和184天的飞行后的航天员骨钙丢失在3%~4%，还少于短期飞行的航天员，这或与航天员个体差异、测试样品过少以及飞行中采用的防护措施不同有关。一般认为，骨密度的下降与飞行时间轻度相关。

2) 身体不同部位骨密度变化的差异

身体不同部位骨丢失的程度与该部位骨骼是否承重有关。以腰椎为例，人体所具有的5个腰椎中，L1位于最上，与第12胸椎相接。向下排列L2、L3、L4、L5腰椎，其所承受的重力依次增加。当机体处于微重力环境时，承重消失，承重较大的骨密度下降会最明显。检查了9名和平号航天员在飞行4.5~6个月后不同腰椎的骨密度的变化，实验结果确实如此，航天飞行后骨密度的下降程度是L3 > L2 > L1。

美国和俄罗斯在20世纪90年代后使用双光子γ射线吸收法测量了航天员在飞行后整个骨骼和系统骨密度的变化。图3-6是飞行4.5~6个月的11名和平号航天员飞行前后骨矿物质密度的变化。与飞行前相比，飞行后整个骨骼系统的骨密度轻度下降，但不同部位骨质的变化有很大区别。头部和上臂普遍出现骨密度增加；肋骨和胸椎的骨密度有增有减；腰椎以下的骨密度普遍下降。细致分析发现，一块骨头的不同部位，根据其在$1g$下承重的大小不同，在微重力时，骨密度下降的幅度也有差别。一般讲腰椎中部的受力小于腰椎后部，前者主要是松质骨，而后者为密质骨。对和平号上航天员飞行前后腰椎的测量结果表明，椎骨中部的骨小梁密度没有明显改变，而椎骨后部的密质骨的密度有明显的下降趋势。

3) 不同个体之间的差异

微重力对不同受试者骨密度的影响有明显的个体差异，不同个体不同部位骨的丢失情况不同。这可能反映不同航天员自身骨骼系统对重力消失的敏感性差异，航天活动中对身体不同骨骼使用情况和航天飞行中采用的不同防护措施等情况有关。

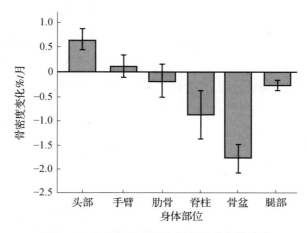

图 3-6 和平号航天员飞行后骨密度的改变

4）飞行后骨密度的恢复

相对于其他生理变化，微重力飞行后，航天员骨质丢失的恢复相对缓慢，且恢复的时间要长于飞行中骨丢失所需时间。例如两名飞行 18 天的联盟 9 号航天员在飞行后第 22 天跟骨密度尚未恢复到飞行前水平。在天空实验室 3 号飞行 59 天的航天员，飞行后 87 天得以恢复；两名飞行 84 天的航天员，飞行后 95 天得以恢复。不同个体的恢复时间也有较大差异，如有些航天员腰椎的骨密度的恢复期持续了 10~18 个月，比其飞行时间长了两倍，明显高于上述其他例子。

3.2.2 骨代谢的改变

太空飞行过程中，由于航天因素的综合作用，其中最主要是微重力影响了体内钙磷的代谢，血钙、尿钙和粪钙增高，结果是正常骨钙丢失，出现了钙平衡、骨胶原、骨细胞、骨转换的改变。

1. 钙平衡的改变

1）微重力导致负钙平衡

钙平衡是指机体钙的摄入量与排出量存在动态平衡，当摄入量大于排出量时就出现正钙平衡；反之则出现负钙平衡。由于钙是通过尿液和粪便排出体外，当摄入钙的量基本恒定时，可以通过检测尿钙和粪钙的量估计身体钙平衡的状态。

航天飞行过程中尿钙和粪钙的排出量明显增加。图 3-7 显示天空实验室航天员在飞行84天中尿钙和粪钙含量的变化,其中尿钙在飞行头30天基本呈线性增加,但随后不再增加,形成一个平台期。在飞行结束后较快回复,随后略低于飞行前水平。粪钙在整个飞行期间持续上升,飞行结束后下降,但飞行后第20天仍高于飞行前水平,提示微重力期间航天员出现负钙平衡,并有随时间加重的倾向。

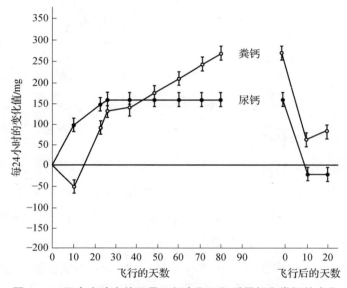

图3-7 天空实验室航天员飞行中和飞行后尿钙和粪钙的变化

对进出机体的钙离子定量测量的结果显示,在飞行期间负钙平衡进行性发展,到飞行结束的第84天每天排出的平均钙量为300 mg(图3-8)。整个飞行中钙的损失累积占体内总钙量的0.8%左右。由于人体内99%的钙是储存在骨骼内,这些钙的丢失基本等同于骨钙的丢失。这种钙的流失相当于每月1%~2%的骨密度降低。伴随着骨吸收,血钙的含量略有增加。

由于在骨内钙是与磷结合成盐的,骨钙的损失也伴随着骨磷的丢失。在飞行期间也会出现负磷平衡。这些损失的磷除了来自骨丢失外,也与微重力造成的肌肉萎缩有关。

2)卧床实验的结果

在人体卧床实验中,也观察到负钙和负磷平衡。对22名受试者在28天的卧床实验中,卧床前平均尿钙的量为142 mg/天。卧床结束时达到299 mg/天,每

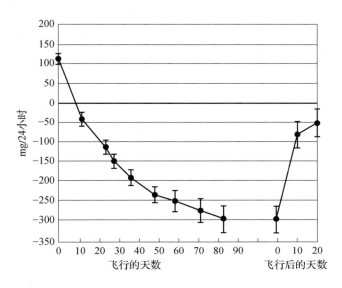

图 3-8 天空实验室-4 航天员飞行期间和飞行后的钙平衡

日排出量增加了 1 倍以上。在另一项 70 天的卧床实验中，在卧床第 1 个月末尿钙和粪钙的排出量增加 39%，第 2 个月末增加 38%。在 120 天的卧床实验中，尿钙排出逐渐增多，实验结束时尿钙排出量增加两倍以上。上述结果表明，模拟微重力可引起微重力飞行同样的负钙平衡。卧床实验还表明，卧床后需要几周或几个月才能恢复钙的平衡，这与航天员返回地面后的情况类似。这些结果提示，如果太空飞行时间更长，若无有效的防护措施，负钙平衡有难以逆转的风险。

2. 骨胶原的改变

1）航天飞行条件下骨胶原的变化

骨胶原是骨细胞外有机质的最主要成分，直接影响到骨质的机械特征和钙盐的沉着。与其他蛋白质相比，胶原中含有很高比例的羟脯氨酸，约占胶原氨基酸总量的 13%，因此微重力对骨胶原的影响主要是通过测量航天员血液中羟脯氨酸含量的变化而推断。当胶原分解时，会释放羟脯氨酸到血液中，因此血浆中羟脯氨酸含量的增加通常意味着胶原的水解。研究发现在航天过程中航天员血浆中羟脯氨酸含量多是增加的。双子星座 7 号的两名航天员在飞行 14 天后血样中羟脯氨酸含量与飞行前相比明显增加，反映了航天飞行造成胶原分解的情况。尽管太空飞行造成胶原分解是普遍的情况，但不同的航天员之间差异较大。

通过动物实验可以直接检测骨组织中胶原含量的变化。对在宇宙167号上飞行了7天的大鼠的股骨进行检查，发现在微重力骨中骨胶原的含量下降了35%。骨胶原的成分也发生变化，表现为Ⅲ型胶原含量增加。这种情况与骨质疏松症病人骨胶原成分的变化相似。

2）模拟微重力对骨胶原的影响

通常采用大鼠吊尾的方法模拟微重力时骨骼的废用性的变化，然后检查骨胶原合成和分解的变化。模拟微重力时尿中羟脯氨酸含量一般是增加的，反映骨胶原的降解。可检测两种类型羟脯氨酸：可透析羟脯氨酸和不可透析羟脯氨酸。可透析羟脯氨酸与骨胶原的降解有关，而不可透析羟脯氨酸与骨胶原的合成有关。在对大白鼠吊尾22天后，不可透析羟脯氨酸的排出量明显低于对照组（182 mg/g对251 mg/g）；而可透析羟脯氨酸的排出量明显高于对照组（465 mg/g对363 mg/g），说明在模拟微重力后，大鼠骨胶原的合成减慢，降解增加。

甘氨酸也是胶原中的主要氨基酸，占胶原氨基酸的25%。使用同位素^{14}C标记的甘氨酸，示踪其进入骨组织的情况。发现吊尾后甘氨酸进入骨组织的量减少，反映出模拟微重力时骨胶原的合成下降。对股骨不同有机物占比的测定也发现：蛋白质含量明显下降，同时骨中脂肪的含量明显上升，从占骨质量的1.3%上升到16.3%。说明骨组织中的蛋白质在模拟微重力条件下被脂肪所取代。

3. 骨细胞的改变

骨细胞在骨代谢过程中起重要作用，微重力可以对骨骼细胞的分化、结构和功能产生影响，并通过骨骼细胞影响到骨组织的代谢、合成、分解和重塑。

成骨细胞通过合成骨胶原等细胞外基质促进骨骼的合成，正常情况下骨骼中存在一定量的成骨细胞，促进骨骼的合成代谢。成骨细胞本身来源于骨髓间充质干细胞的成骨分化。研究表明，微重力和模拟微重力抑制BMSCs向成骨细胞的分化，促进BMSCs向脂肪细胞的分化，其结果是造成骨组织中成骨细胞、胶原和钙磷酸盐的减少，以及脂肪组织的增加。

磷酸化的Runx2蛋白是促进BMSCs向成骨细胞分化的关键蛋白质，它可以激活骨桥蛋白和骨钙蛋白的表达，并促进细胞内矿物质的沉积。微重力可通过抑制磷酸化Runx2蛋白的形成而抑制向成骨细胞分化，转而向脂肪细胞分化。此外参与BMSC分化的细胞通路有RhoA - ERK/MAPK和p - 38/MAPK。RhoA是ERK (extracellular regulated protein kinases，细胞外调节蛋白激酶）信号的上游分子，也是调节细胞骨架的重要分子，它通过对肌动蛋白和肌球蛋白的磷酸化作用调节应力纤维的形成。模拟微重力可导致 BMSCs 中 RhoA 表达显著下调，从而影响下游 ERK 信号的表达。微重力下调了 ERK 的磷酸化水平，同时上调 p38MAPK 的磷酸化水平。前者促进 BMSC 向成骨细胞分化，后者导致向脂肪细胞分化。ERK 可以调节成骨分化关键基因 Runx2 的表达。

骨髓间充质干细胞向成骨细胞分化是个复杂的过程。参与其间的还包括 Wnt 信号通路，它控制骨髓间充质干细胞的分化方向和早期的分化潜能。经典的 Wnt 信号途径对于骨髓间充质干细胞的成骨作用取决于其分化阶段，在向成骨细胞分化过程中，促进骨髓间充质干细胞分化为成骨细胞，但抑制其过度分化。

碱性磷酸酶（ALP）是成骨细胞的一种标志酶。成骨细胞可以合成并释放碱性磷酸酶，它在骨内催化无机磷酸盐的水解，降低焦磷酸盐的浓度，提供的无机磷作为骨盐结晶的原料，从而有利于骨的矿化作用。在骨生长旺盛时，成骨细胞活动增强，骨中的酶活性也增高；反之，酶的活性降低，因此可以用碱性磷酸酶作为成骨细胞活性的指标。在微重力条件下，ALP 活性及 Runx2 基因表达受到抑制。酸性磷酸酶则主要集中在破骨细胞内，直接参与骨再吸收过程。

动物在模拟微重力后，碱性磷酸酶和酸性磷酸酶都有改变，如家兔在限制活动的最初 30 天骨干中两种酶的活性都降低，随后酸性磷酸酶的活性开始增高，到 90 天仍高于对照值。这一结果提示，限制动物活动的最初主要是抑制了骨的形成，中后期骨的形成和再吸收都有所改变，后期骨干的吸收过程更为明显。对大鼠悬吊实验也证实这一点，悬吊 21 天后大鼠的血清、骨组织、小肠和肾脏中碱性磷酸酶活性均降低 27%~57%。

以上体外和动物实验结果在航天员飞行实验中没有明显再现，不同的研究有不一致的结果。

4. 骨转换的改变

像其他组织一样，骨组织始终进行各种新陈代谢活动，骨转换是骨组织代谢所特有的形式。骨转换是指骨骼所发生的骨组织形成和吸收之间的动态变化。如果骨形成超过骨吸收，则骨骼生长，骨密度增加；反之则骨密度下降，出现骨质疏松。骨转换的过程在动物发育期造成骨塑建，即造成骨的长大和形态变化，到成年时这一过程停止。但骨转换仍在不断进行中，表现为破骨细胞不断移除一定量的骨组织。在骨骼的吸收区又不断形成新的骨组织。如果这一过程失衡，如在中老年出现的骨吸收大于骨重建，则发生骨质疏松。

微重力造成骨代谢的改变，也必然影响到这一过程。在个体发育期会影响骨塑建过程。例如幼鼠在飞行7天后与地面的幼鼠相比，骨生长明显受到抑制。这种抑制在返回地面一个月后才可逐渐恢复。对成年个体，微重力和模拟微重力可造成骨转换的紊乱，表现为骨吸收作用大于骨重建，造成骨丢失。这些导致了胶原合成的下降和骨基质的减少、钙盐沉着的降低并出现负钙平衡；位于骨膜的成骨速度降低。在宇宙782和宇宙936上飞行19天的大鼠，胫骨骨膜形成率分别下降了47%和43%。地面模拟微重力的结果与之类似。

3.2.3 骨丢失的机理和防护原则

1. 骨丢失的机理

在微重力时发生的骨丢失与废用性有关，这种废用性与局部骨骼承重的丧失、肌肉活动的减弱，以及全身性骨代谢调节的改变有关。

1) 局部骨骼承重的减弱和丧失

在$1g$重力的环境中，身体的质量对骨骼产生一定的压力。人体站立时这种压力较大，坐卧时压力减小。越是位于身体下端的骨骼这种压力越明显。因此为了在地面模拟微重力时出现的骨骼承受力的变化，对人体采用卧床和浮力水槽等方法来进行模拟，在一定程度上反映重力压力减弱时骨组织出现的变化。

机体存在感受这种机械力的装置，并将所感受的信息转化为维持骨骼代谢的驱力。有研究表明，在应力作用下，骨骼胶原基质发生形变，骨细胞间隙产生液流、压电效应和液流剪切力，成骨细胞、破骨细胞、骨细胞、骨前体细胞等的骨组织细胞对此发生响应，包括影响骨骼中各种细胞的增殖和分化；成骨细胞和破骨细胞功能的增强或减弱等，促进骨转换和骨骼的生成。当身体处于微重力时，这种应力作用减弱或消失，则会发生相反的过程。骨骼细胞的细胞膜离子通道与G蛋白偶联的磷脂酶C通道、细胞内钙离子、细胞骨架等都参与了细胞的力学信号转导。对于生物力学信号在细胞内传递的化学途径，目前主要认为有 Rho 家族、蛋白激酶 C、整合素、丝裂霉素激活的蛋白激酶（MAPK）等。

2）肌肉活动减少

机体的肌肉组织和骨骼组织在结构和功能上关系密切。对于个体而言，肌肉越发达，骨骼也越粗壮，用于应对身体运动的需要；相反，肌肉越纤细，骨骼也越疏松。在运动减弱时，与运动有关的骨骼也随之发生骨丢失。增强肌肉活动则可刺激骨的生长，原因是在肌肉收缩时拉动骨膜和骨膜下的组织之间发生了位移，由此产生的机械力是一种促使骨生长的信号；骨骼的变形所产生的电脉冲还具有一定的电泵作用，它能促使带电荷的分子离子及矿物质流动，促进骨组织的营养供应和代谢产物的排出。因此，限制机体活动时同样表现出骨骼系统的废用变化。在地面进行的人体卧床实验和限制动物活动的实验都是基于这一原理进行的模拟微重力效应实验。在航天中的运动对防止骨丢失有一定作用，航天员保持合理的运动量在一定程度上有助于减少骨丢失。

3）全身性骨代谢调节的改变

机械应力变化是骨骼构建和重塑的主要动因，但研究表明，即使在航天中对动物采用人工重力和对人进行肌肉锻炼等防护措施，也不能完全阻止骨矿物质的丢失；并且骨丢失是全身性的，一些非承重骨也发生骨丢失，说明骨骼压力和肌肉活动的减少不是微重力时骨丢失的唯一原因，骨代谢的神经激素的调节也起一定作用。甲状旁腺激素、降钙素、维生素 D 等是与骨代谢有关的主要体液调节因子。它们调节着血钙、血磷的变化和在骨骼内外的转移过程。

（1）微重力时骨骼负荷的降低，可能通过神经系统的活动造成甲状旁腺功能增强，甲状旁腺激素分泌的增加促进肾脏排出磷酸盐；造成骨钙释放进入血液；此外还增加间质细胞向破骨细胞的分化，延长破骨细胞的寿命并抑制骨胶原的合成。在航天员的体内，维生素 D 含量也有一定程度增加。维生素 D 具有促进钙的吸收，增加血钙、血磷浓度的作用。它的增加可能与钙盐的更新和加快骨转换过程有关。

（2）降钙素由甲状腺内的 C 细胞分泌，可以有效地降低血钙，减少钙离子从骨骼的流失，与甲状旁腺激素相拮抗。有研究表明长期航天飞行后甲状旁腺激素增加，而降钙素则分泌减少。这一作用抑制了成骨细胞的功能，增加破骨细胞的活动，造成骨形成和骨钙化作用减弱。骨吸收作用增强。给正在限制活动的实验动物注射降钙素，可以降低由此引起的骨吸收，减少骨骼钙的流失。

2. 骨丢失的危害

骨丢失是航天飞行中对人体最严重的危害之一。

首先，有研究表明长期微重力造成的骨丢失，在航天员返回地面之后需要很长时间才能恢复。飞行时间越长，恢复得越慢。9名进入天空实验室飞行的航天员返回地面5年后，其跟骨矿物质的含量仍低于未参加飞行的8名后备航天员，提示可能发生了不可逆性的变化。随着载人航天的发展，今后可能还要进行更长时间的星际飞行。比如飞到火星需要几个月时间，来回需要的时间更长。如此长期的太空飞行势必造成更严重、有可能是不可逆的骨丢失。

其次，骨丢失可能产生一系列的健康问题。比如容易发生骨折，当骨矿物质密度下降30%~40%时，在地面就可能发生自发性骨折。航天微重力平均每月可造成脊椎和股骨颈1%~3%的骨丢失，由此推算如果缺乏有效的防护措施，航天员最短在连续飞行1年后就有可能发生自发骨折。在航天员返回地面的过程中，要经历一定负荷量的超重，如果骨骼的硬度不足以抵抗这样一个超重，也会发生骨折。在安全返回地面、重新回到$1g$重力环境后，骨骼承重增加，但骨质疏松不能马上恢复，在日常活动中也有发生骨折的风险。再如血液和其他体液中的钙离子具有重要的生理功能，如参与神经肌肉兴奋的发生、影响心肌的自动性收缩等。微重力时所造成的血钙离子含量的波动有可能影响到这些功能，对身体造成潜在的损害。对于未成年人和其他动物，在航天飞行过程中骨骼生长所受的抑制将造成个体的发育障碍。这类影响对将来人类的太空移民构成了挑战。

3. 骨丢失的防护

骨丢失与重力的丧失与其所造成的废用性变化有关，因此对骨丢失危害的防护措施：一是从如何减少废用性变化着手；二是采用积极的医学干预，最大限度地克服骨丢失所造成的危害。

1）人工重力

人工重力是指在微重力环境下对地表重力效果的模拟。重力是物体在万有引力的作用下被地球的吸引而受到的力。在没有万有引力的情况下，可以通过惯性力使物体获得质量。产生人工重力最简单的方法就是旋转，所产生离心力可以模拟地面的重力，也就是类似重力的惯性力。由于技术上的困难，目前在航天器中还未采用离心力针对人体模拟重力，但对小型生物，如实验动物和植物，是可以在离心机中实现人工重力的，并且产生了良好的模拟重力效果。实验证明，采用 $0.3g$ 的离心作用即可防止飞行器内小鼠的骨丢失和骨质疏松，为将来的星际航行中使用类似原理构建飞行器提供了良好基础。

2）身体锻炼

微重力骨丢失的根本原因是器官的废用，因此如何减少这种废用性就成为努力方向。肌肉活动可以实现对骨骼的牵拉并对相应的骨头施加一定的外力，有助于降低骨丢失的程度。此外，身体锻炼还可以引起体内整体代谢水平的改变，促进生长激素的分泌和其他激素水平的变化，使血浆中甲状旁腺激素水平下降，降钙素水平增加。例如骑车 15 min 就可使甲状旁腺激素分泌下降 15%，降钙素上升 20%。这些都有利于维持骨骼的结构和功能。目前在飞行中采用了多种运动措施。结果证明，体育锻炼对防止航天员骨质疏松和肌肉萎缩均有一定效果。

3）改善饮食和药物的适当使用

通过控制饮食保障航天员的合理营养，也是防止骨丢失的防护措施之一。这方面的措施主要有：①控制蛋白质的摄入量，提高钙的摄入量。②避免高磷的摄入。高磷的摄入造成的钙/磷比值降低可能导致继发性的甲状旁腺功能亢进，从而导致骨丢失的发生。③避免高钠低钾的摄入，两者都易引起尿钙排出增加，不利于钙离子的保持。④补充维生素 K，膳食中补充维生素 K 有利于骨钙素的合成。⑤其他药物的使用，包括使用钙磷酸盐、降钙素等药物，对于防止模拟微重力引起的动物骨丢失具有一定作用，但在飞行中效果还不明确，有待于今后更好的药物研发。

3.3 微重力对骨骼肌的影响及应对

与微重力可造成废用性的骨丢失类似，微重力也可造成废用性的肌萎缩，而肌萎缩反过来又可加重骨丢失的程度。对微重力状态下骨骼肌结构和功能的研究始于 1960 年的宇宙生物卫星，之后在天空实验室、航天飞机和空间站中都进行了大量的有关研究。所得的结果均证实微重力造成肌肉系统的退行性改变。这些变化在短期飞行后是可逆的，但在长期飞行中就需要采取有效的防护措施，否则将引起一系列的病理改变，危害人体健康。

3.3.1 微重力造成的肌肉萎缩和功能下降

肌肉的基本功能包括维持身体的姿态和产生宏观运动。在行使维持身体姿态功能时需要对抗由地球引力产生的重力负荷，这需要有关肌肉的持续收缩以产生一定的张力，并使不同肌肉之间形成肌张力的平衡来达到。在微重力时，肌肉的重力负荷消失，不需要有关肌肉的收缩来维持身体形态。这部分松弛下来的肌肉将因此产生废用性的肌萎缩。对于通过其收缩产生身体运动的肌肉，在微重力时虽然仍需要通过收缩来实现不同的运动，但由于重力负荷的减少或消失，产生同样的运动所需的肌肉收缩力将明显减少，这也导致废用性的肌萎缩，但其程度小于用于维持姿态肌肉的萎缩。总之肌萎缩的基本特点是：抗重力肌的萎缩程度大于非抗重力肌萎缩。慢肌（红肌）的萎缩大于快肌（白肌），在同一肌肉内，慢肌纤维的萎缩程度大于快肌纤维。在发生萎缩的肌肉中出现慢肌纤维向快肌纤维转化的情况。

1. 航天员体重的变化

肌肉占人体质量的40%左右，当肌肉萎缩时，人体质量下降，因此测量航天员的体重是间接检测肌萎缩的简单方法。结果证明，航天员在飞行后体重平均减少3%~4%。个体间的差别较大，一些航天员体重反而增加，进一步分析表明增加的部分是脂肪组织，而不是肌肉。体重的减少不完全是由于肌肉含量下降导致，和在飞行中体液的丢失也有很大关系。检查美国天空实验室的3名航天员在飞行期间和飞行后体重的变化，发现飞行中大部分体重丧失发生在航天初期，在航天后体重迅速恢复。分析认为航天员在飞行初期体重迅速减少与体液丧失有关，随后出现的持续性体重减少与肌肉含量的下降有关。返回地面后早期体重的恢复源于体液的补充，后期则是肌肉量的恢复。

2. 航天员肌肉体积和质量的变化

下肢作为肌肉萎缩最严重的部位，也相对容易测量。在天空实验室和"礼炮"8号飞行中，采用测量下肢外径和下肢容积方法来估测肌肉质量的变化。结果表明，微重力时下肢外径和下肢容积都明显减少。"礼炮"6号上航天员在飞行96天、146天和175天时小腿容积分别减少16%~20%、20%~30%和19%~

24%。其基本变化规律是，微重力飞行初期下降明显，之后缓慢下降。初期的下降主要与体液转移到身体上部和体液的丧失有关，随后的下降则与肌肉萎缩有关。

采用核磁共振成像技术观察 8 名航天飞机上的航天员飞行 9 天后下肢比目鱼肌和腓肠肌的容积的变化，发现它们都明显减小（图 3-9）。其中比目鱼肌的丧失大于腓肠肌的丧失。着陆后一周肌肉的体积仍小于飞行前，说明短期飞行就可以引起肌肉萎缩。地面人体卧床实验也可引起肌肉质量的下降，卧床 17 周后手臂的去脂肪肌肉的质量无明显改变，但大腿的质量减少 12.2%，小腿的质量减少 11.2%，提示这是一种废用性变化（表 3-1）。

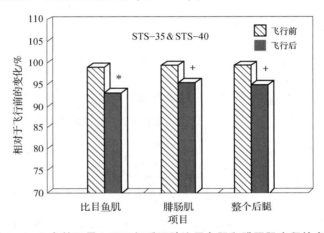

图 3-9　8 名航天员 9 天飞行后下肢比目鱼肌和腓肠肌容积的变化

表 3-1　长期空间飞行前后肌肉容积变化的比较

项目	和平号空间站	国际空间站
停留时间/周	23	25.9
数量	16	4
总的变化百分比/%		
股四头肌	-10.0±5.9	-5.4±2.7
腘绳肌	-13.8±3.9	-7.2±4.0
比目鱼肌	-14.3±5.8	-18.6±6.9
腓肠肌	-11.7±3.9	-10.3±4.7
小腿前部肌	-11.7±3.2	-10.5±2.9

使用动物实验可以直接测量肌肉质量的改变。大鼠和灵长类动物在航天和模拟微重力后都出现肌肉质量的下降,其中比目鱼肌的变化最大。例如在宇宙号生物卫星上飞行1周大鼠的比目鱼肌质量减轻了23%,腓肠肌和肱二头肌则各自减少了11%和12%。随着飞行时间的延长,肌肉质量继续下降。到3周以后比目鱼肌质量丧失25%~30%,切面积下降22%;趾长伸肌质量下降12%,切面积下降13%;腓肠肌质量下降19%。飞行后6天趾长伸肌得以恢复,而比目鱼肌则需29天才得以恢复。

检测肌肉萎缩的另一种方法是检测自身免疫抗体,它的出现提示有肌肉萎缩,苏联的分析表明有45%的航天员的自身免疫抗体阳性。

3. 肌纤维类型的改变

3.1节提到,根据肌肉所承担的任务不同,骨骼肌纤维分为慢肌纤维和快肌纤维,每块肌肉中都包含这两种纤维,但比重不同。承重肌肉中以慢肌纤维为主,承担运动的肌肉则以快肌纤维为主。以慢肌纤维为主的肌肉,如比目鱼肌的反应较慢,有较长的潜伏期,适用于长时间的慢收缩,以维持体位,这部分肌纤维与重力的关系较大。对在天空实验室3号上飞行7天的大鼠进行的研究中,分析了比目鱼肌、拇收肌、趾长伸肌、跖肌、深层腓肠肌等慢肌纤维和快肌纤维的面积大小。其结论是:在微重力和模拟微重力时,尽管两种肌纤维都可能出现萎缩,但慢肌纤维的萎缩更明显。含慢肌纤维较多的肌肉,如比目鱼肌和拇收肌的面积的降低较含慢肌纤维较少的趾长伸肌、跖肌等更为明显。比目鱼肌等慢肌出现慢肌纤维向快肌纤维转化的现象(表3-2)。在地面模拟实验中得到了相似的结果。

表3-2 空间飞行对大鼠比目鱼肌中两类肌纤维比例的影响　　单位:%

肌纤维类型	对照组	飞行组	变化
Ⅰ型(快肌)	71.2±7.1	60.6±5.9	-14.9
Ⅱ型(慢肌)	28.8±7.1	39.4±5.9	+36.8

受到技术条件的限制,对航天员进行的有关研究较少。美国在航天飞机任务中采用了针吸方法,抽取肌肉样品进行分析。发现在飞行5~11天前后骨侧肌有明显的萎缩,其中慢肌纤维平均减少15%,快肌纤维减少22%。如使用较精确

的免疫方法测定，则发现与快肌纤维相关的蛋白含量相对增加，而与慢肌纤维相关的蛋白含量相对减少。

4. 肌肉组织的病理改变

伴随着肌肉萎缩，肌肉组织出现某些病理改变。在苏联宇宙 1887 号上飞行 12.5 天的大鼠的比目鱼肌发生广泛的坏死，组织中出现巨噬细胞、微出血点和水肿。飞行了 22 天着陆后，比目鱼肌中存在水肿、结缔组织增生、部分肌纤维分解和被吞噬等情况。着陆后第 25 天，在肌纤维坏死的地方出现组织修复，形成新的肌纤维和结缔组织。其他的研究也提示航天飞行造成大鼠比目鱼肌和腓肠肌的横纹消失、肌间质扩大、线粒体损伤等。

模拟微重力条件方便对动物骨骼肌的病理改变进行较多的研究。大鼠在运动减少的第 3~5 天，比目鱼肌和腓肠肌出现明显病理表现：肌肉水肿、肌纤维分离、横纹消失、Z 盘附近出现颗粒样沉淀、线粒体变异、肌纤维坏死等。随着运动减少时间延长，病理改变更加明显。

对在模拟微重力下的人体实验有限，但也提示相似的病理改变。采用针吸取组织进行的研究表明，人体 30 天头低位卧床可引起骨骼肌组织结构的萎缩性变化。受试者的比目鱼肌的肌原纤维分离、局部溶解、Z 盘增厚和破坏、局部出现坏死区等。与之相伴的是小腿肌肉萎缩，肌力下降。

5. 微重力引起肌肉功能下降

微重力在造成肌肉萎缩的同时，也造成肌肉功能的下降。其表现为如下几方面。

1）肌力下降

用测力计测量美国的天空实验室航天员飞行前后手臂和腿的肌力，表明飞行后肌力明显下降，尤其是腿部肌力的降低更为明显。不同部位肌力下降的幅度不同，与不同肌肉的功能有关。在地面正常重力下，腿肌除了产生行走等运动外，还要承受人体的质量、保持人体的姿态。当人体质量消失时，这种负荷也随着消失，所以腿部的肌力下降幅度较大。臂部和手部的肌肉主要行使各种操作功能，即使在微重力环境下，手臂仍要执行这些操作，故肌力的下降较少。

2）运动耐力下降

在肌萎缩的前提下，航天员运动耐力降低，运动时常出现腿部和背部肌肉的疼痛，容易出现疲劳。对比了 5 名航天飞机航天员在飞行前后膝伸肌的最大阻力和易疲劳性的变化，发现在飞行后这两项指标都明显下降。另一项对"礼炮号"上航天员肌力研究表明，在等长收缩时，由比目鱼肌和腓肠肌产生的跖屈和由胫骨前肌产生的背屈的肌力都下降。与比目鱼肌、腓肠肌等慢肌张力明显下降相比，拇长伸肌等快肌并无明显改变。

人卧床后肌肉工作能力和肌力也明显下降，疲劳感增加。健康青年人卧床 20 天后，在自行车功量计上的工作量下降 26%，卧床 62 天后下降了 43.4%。受试者的脊柱肌力也下降了 76%~88%，手握力降低 87%~90% 等。

大鼠在 120 天限制活动后表现出相似的耐力下降倾向。例如游泳时间从实验前的平均 340 s 降低到限制活动后的 53 s，两个月后才能完全恢复。

3）肌肉协调性下降

航天飞行中，航天员完成某种动作的时间趋于延长，且不易判断肌肉用力的大小，往往出现用力过度。返回地面后又感到无力、疲劳，站立和行走困难，有时出现肌肉疼痛。苏联对联盟 9 号的两名航天员在飞行后的垂直姿势的协调性进行了研究。其使用一种稳定描记器，测量航天员在严格保持确定姿势时，进行的头部运动的稳定性。分析的指标包括平衡频率、振幅和重心的绝对位移值。结果表明飞行后两名航天员的各项指标均明显降低，10 天后其协调性才发生好转。

地面长期卧床造成各种肌肉群协调性的降低，卧床受试者在卧床结束后即刻地直立，姿势稳定性均明显下降，行走紊乱，并很快发生疲劳。这种紊乱虽可以逐步恢复，但常需要一段时间。例如卧床 120 天至 5 个月后运动时疲劳性仍存在。

造成肌肉协调性紊乱的原因，除了肌萎缩和肌张力减退外，还与微重力改变了运动的动力定型有关。

4）肌肉紧张度下降

正常情况下，骨骼肌保持一定的收缩力，并不完全松弛，这是每块骨骼肌里不同运动单元的肌纤维交替性收缩的结果。这种收缩使整块骨骼肌维持一定张力，称为肌张力。全身不同骨骼肌张力的维持又相互配合，使人体保持一定的姿势，这是人体对抗重力、维持姿势所采取的必要手段。

肌张力的产生和维持的原因是骨骼肌在受到外力牵引而伸长时，能反射性地引起受牵拉的同侧肌肉收缩，这种反射性活动称为牵张反射。出现这种反射主要是重力牵引所致，微重力时重力消失，牵引作用不复存在，则牵张反射减弱，肌紧张度也随之下降。评价肌肉紧张度最简单的方法是测量肌肉的硬度。肌张力下降时肌肉的硬度也下降。

运动减少是造成肌肉紧张度降低的主要原因。坐卧、浸水、微重力等都会造成肌肉紧张度下降。

3.3.2 微重力对骨骼肌代谢的影响

蛋白质是肌肉中的主要有机物，承担着肌肉收缩和舒张的功能。骨骼肌的代谢过程主要是蛋白质的代谢。微重力下肌肉萎缩的原因：一是脱水导致的质量减轻，二是蛋白质的代谢中分解代谢超过合成代谢。

1. 蛋白质合成减少

对天空实验室 3 号中飞行了 7 天的大鼠肌肉蛋白质含量的测量结果见表 3-3，可见不同肌肉蛋白质含量均下降。研究者同时检测了只存在于胶原的羟脯氨酸含量，发现不同肌肉的变化不一致，其中比目鱼肌、内收肌和趾长伸肌的羟脯氨酸含量降低；跖肌、腓肠肌无明显改变，而拇长伸肌有所增加。这一结果说明微重力对肌肉中胶原蛋白和非胶原蛋白的作用不同，非胶原蛋白的含量下降。在地面对大鼠吊尾 1 周引起比目鱼肌蛋白质的含量下降 30%，腓肠肌蛋白质减少 23%。2 周时比目鱼肌下降到 40%。

表 3-3　天空实验室 3 号飞行 7 天大鼠肌肉蛋白质和羟脯氨酸含量变化

项目	蛋白质含量/mg		羟脯氨酸含量/mg	
	对照组	飞行组	对照组	飞行组
比目鱼肌	12.6 ± 0.9	5.6 ± 0.4*	812 ± 50	563 ± 55*
内收肌	7.1 ± 0.7	4.4 ± 0.3*	242 ± 9	211 ± 11*
趾长伸肌	14.3 ± 0.6	12.4 ± 1.0*	408 ± 48	264 ± 30*
跖肌	41.6 ± 2.0	27.6 ± 2.0*	1 872 ± 100	1 661 ± 60
拇长伸肌	68.8 ± 3.0	59.0 ± 2.0*	1 898 ± 124	2 308 ± 200
腓肠肌	184.0 ± 6.0	157.0 ± 4.0	5 097 ± 111	4 530 ± 60

注：* $P < 0.05$，与对照组比较。

正常情况下，蛋白质的分解、代谢和合成代谢是处于一定的动态平衡，称为氮平衡。合成代谢的降低或分解代谢的增强都会引起肌肉萎缩，造成负氮平衡。同位素标记氨基酸进行的示踪研究发现，在运动减退的前几天，进入大鼠肌肉的氨基酸量减少 48%～58%。大鼠飞行后比目鱼肌和腓肠肌的 mRNA（信使核糖核酸）含量降低，其中飞行 14 天的大鼠股内侧肌和股外侧肌的 α 肌动蛋白的 mRNA 分别减少 25% 和 36%，说明蛋白质合成的下降与转录水平的降低有关。大鼠吊尾 1 天后，比目鱼肌的肌动蛋白合成量下降，但 mRNA 合成并未明显下降；后者在第 7 天检查到明显下降。这一结果说明早期蛋白质合成量降低主要不是转录水平下降引起的，随后才发生转录水平上的抑制。肌球蛋白 mRNA 在整个吊尾过程中未见明显下降，提示肌球蛋白含量的降低或与转录后的翻译抑制，以及降解的增加有关。

2. 蛋白质分解增加

蛋白质在降解时分解为氨基酸。测定氨基酸的排出量可以反映蛋白质的降解水平。对天空实验室的航天员的尿样分析显示羟赖氨酸、氮甲基组氨酸，以及几乎所有的氨基酸的排出都增加。大鼠吊尾可以使蛋白质降解增加 2～3.5 倍，而同期蛋白质合成只下降了 20%～40%，说明蛋白质降解增加是造成肌肉萎缩的主要原因。大鼠在吊尾 10～35 天时，其血浆中赖氨酸、组氨酸、天冬氨酸、酪氨酸等均明显增加；检测组织匀浆中氨基酸含量，发现在运动减少的早期即出现了蛋白质的分解增加，并持续增加。

与蛋白质分解相伴随的是蛋白质水解酶活性增强。动物在飞行后，各种蛋白酶活性均有不同程度的增强。例如组织蛋白酶的活性增强 2.5 倍以上。这些酶活性的增强，造成骨骼肌蛋白质的加速分解。

一些学者认为，运动减少的早期肌肉内蛋白质代谢的主要变化是合成降低，之后才是分解代谢增强。

3. 负氮平衡的出现

组成蛋白质的基本元素有碳、氢、氧、氮。其中氮在体内其他含量较高的生物大分子，如碳水化合物、脂类等基本不存在；只有核酸含有，但核酸与蛋白质相比含量非常低。因此从体内排出的含氮废物主要是蛋白质分解产物。与其他三种元素相比，氮的含量比较恒定，始终在 16% 左右，所以测量排出的氮量可以间接反映体内蛋白质的分解量。将这一测定结果与每日摄入的蛋白质含量做比较，就可以大致判断蛋白质代谢的情况。如果两者相当，就可确认体内蛋白质的合成和分解代谢处于平衡状态，称为氮平衡。假如摄入的氮大于排出的氮，就称为正氮平衡；摄入的氮小于排出的氮时，则称为负氮平衡。这是衡量蛋白质代谢的一个重要指标。

微重力时，蛋白质的分解大于合成，身体处于负氮平衡。在人体，体内排出的含氮废物主要从尿中排出，少量通过粪便排出，可对其进行测量。图3-10显示天空实验室3号的指令长在航行前、中、后各阶段通过尿和粪排出的含氮量和氮平衡状况，可见在航行前呈正氮平衡；航行初期排氮增加，出现负氮平衡，随后保持平衡状态，但整个航行过程的总体呈现负氮平衡；航行后又通过增加蛋白质营养，重新进入正氮平衡，使蛋白质代谢回到氮平衡，也说明这种氮平衡的变化是可逆的。实验也证明卧床中氮的排出量是增加的，卧床70天，氮的排出量增加40%。

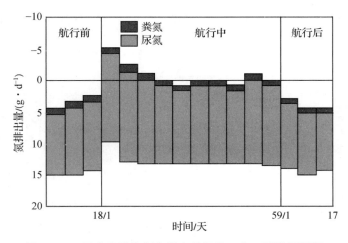

图3-10　天空实验室指令长在航行前、中、后的氮平衡

蛋白质分解出的氮主要存在于尿素中，因而在确认肾功能正常的情况下，测定血液中尿素的水平也可以反映蛋白质分解代谢的情况。美国航天飞机Ⅰ-4号的航天员在飞行2~8天后，几乎所有航天员飞行后即刻血尿素氮都比飞行前明显增加，8名航天员飞行前血尿素的平均值为160 mg/L，飞行后升至200 mg/L。着陆后3天恢复原有水平。

3.3.3 微重力时与骨骼肌供能有关的能量代谢

肌肉的舒张和收缩是耗能反应，依赖于血液中营养物质的持续供应糖酵解、三羧酸循环和氧化磷酸化等生化过程，以及有关能量代谢的细胞结构正常。

1. 血糖

航天飞行可影响葡萄糖代谢，反映在血糖水平的变化上。对在天空实验室上工作的航天员的监测表明血糖和胰岛素的水平下降，着陆后回升。很多航天员在长期飞行后有中度高血糖，血中乳酸盐丙酮酸盐浓度增高，反映了糖酵解的加强，伴有胰岛素分泌的增加。航天飞行中糖耐量逐渐下降。

2. 糖酵解

糖酵解是指葡萄糖在不需氧情况下分解成乳酸并产生少量 ATP 的过程。微重力主要影响慢肌纤维的无氧酵解，如吊尾或航天后大鼠比目鱼肌的乳酸脱氢酶、磷酸果糖激酶等的活性明显增强，但腓肠肌的快肌纤维中乳酸脱氢酶活性不变，提示微重力主要影响慢肌纤维的糖酵解酶活性，也体现出肌萎缩时慢肌纤维向快肌纤维转化的趋势。

3. 葡萄糖的有氧氧化

有氧氧化是指葡萄糖在有氧的条件下由糖酵解形成的丙酮酸进入线粒体，通过三羧酸循环和氧化磷酸化进行彻底氧化的过程，在此过程中形成的 ATP 远多于糖酵解过程。可以通过测定肌纤维或游离线粒体的最大氧耗量，各种有关酶的活性等来确定。一些研究表明，微重力或模拟微重力后，肌肉的有氧氧化能力下降。其表现为：①与有氧氧化有关的酶活性降低。例如在卧床 30 天实验中，比目鱼肌的柠檬酸合成酶活性减少 39%，骨外肌减少 18%。②线粒体的减少和异常。前面提到微重力可造成线粒体的损伤，降低了有氧氧化的有效性。另外，肌细胞中线粒体的分布也发生改变，由分布在肌膜的下面转到肌细胞的中心。

3.3.4 神经肌肉功能的改变

骨骼肌随时接受神经信号的指令并做出相应的反应。微重力条件下这种信号的传递发生变化，表现为以下两方面。

1. 肌电变化

肌肉的收缩活动伴随着肌电的变化，其强度与参与收缩的肌纤维的量有关。微重力引起的肌萎缩，使肌力下降。为了刺激肌肉产生收缩，神经系统可能发出高频电脉冲刺激，使更多的肌肉运动单元参与到收缩过程中。这样做有可能使肌肉易发生疲劳，降低长时间工作的能力。对飞行前后的腓肠肌进行肌电功率频谱分析表明，3名航天员航天后的肌电出现特征性变化，优势频率向高频段移动。腓肠肌收缩后出现的肌电图类型提示肌肉易疲劳和工作效率降低，而臀部肌肉的肌电图没有这种改变。

长期卧床时，人的上臂和下臂在安静、松弛或最大用力时，肌电图均发生明显改变。其基本的特征是，振幅下降，下肢肌肉较上肢肌肉更为明显。最大用力时下肢肌电振幅可降低75%。肌电振幅下降提示有肌肉萎缩发生，这种变化与肌肉紧张度和运动能力的下降相一致。此外，还出现主动肌和拮抗肌的生物电活动同时发生的现象。正常情况下两者应是交替发生的。这表明神经支配发生紊乱，肌肉的调节能力下降了。

2. 神经肌肉传递活动的改变

骨骼肌细胞接受来自脊髓前角或脑干运动核中运动神经元发出的神经纤维的支配。每个运动神经和它所支配的肌纤维组成一个运动单元。在神经纤维和骨骼肌的突触处，当神经冲动传来，神经轴突末梢膜发生去极化，该处的钙通道开放，细胞外的钙离子进入细胞的轴突末梢，造成突触前膜乙酰胆碱的释放。乙酰胆碱与突触后膜的受体结合，触发肌细胞离子通道开放。随后的钠离子的内流和钾离子的外流，导致膜的去极化和终板电位的产生，最终引发肌细胞膜动作电位，通过兴奋收缩偶联引起肌细胞的收缩。

一些实验提示，微重力和模拟微重力可能造成肌肉神经传递过程的改变。与之有关的变化有：神经肌肉突触结构的改变，涉及某些蛋白和核酸含量改变，突触小泡和线粒体数量减少等。微重力或模拟微重力后肌膜的通透性增强，一些大分子的物质通透到细胞外；在飞行后几小时，血液中肌细胞内的酶的浓度升高；卧床后血液中肌蛋白浓度增加。肌细胞内钙离子的分布、摄取和释放都发生一定的改变。这些都可能与肌肉功能的下降有关。

3.3.5 造成肌萎缩的原因和对机体的影响

1. 肌萎缩产生的主要原因

（1）肌肉长时间地废用是造成肌萎缩的最主要原因。运动可以通过两个途径影响肌肉的结构和功能的完整性。首先，运动可以增加肌肉的血液供应。肌肉运动时动脉和毛细血管开放，血液供应增加；而微重力时，肌肉血流减少，流速减慢或淤积，微血管还可发生实质性的形态改变。其次，运动时对向肌肉的被动牵拉可以反射性地激活相关运动神经元，形成牵张反射，增加肌肉的紧张度，刺激肌纤维的生长；反射性的神经活动还可以直接作用于肌肉，使肌肉的代谢增强，蛋白质合成增加。在大鼠悬吊期间，如果牵拉动物的后肢可以防止比目鱼肌纤维的萎缩。微重力时肌肉传入冲动减少，传入冲动的改变迫使中枢神经分析器的重新调整，造成中枢神经系统的协调下降。

（2）激素调节的改变。微重力下，一些激素如甲状腺素、糖皮质激素、前列腺素、胰岛素等的分泌都可能发生变化，这些激素的改变造成肌肉代谢的异常，成为引起肌萎缩的原因之一。①甲状腺素。甲状腺素对蛋白质代谢有重要作用。小剂量的甲状腺素可以促使蛋白质和葡萄糖的吸收与合成，大剂量则促使降解和利用。微重力时航天员血浆中甲状腺素的水平高于飞行前。②糖皮质激素。糖皮质激素可以影响糖代谢和蛋白质代谢，降低蛋白质的合成。微重力早期糖皮质激素分泌和肌肉中糖皮质激素受体都增加，这是一种应激反应，它造成肌肉蛋白质合成的减少。③前列腺素。微重力时肌肉局部血流量的减少，可能引起组织前列腺素的产生，影响蛋白质的合成和降解。头低位卧床时，受试者的前列腺素明显高于卧床前，增幅达260%。④胰岛素。肌肉长时间的废用可改变胰岛的分泌。在84天的天空实验室飞行中，航天员胰岛素的含量下降，维持在一个较低的水平。

（3）食物。微重力飞行时食欲的降低、食物摄入量的不足也是造成肌萎缩的原因之一。

2. 微重力肌萎缩对全身的影响

微重力造成的肌萎缩，不仅影响到运动功能，也影响到其他生理功能。

（1）心脏。心脏是一个肌肉器官，为循环系统血流提供动力。动物在微重力飞行后，随着心脏负荷的减轻，心肌也出现废用性改变，表现为心脏质量明显减轻，心肌出现超微结构的异常，线粒体破坏，冠状动脉壁结构改变等。这些可导致航天飞行中心律失常、心电图 ST–T 改变和心功能下降。

（2）心血管壁的结构发生变化。血管通透性改变，影响到组织和血液之间的物质交换，引起组织缺氧。骨骼肌的紧张度的下降加剧了这一效应。肌肉的适度收缩在保证血液通过毛细血管和维持静脉回流中起着重要作用，有第二心脏之称。微重力时肌肉紧张度下降，使较多的血液驻留在身体下部，增加了机体调节的负荷量。因此，肌肉萎缩是导致航天员返回后立位耐力和运动耐力下降的原因之一。

（3）降低机体的动作协调性。微重力飞行时，肌肉紧张度的降低、肌肉兴奋性和收缩性的下降及肌肉生物电的变化，都会影响机体的调节功能，因此航天员在返回后往往全身无力、肌肉疼痛、容易疲劳、站立行走和运动等感到困难。

（4）肌萎缩是导致骨丢失的原因之一。肌肉对骨骼的牵拉和肌肉活动时产生的机械力是刺激骨细胞生长和产生生理功能的前提之一，微重力时肌肉的作用减弱，对骨骼的刺激的作用也减弱，造成骨代谢的改变。

3.3.6　微重力对骨骼肌的影响的防护

了解微重力造成肌萎缩的原因，有利于寻找和设计对抗措施，缓解肌萎缩的发生和造成的危害。

1. 航天飞行时的肌肉运动

航天中主要采用运动的方式防止肌肉萎缩。航天中的肌肉运动对肌肉和骨骼都是一种牵拉刺激，有助于维持肌肉和骨骼的结构和功能。同时运动造成机体耗氧量的增加，加强了心肺功能和心血管系统的调节，改变了血液在脏器内部的分布，并促进中枢神经系统的功能协调，因此运动也是防止心血管功能失调的有效方法。

不同的运动形式的锻炼和防护作用不同，航天中采用综合的运动。主要的体育锻炼的方法包括：①拉力器，主要是锻炼手、躯干和腹部的肌肉。航天员每天锻炼 10~15 min。②使用自行车功量计进行运动，一般每天锻炼 1.5~2 小时。此种锻炼对防止心脏和骨骼肌质量的下降以及呼吸功能的降低有一定作用，并可增加微循环血量,改善组织器官的血液供应,但对防止矿物质的丧失和立体耐力下降的作用有限。自行车功量计除了作为锻炼工具外,也可以用于航天员在运动时的很多生理指标的监测。③跑台锻炼。美国和苏联的空间站上都有跑台装置。它使用一个弹簧束带将航天员固定在跑台上,并施加一定的压力,将航天员压向跑台(图3-11)。在天空实验室这种压力相当于1.1g;"礼炮号"上这种压力为0.62g,可以模拟地面的重力。当航天员在跑台上行走跑跳时,锻炼了有关骨骼肌,并促使骨骼的重建。跑台运动是一种全身性运动,运动量较大,对骨骼、肌肉系统都是很好的刺激,并锻炼神经肌肉的协调功能,有助于减轻返回地面后的行走困难。④企鹅服。这是苏联设计的一种专用服装,在衣服的夹层中排列着多层橡胶带。微重力时航天员为了完成各种操作和运动就必须克服弹性阻力,由此就锻炼了肌肉。苏联参加175天和185天飞行的航天员每天穿企鹅服12~16小时。

图3-11　使用一个弹簧束带将航天员固定在跑台上进行跑步锻炼

资料来源:NICOGOSSIAN A E, WILLIAMS R S, HUNTOON C L, et al. Space physiology and medicine - from evidence to practice [M]. 4th ed. Berlin:Springer, 2016.

注:该图显示航天员Sunita Williams在太空中完成铁人三项——使用轨道跑步机完成跑步部分,使用固定自行车完成骑车,使用阻力机器模拟游泳。

运动有效地防止了肌萎缩和骨丢失的发生。美国在天空实验室2、3、4号任务中,航天员每天锻炼时间分别为0.5小时、1小时和1.5小时,在天空实验室2号的航天员只进行自行车功量计运动;在天空实验室3号的航天员增加拉力器训练;在天空实验室4号的航天员增加跑台训练。结果航天员腿的强度丧失了的顺序是：2号>3号>4号，说明保持运动量和强度的重要性。

2. 肌肉电刺激

临床研究表明，电刺激肌肉可以在一定程度上维持肌肉的功能状态，促进肌肉的功能恢复，还可以增加骨骼内钙的含量，促进骨形成和骨愈合。因此适当有目的的电刺激可以补偿航天中肌肉活动的不足，减轻微重力引起的骨质疏松和肌肉萎缩。

3. 下体负压装置结合运动

下体负压（LBNP）装置是一个封闭的圆筒，人的下身放进去后施加负压，促使体液向下身移动，以模拟在地面时的体液分布。在航天中，下身处在负压桶内或穿着负压裤进行运动时，有可能产生类似于地面上运动时对肌肉、骨骼和循环系统的刺激，有助于循环系统保持紧张，防止肌肉和骨骼的变化。在卧床实验中，要求9名受试者在负压桶中进行踝部屈伸运动，所产生的效果类似于站立时的运动，说明在负压状态下进行运动可以产生类似地球重力作用下的运动效应。

4. 返回地球后康复运动

返回地球后，机体需要一段时间适应原有的动力环境，其时间的长短除了与飞行中的防护措施及个体差异有关外，飞行后康复和治疗也起很大的作用。一般可以分为三个康复阶段，分别采用不同的康复措施，每个阶段的时间长短与飞行时间、航天条件、航天员飞行后的状态、个体特征、功能恢复等情况有关。因此需要拟订个性化的康复方案。

1) 早期锻炼阶段

航天员返回地面以后的3~8天为早期锻炼阶段，是三个康复治疗阶段的最关键时期。此阶段的任务是使航天员适应地球上的垂直姿态，恢复立位稳定性，促使神经—血管、神经—肌肉协调性的恢复，防止立位障碍和前庭功能紊乱。从返回后的第1天就进行治疗性按摩，开始每天两次，以后每天一次治疗性的体育锻炼，包括在水中和体育大厅做治疗性的体操和定量散步。水中锻炼可以减轻重力对机体的影响，又能进行背部、腹部、腿部肌肉和心血管系统的锻炼，使航天员逐步适应地球重力的作用。返回后的最初几天行走要严格定量，并要穿防护服，防止行走过程中血液向脚踝过度分布。随着机体状态的逐渐恢复，可逐渐增加锻炼的项目和强度，开始主要是在卧姿下进行，随着机体状态的恢复，过渡到坐姿和站姿的锻炼。

2）基本锻炼阶段

此阶段的主要任务是恢复立位稳定性，提高心脏、呼吸系统的功能状态，使支撑运动系统适应体力负荷的增长，恢复肌肉的张力，改善静动态功能和协调功能。在此阶段，仍采用前一阶段的康复措施和方法，但运动量加大，重复次数增多，增加器械锻炼和竞技性运动成分，增加协调性锻炼，逐步增加前庭器官的锻炼。在水中游泳时，除完成水中体操外，大部分时间是进行游泳项目的锻炼。逐步增加游泳的距离、速度，减少休息的次数，增加运动量。

3）结束阶段

这一阶段的任务是尽可能全面地恢复机体的所有功能，增强体质。此阶段航天员是在疗养基地完成，以文艺活动和疗养休息为主。体育锻炼项目包括静态及力量耐力、速度、行走、跑步等，还可以进行各种体育竞赛。最后进行中枢神经系统、心血管、运动系统、生理功能等检查，根据最终康复结果做出综合的评定。

5. 饮食营养

增加饮食摄入的热量及补充氨基酸制剂等有助于减轻微重力时引起的肌肉萎缩，地面模拟微重力实验也证明食物防止肌萎缩的效果。在21天的后肢悬吊期间给动物喂食高营养物质，可防止肌纤维的转化。

3.4 微重力对平衡–运动系统的影响

3.4.1 动物体的运动平衡系统

人体和其他动物的各种运动的产生，有赖于对包括机体自身在内的周围环境的正确感知。比如一个芭蕾舞演员在舞台上做旋转时，需要身体和眼睛的感觉信号的不断输入，并经中枢神经系统的整合分析，感知自身的运动状态、身体所处的位置、舞台与观众的位置等，然后发出相应的运动指令，完成协调一致的身体旋转。假如感觉器官失灵、产生错觉，各种感觉器官传入的信息不统一、混乱，则中枢神经系统不能完成有效的整合分析，一方面会造成身体感觉不适，如眩晕、美尼尔氏综合征等疾病状态；另一方面也导致身体运动协调发生障碍。在微重力时，身体感觉不适和运动失调都可能发生。

1. 与运动平衡有关的器官及感觉

人体运动的平衡和协调是一种非常精细的调节和操作过程，其中牵涉到多种器官的复杂运作。

（1）视觉。视觉为我们提供空间位置的信息。当闭上眼睛或视力不佳时，失去视觉信号的反馈调节，平衡感变差，人的站立、行走都会出现偏差。

（2）本体感觉。本体感觉是指肌肉、肌腱、关节等运动器官本身在不同的运动或静止状态时产生的感觉，也包括皮肤的精细触觉。通过本体感觉可以感觉我们自身的位置、姿势、平衡等相关刺激，通过神经中枢的整合，将神经冲动反作用于肌肉组织，使运动处于协调状态。

（3）内耳前庭。内耳是一个包含耳蜗、半规管及前庭的器官。其中，耳蜗是听觉器官，半规管及前庭属于人体的平衡系统，感知头部的位置和运动。半规管由上、后和外三个相互垂直的环状管组成，其一端的膨大部分称为壶腹，内有感觉细胞，可以感知头部的不同方向的旋转加速运动。前庭的椭圆囊和球囊被一种含有碳酸钙的"耳石"的胶状膜覆盖，可以感受直线重力加速度。通过前庭器官的功能，人体可以感受头部不同的运动状态，在做加速运动的飞机或电梯上即使闭上眼睛，看不到外界位置的改变，仍然可以感觉到运动的发生。

（4）小脑。小脑接收来自各个器官的信息，加以整合，再协调身体的动作，维持平衡，同时调节眼球的运动，以保持清晰视力。

2. 平衡－运动系统的失调

这些平衡器官在配合运作时，身体的运动系统也将有条不紊地工作，一旦出现相互矛盾的信息，就可能引发身体的不适。例如当人体连续转圈后突然停下来，眼睛和本体感觉会传达已经"停下来"的信息，但内耳前庭的淋巴液还在流动，无法立即停下来，便传出"仍在旋转"的信号，脑中的有关中枢在矛盾的信号下发出错误指令，身体就可能因无法维持平衡而跌倒。如晕车、晕船也是平衡系统出现矛盾的情况。乘车时，除了有向前的速度外，还可能左右转、上下颠簸，感官得到复杂的信号，如果处理不好，就会产生晕车感。这些失调可以通过训练，即反复经历这一情景，接受和调整一整套复合感觉来达到新的适应，也就是让大脑学会处理、应对这种复合刺激。

在航天过程中出现的微重力是人体和其他动物所面临的新的感觉刺激，可能造成人和其他动物的运动平衡失调，出现眩晕、航天运动病和其他运动平衡障碍，本节将对此进行讨论。

3.4.2 微重力对运动协调系统的影响

维持人体姿势平衡需要感觉输入和运动输出之间稳定的相互作用。在地球 $1g$ 重力条件下长期生活逐步形成各种感觉运动模式储存在大脑中，用于应对各种日常的感觉——运动情景。一般情况下都可以迅速而自觉地完成绝大多数的平衡动作。一些难度较高的动作也可以通过训练，形成各种复杂的感觉运动模式加以解决。与运动有关的各种职业者，如体操运动员、舞蹈演员、赛车手等，都有一套适合自身运动特点的感觉运动模式。

太空微重力作为对航天员的一种全新的感觉刺激，开始时会出现一段时间的不适应，对感觉运动系统产生一定的影响。航天中因为重力消失，与重力有关的肌肉传入冲动、前庭器官传入冲动、触觉及内感受器传入冲动均减少，影响到在 $1g$ 重力环境下发育成人的航天员的空间定向和运动控制能力，在微重力初期，航天员必须不断地修正和监控自己的动作，积累经验，形成新的与微重力有关的感觉运动模式。

航天员可能出现运动协调障碍主要有以下几方面。

1. 用力不当

微重力时，所有物体，包括航天员本身，都失去了质量，航天员在飞行中处于一种漂浮姿态。在进行运动、改变身体姿态时，只需要克服身体自身的惯性力，而不需要应对重力负荷。但航天员对不同身体运动所需力量的认知是在地面重力环境下形成的，在航天环境中就会出现运动失调、用力不当。最突出的表现就是往往用力过度，对本来在微重力条件下只需轻轻用力即可完成的动作却用力过猛、难以完成。航天中精细的工作常受到影响，如写字速度变慢、字迹大小不均、轻重不一等。航天员在太空中工作时必须先将身体固定起来，否则工作时就会在自身用力的作用下飘走或者旋转不停。

这些运动失调在经过一段时间的微重力体验后可逐步克服。为了尽快适应微重力，以便进入太空后尽快开展工作，航天员在飞行前都要经过地面模拟微重力训练或水槽训练，积累经验，才能较快地适应飞行中的生活。

2. 姿态平衡方式的变化

美国和苏联/俄罗斯都对航天飞行中和飞行前后航天员的姿态平衡方式进行了研究，发现在航天过程中一些姿态感觉和维持方式发生改变。比如在突然下落时，航天员下肢肌肉的反射性反应下降，他感觉不到自身，而是感觉地面上升；下蹲，地面上主要依靠伸肌紧张度维持垂直体位，飞行中则主要依靠屈肌维持平衡，并在下蹲时出现地板运动的错觉；腰部倾斜时，在飞行中胫骨肌肉先于比目鱼肌出现电位，而在地面上这一顺序倒过来等。这些结果说明在太空中姿态平衡方式出现变化，需要航天员通过一段时间才能适应。

在航天飞行一段时间，航天员返回地面后又面临重新适应 $1g$ 重力环境的问题。刚返回时姿态平衡会出现相反的偏差。比如飞行后步态不稳，头部运动控制能力变差，综合视觉、前庭和本体感觉稳定性下降，在维持直立姿态时过度依赖视觉信号等。

3. 运动协调能力下降

地面养成的各种感觉运动模式通常不适用于微重力环境，因此会出现种种运动协调能力下降的现象，特别是在航天的初期。如在飞行中所进行的发电报实验，航天员在地面训练时已经熟练地掌握了发电报的技巧，但在飞行中第一次检查时发现，由于手指运动的不协调，航天员发出的字符出现了一定的紊乱，符号之间的距离增加了两倍，破折号也拖长。这种运动协调能力的下降，除了与在微重力负荷时肌肉用力大小不当有关外，还与在飞行舱内对物体距离的判断出现偏差有关。

4. 空间定位能力下降

在微重力条件下，身体的本体感觉下降，对外部空间位置的知觉出现明显的偏差，阿波罗和天空实验室的航天员曾报告，他们在飞行中偶尔会出现肢体位置知觉障碍。例如，睡醒后不知肢体的位置；9%的航天员报告曾出现身体不同部位的定位错误；12%的航天员出现过眼手不协调，如试图抓取物体时抓空等。在空间的一项实验中，先让受试者用眼睛记住某些物体的位置，然后闭眼用手指向这一位置，结果发现受试者通常指向目标偏下的位置，得分率明显低于地面上的测试。在空间定位上更多地依赖于视觉提供的信息。

3.4.3　平衡－运动系统的失调发生的机理

在微重力条件下，视觉、前庭和身体各本体感受器传入信息改变，造成感觉运动中枢错误的解释，引起感觉运动模式紊乱和失调，需要经过实践，重新组成一种新的相对稳定的感觉－运动模式，以适应空间生活和工作的需要。

1. 感觉传入冲动的改变

地球表面的重力加速度使身体的各个组织器官都产生质量，形成对它们的下面组织器官的压力，刺激它们的压力感受器，越往脚部的身体组织承受的压力越大。各组织器官所产生的神经冲动传入大脑，形成对重力的知觉，并据此发出指令保证各肌肉群产生一定的张力，用于对抗重力、维持身体姿态。在微重力时，各感受器发出的信号改变，感觉运动中枢将不得不去处理全新的情况。与重力有关的感受器包括如下方面。

（1）耳石感受器，位于内耳前庭的椭圆囊和球囊内，是由碳酸钙、中性多糖和蛋白质混合形成的颗粒。当头部进行直线加减速度运动时，耳石的位移刺激紧靠它的毛细胞，使之产生神经冲动传入大脑中枢，使人体产生运动觉。太空中耳石失去质量，失去作用于毛细胞上的压力，使来自耳石感受器的传入冲动减少。

（2）肌肉本体感受器，肌组织的肌梭和高尔基腱器都属于这种感受器，主要感受肌肉的牵拉刺激。肌梭对于纵向的牵拉很敏感，重力或肌肉活动引起的牵拉促使肌梭产生传入冲动，通过脊髓传向大脑中枢，使之感受重力并激活支配同一个肌肉收缩的运动神经元，引起相应肌肉运动单位的收缩，用以维持身体姿态。这一过程称为牵张反射。微重力时，肌肉的张力下降，肌肉本体感受器受到的刺激减少。

（3）内脏机械感受器，分布在胸腔、腹腔和盆腔的不同内脏器官上。当这些器官的质量和体积发生变化时产生输入信号。微重力时，这种信号同样减弱。

（4）皮肤机械感受器，其可以感受压力。在重力作用下身体和所依靠的物体接触形成的感觉信号传入中枢，形成重力感觉。在微重力情况下，这种感觉消失。太空中如果不约束航天员。航天员将飘浮在空中，不需要与支持面接触，即使接触物体，也因为身体和物体缺乏质量，不能形成足够的皮肤刺激。

微重力时各重力感受器传入冲动的改变及成因汇总于表3-4。

表3-4 微重力时各重力感受器传入冲动的改变及成因

重力感受器	微重力时的变化	成因
耳石感受器	耳石作用于毛细胞的压力和信号消失	耳石质量消失 安静飞行时，头部移动不造成耳石位移
肌肉本体感受器	作用于肌梭和高尔基腱的应力减弱	舱室狭小，航天员活动受限 肌肉活动无须克服重力
内脏机械感受器	作用于感受器上的应力减弱	空腔脏器的重力应力消失 连接组织的应力减少
皮肤机械感受器	对皮肤机械感受器的刺激减少	航天员处于飘浮状态 束缚时支持作用减弱

2. 平衡-运动系统的紊乱

微重力时各感受器传入的信号，是长期生活在地面的航天员的神经系统之前没有经历过的。按照地面形成的感觉运动模式处理这些输入信号，将会导致错误的认知，并对运动系统发送错误的指令。下面看一下在微重力情况下各种输入信号与正常重力下有什么差别，这些差别又怎样造成大脑解读的障碍。

（1）半规管、耳石信号的改变。半规管和耳石都感受头部运动的信号。半规管感觉头部不同方向的旋转，而耳石则感受直线的加速度变化。上面提到微重力时耳石的传入信号减弱，但半规管仍然感受并传输头部转动的信号。这样在中枢将出现传入信号的不一致和解读困难。半规管和耳石的活动可以通过眼球运动间接观察到。半规管受到刺激时可产生慢相和快相的眼球震颤；耳石受到刺激后会引起补偿性的眼动。通过观察眼动反射的变化，就可以了解微重力时半规管和耳石各自所受的刺激情况了。11名航天员在飞行期间进行主动转头时出现眼震的慢相速度加快，并出现不对称。在STS-51G上进行的实验表明，航天员飞行第6小时前庭眼反射的增益减少。这一效应到飞行第7天得以恢复。这些结果表明在微重力下半规管-耳石的功能发生改变。

在个体的发育中存在左右前庭器官的相对不对称性，如两侧两耳石的质量不同。但在长期适应过程中，通过中枢的调节弥补了不对称的影响，因此在日常生活中感受不到这种不对称。微重力时原有的感觉运动模式失灵，中枢神经系统需要重新处理"原始的"输入信号，原有的代偿机制不起作用，重新出现不对称现象。可以通过观察眼球运动了解到这种不对称。眼球的反向偏转程度是评价左右耳石的功能和对称性的指标。在正常生理情况下不对称性不超过3°，而航天员着陆后不对称性达到14°。这种不对称需要几天甚至1个月才能恢复。

（2）视觉和耳石间的相互作用。视觉和前庭器官均感受运动信号，两者之间相互协调，共同决定空间定位和运动感觉。微重力对视觉信号无明显影响，视觉仍可以相对正常地传递运动信息。但耳石的传入信息发生改变，两者之间的不一致将改变对运动情况的认知。在天空实验室1号上曾进行过一项实验：让航天员不动，面前的一个视鼓旋转。结果发现4名航天员对视鼓旋转速度的评估都快于地面同样的实验，说明微重力时由于耳石信息的缺乏，视觉定向作用加强。

太空运动病（SMS）是一种困扰航天员的严重病症，通常被认为是一种前庭系统紊乱。神经失配理论认为来自视觉系统和本体感觉系统的感觉信息，与来自半规管和耳石的感知信息发生冲突是导致这一病症发生的原因。也有认为微重力导致的液体从身体其他部位向头部转移，增加了颅内压和内耳液压力而造成前庭功能障碍。

3.4.4 微重力造成感觉-运动性改变的应对措施

1. 微重力的体验和训练

微重力作为一种新的环境因素，需要身体的感觉-运动系统的逐渐适应。为了加快这种适应过程，可以在地面就进行有针对性的训练。在地球表面，目前只能使用飞机做抛物线飞行和提供模拟微重力方法，如浸水方法模拟微重力状态下物体质量的减轻，来使人体产生微重力效应。抛物线飞行和中性浮力水槽就成为地面上训练航天员适应微重力环境的基本方法。飞机在做抛物线飞行时，可产生20~30 s的真正微重力环境。航天员可以从中体验和熟悉微重力环境，并及时测量体内的一些生理反应。此外，还需要训练航天员在微重力条件下的生活和工作能力，让他们在微重力情况下进行饮水、进食、取物、行走、穿脱航天服等操作。这些操作在各种训练中完成。

2. 飞行操作训练

飞行操作训练在飞行模拟器中进行。通过操作训练，使航天员尽快熟练地掌握航天飞行各阶段与飞行操作有关的知识和技能。对仪器的熟悉和熟练的操作有助于克服因微重力带来的操作障碍。根据各自飞行任务的不同，飞行操作训练的重点也不同，比如美国水星号航天员的飞行操作训练的重点是姿态控制；双子星座则加了交会与对接控制等。

3. 航天中的体能训练

航天员的体能训练是保证航天员工作能力、加快适应新环境的重要措施。它不仅可以减轻微重力对人体的不利影响，防止或减轻航天中的肌肉萎缩、骨丢失，以及水盐代谢紊乱、心血功能的失调等情况，而且可以提高航天员的运动协调能力、中枢神经系统稳定性等。

第 4 章
微重力对体液调节系统的影响

微重力会引起人体体液的再分布，直接影响到水盐代谢，使生理系统发生一系列改变，生理功能失调，进一步造成水和电解质平衡紊乱。所以，了解微重力对体液调节系统的影响对航天活动及航天员防护有十分重要的意义。

■ 4.1 微重力对人体水和电解质的影响

水是人体内含量最多的成分，体内的水和溶解在其中的物质构成了体液。体液中的各种无机盐、低分子有机化合物和蛋白质都是以离子状态存在的，称为电解质。人体的新陈代谢是在体液中进行的，体液的含量、分布、渗透压、pH 及电解质含量必须维持正常，才能保证生命活动的正常进行。

水和电解质平衡是维持机体生命及各种脏器正常生理功能的必要条件。微重力/模拟微重力可以引起机体一系列代偿性反应，如果这些代偿性反应失调，将会造成水电解质平衡紊乱。而后者反过来又可使全身各器官特别是心血管系统、神经系统的生理功能和机体的物质代谢发生相应的障碍。

4.1.1 水在体内的重新分布

1. 主要症状

在太空中，血量（blood volume）会发生很大的变化，特别是进入胸腔。由于特殊原因，胸部血管床被迫容纳来自下肢和腹部的液体。中央性高血容量是由向头侧约 2 L 液体移位引起的。1956 年，研究人员首次描述在微重力条件下，水在体内通过"Henry – Gauer 反射"（Henry – Gauer Relex）重新分布，继发于积液的（左）心房压力增加可能通过神经体液介质导致利尿和利钠增加，在早期航天员身上观察到的体重减轻以及他们浮肿的脸和小鸟般的腿支持了这一点。研究表明，液体向上移动导致的急性液体丢失是解释人类水分平衡如何适应微重力条件的机制。微重力时，由于流体静压作用消失，很快即有 1.5 ~ 2 L 体液由下身转移至上身。航天员可有脸面发胖、颜面及黏膜充血、眼眶周围水肿、眼睑变厚的表现和头胀、鼻塞的感觉，可以明显地感到体内体液的重新分布。这种感觉在飞行的 24 小时最明显，之后逐渐减弱，但有关的实验和飞行中的资料表明，在飞行中体液头向分布的现象是始终存在的。

2. 下肢容积减少

当航天员处于微重力状态时，血液质量消失、流体静压下降、血液重新分布，使血液头向分布，下肢血流减少。这种减少主要发生在飞行之初的 2 ~ 5 小时内。

由于血液失去质量，血管内的流体静压消失，动脉系统血压分布立即发生显著改变：人脑部动脉血管的血压较在地面 $1g$ 重力下站立体位时升高，而下肢动脉血管血压则较 $1g$ 重力时大为降低。这种血压分布变化可立即引起血液/体液的头向分布变化，中心血量的增加又可触发一系列调节机制，使血量代偿性减少。而动脉血管壁组织局部应力分布变化则可使血管系统发生一系列适应性变化。

航天中采用测量下肢容积的方法，证实了体液的头向转移。美国在天空实验室 4 号中用有刻度的带子测量飞行中小腿不同部位周径的变化，推算出下肢容积的改变，航天飞机上采用长袜状的容积测量了 11 名航天员飞行中一侧下肢容积的变化，结果是飞行中测量腿的下肢容积平均减少 1.02 L 左右，这说明微重力时大约有 2 L 的体液由下肢转移到上身。在航天飞机开始 6 ~ 10 小时的飞行中，用闭合式体积描记法进行测定发现，下肢体积很快减小，而以后无变化。在对 6 名健康志愿者进行 21 天头低位卧床实验时，受试者平均小腿周径和横截面积随着卧床时间延长而较卧床前显著减小（表 4 – 1）。

表 4 – 1　卧床期间受试者体重、小腿周径及面积变化（$\bar{x} \pm s$, $n=6$）

参数	头低位倾斜卧床前	头低位倾斜卧床期间				
		3 天	7 天	10 天	14 天	21 天
体重/kg	54.25 ± 3.33	53.90 ± 3.17	53.92 ± 3.60	53.72 ± 4.04	54.43 ± 3.91	54.75 ± 4.48
小腿周径/cm	32.12 ± 1.74	31.98 ± 1.60	31.88 ± 1.74	31.63 ± 1.59*	31.35 ± 1.96**	31.25 ± 1.54**
小腿面积/cm²	82.33 ± 8.90	81.61 ± 8.17	81.14 ± 8.92	79.84 ± 8.07*	78.50 ± 9.92**	77.91 ± 7.72**

注：* $P < 0.05$，** $P < 0.01$，与头低位倾斜卧床前比较。

4.1.2　水的丧失

在微重力和模拟微重力的条件下，航天员都出现明显的水丧失，具体表现为以下几方面。

1. 体重变化

多年来，航天员在太空飞行之前和飞行之后的体重测量表明，由于进入微重力时的液体向上移动以及随后的利尿反应，他们失去了几千克的体重。联盟号 14 名航天员飞行后体重平均减轻 2.7 kg；阿波罗 15 名航天员飞行后体重平均减轻 3.0 kg。对美国的多次飞行结果进行统计，大多数航天员在飞行后立即观察到体重与飞行前相比有所下降，体重比飞行前减少 3%~4%。

在欧洲核子研究计划（EuroMIR'94）任务期间，和平号空间站上的两名航天员在 30 天内每天以灵敏的天平测量体重。这些测量可以评估太空飞行期间身体质量变化的动力学。令人惊讶的是，只有一名航天员在飞行过程中失去了体重，而另一名航天员在太空的前 30 天里逐渐增加了体重，并在执行半年的任务后增加了 5 kg。此外，第一名航天员在太空中飞行前 10 天保持体重不变，之后逐渐减轻 3.5 kg，这一动力学排除了他的体重损失是由于在太空中前 24 小时内的急性液体流失造成的可能性。饮食监测数据显示，总体体重下降的航天员每天的能量摄入量（6.4 MJ）比体重增加的航天员（8.1 MJ）低得多，这表明饮食摄入量对体重变化的影响比微重力本身更大。

对美国航天飞机的两次飞行任务（SLS – 1 和 SLS – 2）的评估也证实，微重力并不一定会导致体重下降。7 名航天员摄入的食物能量略高于他们在地球上的基础代谢率,在整个短期飞行中保持了飞行前的体重。然而,总的来说,大多数在太空待过一段时间的航天员体重都下降了。

2. 血浆容量减少

航天员在飞行开始后血浆容量迅速减少,到 40 天左右时已减少约 15%。30 名航天员飞行后血浆容量减少 2%~21%;由地面卧床实验可见,随着卧床时间延长,血浆容量下降更多;引起微重力状态心血管功能改变的一个主要原因是流体静压消失,人体处于低动力状态,心肌和骨骼肌的负荷减轻,导致航天员的心血管脱锻炼。SLS-2 飞行结果显示,由于血浆容量减少,循环血液总量在飞行之初的 36 小时内减少约 20%,且在其后的飞行中基本维持这一水平。尽管研究表明血浆容量减少主要出现在微重力或模拟微重力早期,但亦有血浆容量在进入微重力环境前就有减少的报道。如发射前,航天员通常处于平卧/腿部抬高位达 4 小时,产生多尿,一些航天员飞行前减少液体摄入,以便在发射架上避免这一情况发生;或因服装透气功能差,发射前不显性体液丢失可能较多等。这些复合因素导致进入太空前血浆容量已经减少。在空间实验室生命科学-1(SLS-1)和空间实验室生命科学-2(SLS-2)任务期间,几乎所有登记的航天员从飞行后的最初几天到着陆后,血浆体积估计都减少了 17%。

3. 细胞内液减少

在微重力或模拟微重力的条件下,细胞内液出现减少。如和平-6 号航天员飞行中细胞内液减少 7.3%;阿波罗 17 号细胞内液减少 1.8 mL/kg,7 名受试者卧床初期细胞间液减少,后期是细胞内液的丧失。

4. 细胞外液变化

当人体处于微重力环境中时,体液的运动使得细胞外液(extracellular fluid)体积发生变化。在微重力飞行的前几个小时至几天内,细胞外流体体积明显减小,并且在整个飞行过程中一直低于飞行前的正常水平。在"天空实验室"飞行之后,细胞外液量减少 1.9%。而在"礼炮"6 号进行 96、140 及 175 昼夜的飞行之后,这一指标分别减少 1.2%~3.6%、82%~14.6% 及 4.1%~11%。在轨道上停留时间越长,身体的液体减少也会越多。另一组航天员在 Mir OS 上飞行了 126~438 天,其细胞外液体积比初始值平均减小了 11.9%。在 120 天头低位卧床(6°)条件下,受试者体内总液体含量在两个月内下降 5.8%,细胞外液体积下降11.7%，并持续到实验结束。

5. 液体总量减少

在航天实践中，不论是短期飞行（1~4天）还是长期飞行（14天以上），体液容量均明显减少。和平-6号航天员在长期飞行后液体总量减少1.2%~14.6%。"天空实验室"的航天员着陆之后，人体液体总量比飞行前减少1.7%。在国际空间站每半年一次的飞行期间，人体的所有液体部分平均减少了5.2%~10.4%。

6. 汗液蒸发量减少

"天空实验室"的航天员利用对水和体重的平衡方程式测到因蒸发造成的液体丢失，比在海平面上的飞行前值低11%。在飞行时，每天的平均液体丢失为1 560 mL（标准误差±26 mL），其中包括不知不觉的丢失。促成在飞行时由于蒸发而使液体丢失的主要机制可能是体力负荷时在皮肤上形成的薄层汗，后来皮肤会制止汗分泌。当利用质量和水平衡技术测量3次"天空实验室"任务期间皮肤水分蒸发情况时，发现9名航天员每天锻炼1小时，飞行中平均日蒸发量（1 560±26 mL）比飞行前（1 750±37 mL）减少11%。这表明微重力减少了汗液蒸发量，使皮肤湿度增加，从而降低活动时的蒸发散热量。微重力可以减少运动过程中的汗水流失，也可以减少无意识的皮肤流失，可能的原因是对流空气流动、持续汗膜的存在而不是汗水滴落、能量需求减少以及对温度调节对流换热的需求减少。

针对微重力条件下人体出汗所发生的变化，研究人员采用-6°头低位卧床实验与常规热舒适实验相结合的方法，在12种空气温湿度下对6名男性受试者不同部位皮肤的出汗率进行分析。研究结果表明：HDBR模拟微重力时，空气相对湿度较低的条件下（RH=30%）人体皮肤出汗比HDBR前需要更高的空气温度刺激，并且出汗率相比卧床前出现一定程度的降低；中等湿度（45%）条件下，模拟微重力时的皮肤出汗率随着空气温度增高而增加，但是显著低于HDBR前的水平；高湿条件（80%）下且环境温度高于29 ℃时，模拟微重力时人体皮肤出汗率显著增高，其值低于HDBR前的水平，但与其差值逐渐减小。此外，在实验环境下所有受试者的皮肤出汗敏感度均降低，并且大腿、小腿、上臂皮肤出汗率显著低于额头、胸和背部皮肤。研究进一步证明，模拟微重力条件下人体皮肤出汗与正常重力时存在不同的变化。

7. 排尿增加

飞行和卧床、浸水后有尿频现象，飞行中的相对排尿量增加。有时测量到的飞行中的排尿量反而低于飞行前，这是飞行中饮水量降低之故。如飞行中 9 名航天员即使每日饮水量减少 700 mL，排尿量也仅减少 400 mL，相对的排尿量仍高于飞行前。研究者认为，在 HDT（head-down tilt bed rest test，头低位倾斜卧床实验）、浸水和抛物线飞行时重力压力梯度减弱或丧失，血液和组织液从腿部转移到胸部引起中心静脉压（CVP）升高。而 CVP 升高导致心房过度扩张，引起"Henry-Gauer 反射"，脑接受了由过多的血容量所致的心房感受器牵张反射信息，抑制垂体后叶抗利尿激素释放，导致多尿，减少循环容量，逆转心房过度扩张。

4.1.3 电解质的变化

电解质广泛分布在细胞内外，参与人体内多种重要的功能和代谢活动，并且在维持正常的生命活动方面起着非常重要的作用。在地球正常情况下人体内各种电解质处于平衡状态，但在微重力或模拟微重力状态下，人体内的电解质会发生一些变化。

在微重力引起液体丢失的情况下，为保持血清中电解质浓度的正常水平，必须有相应的盐丢失，在航天中已发现电解质随尿排泄增多，肾脏的渗透性也有增高。由于血清的离子组成是表征人体矿物质动态平衡状态的最重要参数，在"天空实验室"飞行中，对 9 名航天员在微重力状态下体液和电解质的变化进行了深入研究，结果是飞行中航天员的尿液中钠、钾、氯、钙、磷的含量增加（表 4-2），血浆中的钠、钾、氯离子的浓度下降，钙和磷的浓度增加，使这些离子在体内呈负平衡。飞行中血钠降低，可抑制口渴和抗利尿激素的分泌，促使肾中水的排泄，使水和电解质平衡达到一个新的稳态。

表 4-2 "天空实验室" 9 名航天员尿中电解质的变化（飞行后/飞行前%）

电解质	飞行中/天			飞行后/天		
	1~28	29~59	60~85	1~6	7~13	14~18
钠	109	119	124	76	106	108
钾	111	108	109	88	103	111

续表

电解质	飞行中/天			飞行后/天		
	1~28	29~59	60~85	1~6	7~13	14~18
氯	109	120	122	78	108	111
钙	180	181	148	140	110	104
磷	122	114	113	89	98	99

在乘"天空实验室"飞行后，能交换的钾量减少1.1%~12.3%，血清钾的含量比飞行前水平稍有增高，而血清钠、氯化物的浓度与渗透性在飞行过程中是降低的。这些结果同"阿波罗"计划数次飞行中的测定结果相吻合。

研究人员通过水盐负荷实验证明飞行后电解质随尿排泄情况的变化与飞行时间有关。参加1~5天、18天、30天和63天飞行的航天员，水盐负荷实验钠的排泄增多。但长期飞行后进行乳酸钙实验，钠排泄减少。飞行时间短于13天的航天员，飞行后钾负荷实验时所出现的钾排泄减少，可能是为了代偿血钾浓度降低及组织保留钾能力的下降造成的，是一种再适应的反应。飞行后的实验证明，航天可引起钙和镁再吸收的减少，致使它们排出增加。例如，飞行30天和63天的航天员，飞行后钙的排泄超过飞行前的1.8~2.2倍，而飞行96天的航天员飞行后超过5倍；"礼炮"6号航天员长期飞行后，尿中钾和镁的浓度比飞行前增加了2.7~5.9倍；366天飞行的和平号航天员，飞行后进行乳酸钙实验，钙的排泄也比飞行前多。同样，钙排泄量与飞行时间有一定关系，飞行时间长，钙排泄也多。如一名航天员参加了75天和140天飞行，飞行140天后钙负荷实验时尿钙的排出量多于75天飞行后的尿钙排出量。由于在检查中肾小球滤过的速度（内源性肌酸清除率）没有发生变化，所以排泄的变化是由于肾小管对钙和镁再吸收的减少而引起。

总的来说，在微重力或模拟微重力下尿液内的钠、钾、氯、钙、磷的含量增加，血浆中的钠、钾、氯离子的浓度下降，钙和磷的浓度增加，使这些离子在体内呈负平衡。有一些太空飞行的实验结果不同，可能与饮食结构的不同、飞行中运动的形式和时间不同有关。

4.2 微重力对肾功能的影响

肾脏是人体的重要器官,其基本功能是生成尿液,借以清除体内代谢物及某些废物、毒物,同时经重吸收功能保留水分及其他有用物质,如葡萄糖、蛋白质、氨基酸、钠离子、钾离子、碳酸氢钠等,以调节水、电解质平衡及维护酸碱平衡。肾脏同时还有内分泌功能,生成肾素、促红细胞生成素、活性维生素 D_3、前列腺素、激肽等,又为机体部分内分泌激素的降解场所和肾外激素的靶器官。肾脏的这些功能,保证了机体内环境的稳定,使新陈代谢得以正常进行。

目前,关于微重力环境对肾脏功能影响的研究采用微重力和模拟微重力两种方式进行,研究对象以人和大鼠为主,研究时程有短期、中期及长期,研究结果虽不完全一致,但整体上证实微重力或模拟微重力早期肾脏出现代偿性应激反应,肾脏功能应激性改变,然后逐渐恢复,而随着微重力或模拟微重力时间不断延长,肾脏功能出现严重损伤。

4.2.1 微重力对肾小球滤过率和肾小管重吸收的影响

肾小球滤过率(GFR)是指单位时间内两肾生成滤液的量,用于早期了解肾功能减退情况。肾小管重吸收是指肾小管将肾小球滤出进入小管液中的水和溶质转运到小管外,重新进入血液循环的过程。

体内液体介质的剧烈变化发生在过渡到微重力或模拟微重力状态后的第一天,此时,随着血液动力学变化和容量调节激素活性的变化,水-电解质平衡和肾功能发生初步变化。肾小管对液体和电解质的重吸收减少,肾小球滤过加强,利尿和排空渗透活性物质大大增加,同时减少了用水量。

在航天飞行的前两天,肾小球滤过率表现出适度的短暂性增加(初始阶段)。这种现象导致过滤分数增加,直到达到新的平衡(适应阶段)。在航天飞行 19 天时,微重力环境造成航天员肾脏功能受损,导致航天员的尿肌酐浓度下降,而血浆中肌酐浓度增高。

在模拟微重力环境下，研究发现尾部悬吊3天、5天、7天、2周、4周大鼠血清尿素氮、肌酐与对照组相比差异不明显，而肾小管超微结构有明显病理改变，提示中短期模拟微重力对大鼠肾脏功能影响不大。同样有研究发现，尾部悬吊24小时大鼠肾小球滤过率和尿量增加，而尾部悬吊4~7天后，虽然肾小球滤过率降低，但尿量依然增加，尾部悬吊14天后，尿量虽然有所恢复，但仍高于正常体位的大鼠。

4.2.2 微重力引起的肾脏形态改变

微重力环境可以造成肾脏形态学的变化。研究人员通过电镜观察尾部悬吊3天、5天、7天、2周、4周大鼠肾脏组织超微结构变化，发现尾吊组大鼠肾小管均有不同程度受损，主要表现为远曲小管上皮细胞水肿、管腔中有坏死碎片、肾小管上皮细胞空化坏死、细胞脱落坏死，阻塞管腔，管腔中渗出液、远端小管疏松肿胀、空泡样变、近曲小管空泡样变。其中以尾吊5天组大鼠肾小管损伤最严重。另有研究以日本鹌鹑为研究对象，开展了中期模拟微重力或长期模拟微重力对肾脏形态结构的影响，发现14~28天的中期模拟微重力并未对日本鹌鹑的肾脏组织结构及超微结构构成显著的影响，而35~56天的长期模拟微重力则造成鹌鹑肾小管严重的凋亡，且肾组织内碱性磷酸酶的活性显著降低。采用光镜和电镜观察模拟微重力8周大鼠肾脏形态学的情况，发现肾脏的病理变化主要表现为肾小管上皮细胞的严重变性、核固缩，管腔内大量的蛋白渗出；超微结构观察发现内质网扩张，线粒体肿胀，肾小管的基底膜粗糙不平且增厚。

4.2.3 微重力条件下肾脏各项指标的改变

用大鼠后肢去负荷方法建立了1~4周不同时长的SD大鼠微重力模型，肾体比（肾脏质量×100/体重）从1周后开始发生明显变化（表4-3），与对照组比较差异有统计学意义（$P<0.01$或$P<0.05$）。肾脑比（脏器质量/脑重）从1周后开始发生明显变化（表4-4），与对照组比较差异有统计学意义（$P<0.01$或$P<0.05$）。

表 4-3 大鼠肾体比的变化

对照组				模型组			
1 周	2 周	3 周	4 周	1 周	2 周	3 周	4 周
0.75 ± 0.06	0.82 ± 0.04	0.82 ± 0.07	0.77 ± 0.08	0.85 ± 0.06**	0.86 ± 0.08*	0.97 ± 0.07**	0.89 ± 0.06**

注：*$P < 0.05$，**$P < 0.01$，与对照组比较。

表 4-4 大鼠肾脑比的变化

对照组				模型组			
1 周	2 周	3 周	4 周	1 周	2 周	3 周	4 周
1.04 ± 0.09	1.17 ± 0.09	1.23 ± 0.07	1.23 ± 0.11	1.23 ± 0.14**	1.38 ± 0.17**	1.34 ± 0.08*	1.51 ± 0.07**

注：*$P < 0.05$，**$P < 0.01$，与对照组比较。

尿素氮（BUN）和尿酸（UA）是临床上诊断肾功能受损的指标，只有当肾小球滤过率降低 > 50% 时，BUN 和 UA 才可能发生明显变化。在对大鼠进行 4 周尾部悬吊实验后发现大鼠血清中 UA 都有所增加。BUN 和 UA 分别于第 1 周和第 3 周起显著高于对照组（表 4-5），说明模拟微重力对大鼠肾脏功能造成了严重的损伤，肾功能同样随模拟微重力时长的增加更加恶化。

表 4-5 模拟微重力条件下大鼠体内 UA、BUN 的变化

组别	对照组				模型组			
	1 周	2 周	3 周	4 周	1 周	2 周	3 周	4 周
UA	35.5 ± 3.2	35.3 ± 8.0	33.7 ± 6.7	27.1 ± 13.9	35.0 ± 11.9	33.0 ± 14.9	49.0 ± 11.4**	41.0 ± 11.0**
BUN	6.1 ± 1.6	5.5 ± 1.4	7.3 ± 0.7	8.4 ± 1.5	8.9 ± 1.4**	9.6 ± 1.7**	7.2 ± 1.0	9.0 ± 2.0**

注：与同期对照组比较，*$P < 0.05$，**$P < 0.01$。

模拟微重力大鼠中枢神经兴奋，时刻处于应激状态，表现为紧张、焦躁，具有强烈的攻击性，因此运动量较大，久而久之昼夜节律逐渐消失，能量消耗较多，与此同时进食与饮水量却在减少，实际摄入营养不足以维持正常生长所需；由于血液头向性分布，中心静脉压升高，通过低压区压力感受器引起反射活动降低抗利尿激素水平，从而导致排尿量增多。模拟微重力期间，大鼠饮水量减少，体液的丢失使尿液内毒素相对增加，促使肾脏负担加重、发生炎症的可能性增

大，同时由于观察期内肾脏持续生长，体重却出现增长率下降，结果导致肾体比和肾脑比的增大，说明模拟微重力对大鼠肾脏的质量存在真实有效的影响。

4.2.4 微重力所致肾动脉收缩功能的变化

肾动脉作为腹主动脉的重要分支，其在模拟微重力条件下收缩功能的改变与其他后半身动脉变化基本一致，模拟微重力后大鼠动脉跨壁压的区域性重塑以及血液重新分布可能导致了肾血管的低收缩反应性。同时，在微重力后机体整体血流量降低的情况下，肾脏血管的低反应性可能对保证肾脏的灌流量以维持正常的肾功能是十分必要的。

模拟微重力后大鼠动脉收缩功能的改变涉及血管局部肾素血管紧张素系统、氧化应激、一氧化氮通路等多重机制，而血管生物学研究发现上述机制可能均与Rho激酶（Rho - associatedproteinkinase，ROCK）及其相关通路有关。

4.2.5 微重力对肾小管水通道蛋白 2 表达的影响

微重力对机体多个器官产生不良影响，在肾脏主要表现为肾小管损伤。肾小管的浓缩和重吸收功能与水通道蛋白（aquaporin，AQPs）关系密切。AQPs 是一类特异性快速转运水分的细胞膜通道类蛋白质，可控制水和离子及部分大小分子在细胞的进出。AQPs 在全身各个器官组织中都有表达，目前已发现 13 种水通道蛋白 AQP0~AQP12，以肾脏分布种类最多。通过细胞和亚细胞水平的定位研究证实有 8 种 AQPs（AQP1~AQP8）在肾脏表达。这些选择性的表达在肾单位细胞质膜和直小血管的 AQP 在尿浓缩机制中起着至关重要的作用。其中 AQP2 是肾脏集合管柱状上皮细胞内最重要的 AQP，在肾小管浓缩、重吸收功能中起着关键的作用。

在模拟微重力实验中，大鼠的肾小管损伤，肾小管 AQP2 表达增多，电镜结果显示模拟微重力大鼠肾小管均不同程度受损（图 4 - 1）。3 天组表现为远曲小管细胞水肿，管腔中有坏死碎片；5 天组表现为肾小管上皮细胞空化坏死，远曲小管细胞水肿；7 天组表现为细胞脱落坏死，阻塞管腔，管腔中渗出液；2 周组表现为远端小管疏松肿胀，空泡样变；4 周组表现为近曲小管空泡样变。模拟微重力 5 天组大鼠肾小管损伤最严重。AQP2 表达与尿渗透压也显著升高，这表明微重力导致肾小管损伤与 AQP2 有一定的相关性。

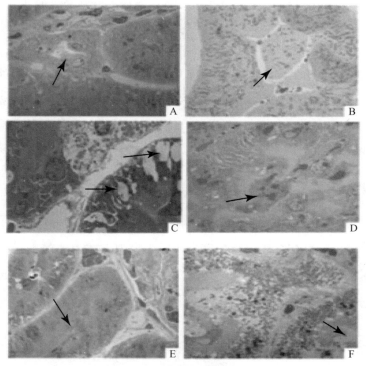

图 4-1　大鼠肾脏电镜结果 ×4 000

注：A—对照组；B—尾吊 3 天组；C—尾吊 5 天组；D—尾吊 7 天组；E—尾吊 2 周组；F—尾吊 4 周组。

短期微重力条件下肾脏损伤首先表现为肾小管受损，从而影响了尿液浓缩、重吸收，进一步表现为尿渗透压的改变。这可能与血液头向逆流，肾脏通过代偿机制增加水分重吸收保持重要器官供血有关。模拟微重力大鼠肾脏 AQP2 表达较正常大鼠均升高。如 8 天龄和 14 天龄幼鼠在哥伦比亚号航天飞船飞行 16 天后，肾脏 AQP2 表达下降。AQP2 是目前发现的唯一在细胞内分布受 ADH 调控的 AQP。

4.2.6　微重力对肾脏氧自由基代谢的影响

太空飞行期间导致机体氧化应激水平升高，红细胞膜脂质过氧化程度明显增加，血液中某些抗氧化物质含量下降。随着微重力时间的延长，抗氧化能力下降，机体脂质过氧化增强。如模拟微重力 4 周的大鼠血清中 BUN 的含量显著升高（$P<0.01$），肾组织中超氧化物歧化酶（SOD）和谷胱甘肽过氧化物酶（GSH-PX）活性显著降低（均 $P<0.01$），丙二醛（MDA）含量显著增高（$P<0.05$）。肾脏组织含有丰富的线粒体，因此也是活性氧（reactive oxygen species，ROS）侵入的主要器官。在微重力或模拟微重力环境下，人处于高度应激状态，且因血液头向流动，肾脏组织内的血液供应相对减少。上述双重刺激导致肾脏组织自由基生成过多，脂质过氧化增强，从而影响细胞膜的变形能力和膜流动性，导致肾脏损伤。

4.2.7 模拟微重力状态对大鼠肾盂肾炎的影响

对于泌尿系统，长期微重力可以出现肾小球滤过率的短暂改变，电解质失衡，急性尿潴留，肾结石风险增加等。暴露于模拟微重力的老鼠存在肾小球萎缩、肾小球囊腔增宽、肾小管变性坏死以及肾间质水肿等改变。肾盂肾炎是泌尿系感染中较为严重的一种，其引起的肾内疤痕会破坏肾脏功能，甚至可能导致肾功能衰竭。

微重力时细菌致病性的增强和机体免疫力的下降为感染的发生提供了有利条件，并且在太空中机体体液重新分布，排尿习惯及清洁方式的改变均易引起尿潴留，使细菌停留在尿路及逆向上行的概率增加，增加微重力环境有肾盂肾炎发生的风险。

然而，在微重力条件下肾小管上皮细胞变性坏死，蛋白表面黏附受体表达下降，也会降低细菌黏附的概率而减少炎症反应。如模拟微重力大鼠在 7 天时出现肾小球萎缩、肾小囊腔扩张、肾小管结构不清晰等明显病变，但在 2 周时其病变的结构和完整性已有所恢复。

4.2.8 模拟微重力状态对大鼠 Toll 样受体 4 表达的影响

Toll 样受体（TLRs）是介导病原体识别的核心抗体，在固有免疫（innate immunity）和适应性免疫（adaptive immunity）间起连接枢纽作用。TLR 识别病原体后，激活多种转录因子，引起各种炎性细胞因子和化学因子释放。激活并驱使巨噬细胞、中性粒细胞、NK 细胞等到达炎症部位，进而清除病原体。肾小管上皮细胞和肾小球系膜细胞可表达 TLR1、TLR2、TLR3、TLR4、TLR6。TLR2 可表达在外髓部的肾小管、肾小球和肾血管内皮等部位，只是肾小管中 TLR4 的表达显著低于其他部位，因而细菌更容易侵犯和停留在肾组织中。

通过模拟微重力大鼠模型，发现微重力组 TLR4 在远曲小管上皮细胞胞质表达明显增多，Western blot 提示微重力组 TLR4 蛋白表达量明显增多。模拟微重力可造成大鼠肾小管不同程度损伤，电镜超微结构显示远曲小管细胞水肿、小管上皮细胞空泡坏死、管腔中可见脱落细胞和管型形成、近曲小管空泡样变。尾吊大鼠以第 7 天肾小管病理改变最明显，但与 Western blot 结果并不平行，提示微重力时肾小管损伤可能是 TLR4 蛋白表达增多的原因之一。单纯微重力时大鼠肾脏并未见明显炎性细胞浸润，提示 TLR4 可能通过其他途径来应对微重力引起的肾脏改变，从而调节肾脏功能。

4.2.9 肾结石的形成

美国国家航空航天局认为肾结石对任何载人航天飞行都是潜在的危险，因为结石事件经常伴随的腹痛可能导致任务失败并需要迅速返回地球。截至 2007 年，已有 12 名美国航天员（10 名男性，2 名女性）发生了 14 次肾结石事件，其中 7 名机组人员在飞行后发生了 9 次肾结石事件。

在太空中，航天员喝不到充足的水，加上失去了地球重力的刺激，尿越来越少，尿里的钙盐却越来越浓，使他们的肾脏面临风险。在微重力状态下，人体骨骼中钙质流失是航天员发生肾结石的主要原因。在人体骨骼中，既有破骨细胞，也有成骨细胞。成骨细胞不断将磷酸钙储存在骨基质中，起成骨作用；而破骨细胞则不断去除骨基质中的磷酸钙。通常情况下，这两种活动是动态平衡的。然而一旦进入太空，重力几乎为零，骨头缺少压力，促使成骨细胞活动所需的刺激几乎不存在，但破骨细胞的活动仍在继续，导致钙及其他组成骨骼的物质流失，继而引起血液中的钙增加，容易引发肾结石。

纳米细菌的存在是航天期间肾结石形成的另一个潜在原因。纳米细菌能自我复制和矿化，存在于肾结石的磷酸钙中心部位。在太空微重力条件下，纳米细菌自我复制的速度比地球上快 5 倍。在长时间飞行的研究表明，机组人员的细菌菌群是一致的，这可能是由于密闭的缘故。因此，如果机组人员中有任何人碰巧感染了纳米细菌，很有可能感染会扩散到其他成员，从而促进肾结石的形成。

4.2.10 微重力尿白蛋白的影响

白蛋白是重要的血浆蛋白质之一，在正常情况下，白蛋白的分子量大，不能越过肾小球基膜，在健康人尿液中仅含有浓度很低的白蛋白，每升尿白蛋白不超过 20 mg，所以又称为"尿微量白蛋白"。微重力时尿白蛋白含量的变化证明了肾小球基膜受到损害致使通透性发生改变。

在陆地环境中，每日尿白蛋白排泄量（urinary albumin excretion，UAE）取决于多种因素，包括肾小球白蛋白负荷、肾小球滤过率、肾小球通透性和白蛋白在近端小管的重吸收。来自太空的数据在某种程度上是有争议的。俄罗斯对和平号空间站两名长期航天员的研究表明，太空飞行可能有利于 UAE 的增加。随后的研究显示了相反的结果。在和平号空间站执行不同任务的航天员进行太空飞行期间，UAE 减少了 27%。同样，在对和平号空间站上 4 名航天员进行的另一项研究中，尿白蛋白在太空中的排泄量明显较低。蛋白尿减少的机制尚未阐明，只有推测的解释可用。除了上述因素的直接影响外，还可以假设体液重新分配或向间质逃逸所引发的间接影响。

4.3 微重力对水盐代谢的影响

人体水盐调节是由中枢神经、肾、内分泌系统相互协调作用而实现的。循环血液经过肾小球的超滤之后形成原尿，原尿再经过肾小管的近曲小管的重吸收和分泌作用形成终尿。抗利尿激素（ADH）、醛固酮（aldosterone，Ald）和心房利尿钠肽（atrialnatriureticpeptide，ANP）是重要的调节水盐平衡的激素。

在微重力状态初期，体液的头向转移使体液相关激素水平迅速发生变化，心房利尿钠肽的分泌大量增加，同时抗利尿激素、肾素、醛固酮等分泌受到抑制，从而引起尿量和尿钠排出增加。当人体感知到体液和血浆钠的水平下降时，心房利尿钠肽分泌受到抑制，肾素水平开始增高，接着抗利尿激素、醛固酮等保水保钠的相关激素也逐渐增加，由此微重力条件下体液逐渐达到平衡状态。

4.3.1 抗利尿激素

抗利尿激素是由下丘脑的视上核和室旁核的神经细胞分泌的激素，经下丘脑—垂体束到达神经垂体后叶后释放出来。其主要作用是提高远曲小管和集合管对水的通透性，促进水的吸收，是尿液浓缩和稀释的关键性调节激素。此外，该激素还能增强内髓部集合管对尿素的通透性。

微重力会引起人体内血浆渗透压改变，回心血量增加、刺激心房感受器及颈动脉窦处压力增高，所以一些学者推测微重力引起的尿量排出增加是由于 ADH 分泌受到抑制。但是航天飞行中测量的 ADH 的含量与推测的结果不同。

较多实验结果是飞行中血浆中的 ADH 增加，而尿中的 ADH 减少。例如，天空实验室航天员在 8 天飞行中，血浆中的 ADH 比飞行前增加 92%，尿中的 ADH 都是下降的，而且随着飞行时间的延长，下降更明显。从上述结果中推测将有较多的 ADH 在一些器官（如肾）中降解，而不是作为 ADH 排泄出来。因此，很难确定在微重力状态下的 ADH 所起到的生理作用。可能微重力时 ADH 的水平达到一个新的调整点，肾感受器对 ADH 的敏感性下降，需要较多的 ADH 才能达到尿量减少的效果。

航天微重力引起体液的减少，所以大多数航天飞行测量结果显示 ADH 水平升高。如在 3 次太空实验室飞行中，ADH 均高于对照水平。但在模拟微重力实验中却得到不同的结果，短期实验中 ADH 下降，长期实验中多无变化。10 小时 HDT 试验中发现尿中 ADH 水平下降，3 小时头部水浸泡期间 ADH 水平也显著降低。但在两次 28 天头低位倾斜卧床实验（-6°）中均未发现 ADH 有明显变化。

4.3.2 心房利尿钠肽

心房利尿钠肽，又称心房利钠肽，是由心房肌细胞合成并释放的肽类激素，人体血液循环中的 ANP 由 28 个氨基酸残基组成，其受体是细胞膜上的一种鸟苷酸环化酶。ANP 的主要作用是使血管平滑肌舒张和促进肾脏排钠、排水。当心房壁受牵拉时（如血量过多、头低足高位、中心静脉压升高和身体浸入水中）均可刺激心房肌细胞释放 ANP。

航天时中心血量增加，引起心房的扩张，可能引起 ANP 释放的增加。用放射免疫法测量4名天空实验室航天员在飞行第2天血浆中的心钠素是16.2 pg/mL，比飞行前3天的测量值高82%。然后，ANP下降，飞行第7天是8.4 pg/mL，一直保持到着陆时。在法国和苏联联合飞行任务中，航天员血浆中ANP的浓度比天空实验室航天员增加更多（41.5 pg/mL）。9天飞行后此航天员的血浆ANP仍轻度升高，但在飞行第20天恢复到飞行前水平。ANP对于飞行早期钠排出的增加有作用。但是，飞行后期血液中心钠素的水平是降低的，所以它在飞行后期的促尿钠排泄中的作用不大，除非肾脏中的心钠素感受器的敏感性升高。

在微重力/模拟微重力条件下，早期ANP分泌大量增加，之后便迅速降低，并一直处于抑制状态。在3次太空实验室飞行中，发射30小时后测量ANP水平升高，1周后其值已低于飞行前水平，并持续减少至飞行结束。对一名飞行438天的航天员的研究发现，在飞行的全程，其ANP（第一次测量在第3天）和cGMP水平持续显著降低。在模拟微重力实验中也有类似结果。如在28天HDT（$-6°$）中发现ANP在卧床1.5小时后达峰值，之后水平逐渐下降，到第7天已显著降低，并且保持下降趋势直至实验结束。

ANP的变化是因为在微重力/模拟微重力的初期，心房大量充血，心房内的压力感受器被激活，刺激ANP分泌急剧增加。随着中心性充血逐渐减轻，ANP分泌也迅速下降。同时，因为ANP的利尿利钠作用，其变化对体液容量也产生一定的调节作用。有趣的是，在采用了对抗措施的模拟微重力实验中，"收缩因子"肾素（plasmatic renin activity，PRA）、血管紧张素及醛固酮等在试验和对照组之间并无明显差别，而唯一相差显著的激素是ANP，而且ANP可增加每搏输出量和心输出量，抑制迷走神经介导的压力反射作用，反射性地增强交感神经活性，所以研究人员推测ANP是提高立位耐力的因素之一。

4.3.3 肾素－血管紧张素－醛固酮系统

肾素－血管紧张素－醛固酮系统（RAAS）为体内肾脏所产生的一种升压调节体系，引起血管平滑肌收缩及水、钠潴留，产生升压作用。肾素为肾小球旁细胞分泌的一种蛋白水解酶，当肾素进入血液后与肝脏产生的α2球蛋白作用，使之形成血管紧张素Ⅰ（十肽），再经过肺内转化酶作用形成血管紧张素Ⅱ（八肽）及血管紧张素Ⅲ（七肽），血管紧张素Ⅱ具有血管收缩作用，并可刺激肾上腺髓质释放出肾上腺素，促使交感神经末梢释放出去甲肾上腺素，产生升压作用。与此同时，血管紧张素Ⅱ与血管紧张素Ⅲ刺激肾上腺皮质分泌醛固酮，引起体内水和钠的潴留，也产生升压作用。血中醛固酮浓度增高时，又反过来抑制肾素的分泌。

醛固酮有保钠、排钾的作用，按照航天中出现钠排出增多的情况分析，这个系统的兴奋性应该下降。通过测量航天员血浆和尿中的醛固酮含量和血浆中血管紧张素Ⅰ（代表血浆肾素活性）来研究肾素－血管紧张素－醛固酮系统的变化，实验结果不一致。如空间实验室飞行时，飞行初期血管紧张素Ⅰ比飞行前低51%。在另一次空间实验室飞行中，飞行2天后血管紧张素Ⅰ开始增加，5天后比飞行前高20%，在8天的飞行中始终是升高的。飞行中测量醛固酮的变化也如此。在短期的空间实验室飞行任务中，血浆醛固酮一般是减少（比飞行前低35%），或仅轻度升高。

RAAS在微重力和模拟微重力情况下的变化一直是人们十分关心的一个问题。在3次天空实验室飞行中，PRA从飞行第3天开始上升，而Ald自第8天开始增加。在438天飞行中PRA和Ald却无明显变化。模拟微重力实验发现，短期RAAS受抑，长期试验中RAAS被激活。如10小时HDT中血浆PRA、Ald下降。3小时的浸水试验也发现PRA、Ald水平下降。综合18名20天水平卧床的受试者结果发现，PRA和Ald均升高，而血管紧张素Ⅱ只在早期升高。微重力使RAAS发生从抑制到激活的变化过程，一般认为这是RAAS对原始的失水失钠和血容量减少的反应，从而发挥其调节心血管系统和体液平衡的作用。对于其机制，一种解释为体力训练可引起静息状态下PRA活性减弱，故微重力/模拟微重力实验条件下会导致相反结果；另一种解释为重力的改变直接作用于肾脏的压力敏感细胞，从而激活RAAS。总之，RAAS在长期模拟微重力条件下被激活，作用于排尿过程和基础心血管系统，对抗血容量减少的作用。但是，PRA和Ald的变化并不完全一致。30天飞行后Ald通常降低，而PRA水平则升高。对于PRA和Ald之间的矛盾可能是因为Ald的分泌受到许多代谢和内分泌因素的影响，如血浆中K^+的变化可影响Ald分泌，也可能是由于细胞内外电解质或激素（ACTH、肾上腺皮质激素、肾素、ANP等）的调节所致。

4.3.4 促肾上腺皮质激素

促肾上腺皮质激素（adrenocorticotropic hormone，ACTH）可促进和维持肾上腺皮质激素的分泌，皮质醇对于水代谢也发挥一定的调节作用。目前，微重力引起的 ACTH 和皮质醇的变化规律还不清楚。如 ACTH 在航天飞行中一直保持增高的趋势，而皮质醇在超过 60 天的飞行中增高。在 438 天航天飞行过程中，ACTH 和皮质醇在正常值附近上下波动，但无显著变化。

第 5 章
微重力对免疫系统的影响

在人类载人航天的征程中,航天员在空间环境中的身体健康问题始终是生物医药科研工作者的研究热点。航天员在空间飞行过程中会受到微重力、太空辐射、噪声、昼夜节律变化等多种刺激因素的影响,从而导致生理—心理—病理的适应性改变。在各种影响因素中,微重力是导致机体发生多系统功能变化的关键因素,而作为机体健康防御系统的免疫系统无疑与航天员身体健康及保持良好工作状态关系密切。大量研究表明,空间微重力环境及模拟微重力条件下,航天员或实验动物的免疫系统会发生功能紊乱,从而对航天员的健康构成直接而严重的威胁。因此,探究空间微重力环境对机体免疫系统的影响及机制,对于完善发展空间生物学相关理论、开发相应的空间飞行防护药物或措施意义重大。

本章首先概括介绍免疫系统的基本构成和功能,然后从空间飞行到地面模拟实验,从人体、动物到细胞、分子,力图较为系统、全面地为读者介绍微重力对免疫器官、细胞及分子的影响。

5.1 免疫系统的基本构成和功能概述

5.1.1 免疫的基本概念及免疫系统的基本功能

1. 免疫的基本概念

免疫即 immunity,来源于古罗马时代的拉丁语词汇 immunitas,意指免除徭役或兵役,最初的含义是人们在患过某种传染病而康复后,再次感染同样的传染病时所具有的抵抗力。随着近现代免疫学研究的发展,"免疫"的含义也从单纯的抗感染范畴,扩展到对抗原性异物的识别和清除,或机体对"自身"成分(如自身组织细胞所表达的自身抗原成分)和"非己"成分(如入侵机体的病原体、突变的自身抗原成分,以及突变细胞、衰老或死亡的组织细胞等)的分辨与对"非己"成分的清除,起维持机体内环境稳定的作用。

2. 免疫系统的基本功能

机体免疫系统的功能主要包括三个方面:免疫防御(immune defense)、免疫监视(immune surveillance)和免疫自稳(immune homeostasis)。如图 5-1 所示,免疫系统发挥功能建立在对"自身"和"非己"成分的"准确"识别基础上,这种平衡被打破则可能导致相应的生理失衡,甚至诱发疾病。

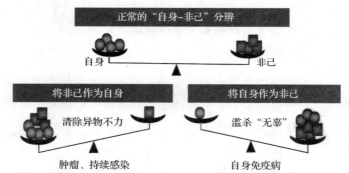

图 5-1　免疫系统分辨"自身"和"非己"的功能及平衡被打破后疾病的发生

资料来源:周光炎.免疫学原理[M].4 版.北京:科学出版社,2018.

免疫防御指免疫系统针对各种外来病原体的抗感染能力,是免疫系统最基本、最重要的功能。如果免疫防御功能不足,如患有先天或后天因素导致的免疫缺陷病,就可能导致持续感染。而免疫防御过度,则可能会导致超敏反应,引发机体自身组织的损伤或功能异常。

免疫监视主要是针对体内出现并需要清除的"非己"成分,如肿瘤细胞、凋亡的细胞、衰老的细胞等。如果免疫监视的功能不足,则可能导致肿瘤的发生。

免疫自稳主要指机体免疫系统通过免疫耐受及免疫调节机制,实现对自身抗原或成分的不识别,进而维持内环境稳定的状态。如免疫自稳的功能障碍,则可能免疫系统对表达自身抗原的组织细胞产生免疫应答,导致自身免疫病和过敏性疾病的发生。

5.1.2 免疫应答的类型及其功能

机体免疫系统实现对"自身"和"非己"成分的识别与清除的过程,被称为免疫应答(immune response)。根据作用方式和特点不同,免疫应答可以分为固有免疫和适应性免疫两大类,如表 5-1 所示。

表 5-1 固有免疫和适应性免疫的比较

比较项目	固有免疫	适应性免疫
获得形式	固有性(或先天性)	后天获得
抗原参与	无须抗原激发	需抗原激发
发挥作用时相	早期,快速(数分钟至4天)	4~5 天后
免疫原识别受体	模式识别受体等	T 细胞受体、B 细胞受体
免疫记忆	无	有,产生记忆细胞
参与成分	抑菌、杀菌物质,补体、细胞因子、穿孔素、颗粒酶等;中性粒细胞,单核/巨噬细胞、树突状细胞、NK 细胞、NKT 细胞等	抗体分子、穿孔素、颗粒酶、Fas/FasL、细胞因子等;T 淋巴细胞(细胞免疫应答)、B 淋巴细胞(体液免疫应答)等

资料来源:曹雪清. 医学免疫学[M]. 7 版. 人民卫生出版社,2018.

1. 固有免疫

固有免疫又称非特异性免疫(non-specific immunity)、先天性免疫(congenital immunity)或天然免疫(natural immunity),是经过长期进化后形成的一种天然的免疫防御体系。固有免疫应答主要由屏障系统(如皮肤和黏膜构成的物理屏障及其附属腺体所分泌的杀菌抑菌成分所构成的化学屏障,微生物构成的生物屏障,以及血脑屏障、血胎屏障等解剖屏障)、多种固有免疫细胞及固有免疫分子参与完成。参与和执行固有免疫应答的细胞,如单核细胞(monocyte, Mo)/巨噬细胞(macrophage, Mφ)、中性粒细胞(neutrophil)、树突状细胞(dendritic cell, DC)、自然杀伤(Nature killer, NK)细胞等,在识别免疫刺激物时,具有与执行适应性免疫应答的 T、B 淋巴细胞相比的"非特异性"的特点,如通过模式识别受体(pattern recognition receptor, PRR)去识别病原体所共有的成分——病原体相关分子模式(pathogen associated molecular pattern, PAMP)。

机体在面对入侵的病原体及其产物，或体内衰老、畸变或凋亡的细胞等"非己"物质时，最初的识别和应答由固有免疫系统来执行，发挥迅速而非特异性的免疫防御、监视、自稳等保护作用。

2. 适应性免疫

适应性免疫又称特异性免疫（specific immunity）或获得性免疫（acquired immunity），是机体当中表达特异性的抗原识别受体（TCR 和 BCR）的 T、B 淋巴细胞受到抗原刺激后，活化、增殖、分化为效应细胞，并进一步发挥特异性清除、杀伤等生物学效应的免疫应答过程。除刚才提到的抗原识别和应答的特异性，适应性免疫还有耐受性（即对特定抗原，如自身抗原成分的特异性"免疫无反应"状态）和记忆性（即对曾经诱导出适应性免疫应答的物质，再次接触时做出迅速而增强的免疫应答）的特点。

适应性免疫应答根据发生机制的不同，又可分为细胞免疫（cellular immunity）和体液免疫（humoral immunity）。细胞免疫应答主要由 T 淋巴细胞（T lymphocyte）介导，为主要针对胞内病原体（如病毒、胞内菌等病原体）或肿瘤抗原等所发生的、以杀伤靶细胞为主要效应的适应性免疫应答；体液免疫应答主要由浆细胞［B 淋巴细胞（B lymphocyte，简称 B 细胞）被激活后分化而成］所分泌的抗体（antibody，Ab）介导，主要针对胞外病原体和毒素等抗原物质。

5.1.3 免疫器官与组织

机体的免疫功能主要由免疫系统来执行。免疫系统主要由三个层次构成，分别是免疫器官与组织、免疫细胞和免疫分子。免疫器官即淋巴器官，指那些有明确外形、边界，可独立完成相关生理功能的器官，包括骨髓、胸腺、脾脏（spleen）、淋巴结（lymph node）等，按照功能不同可以分为中枢免疫器官（central immune organs）和外周免疫器官（peripheral immune organs）两类。免疫组织则指那些免疫器官之外，无清晰而独立的器官形态，大量而广泛弥散分布于机体呼吸道、胃肠道及泌尿生殖道等黏膜下的淋巴组织和淋巴小结（lymphoid nodule），如小肠黏膜下的派氏集合淋巴结（Peyer patches，PP）、阑尾、扁桃体等，在机体黏膜抗感染免疫等机制中发挥主要作用。人体主要的免疫器官及组织在体内分布的情况如图 5-2 所示。

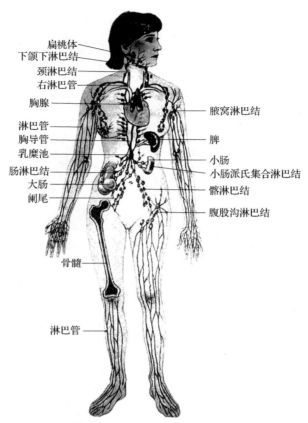

图 5-2 人体主要的免疫器官及组织在体内分布的情况

资料来源：曹雪涛. 医学免疫学 [M].7 版. 北京：人民卫生出版社，2018.

1. 中枢免疫器官

中枢免疫器官又称初级淋巴器官（primary lymphoid organs），是免疫细胞发生、分化、发育及成熟的场所。人类的中枢免疫器官包括骨髓和胸腺。

1）骨髓

骨髓位于骨髓腔，除了具有重要的造血功能外，在人类和其他哺乳动物体内，骨髓是所有免疫细胞的发源地，也是 B 淋巴细胞、NK 细胞、粒细胞、树突状细胞等除 T 淋巴细胞外的其他免疫细胞发育成熟的场所。如图 5-3 所示，在骨髓中造血干细胞（hematopoietic stem cell，HSC）在骨髓微环境（由网状细胞、成纤维细胞、血窦内皮细胞等基质细胞及其分泌的造血生长因子）的作用下最初分化为髓样干细胞（myeloid stem cell）和淋巴样干细胞（lymphoid stem cell）。髓样干细胞继续分化为粒细胞、单核细胞、红细胞和血小板等。淋巴样干细胞继续分化为祖 B 细胞、祖 T 细胞（pro – T cell）及 NK 前体细胞。祖 T 细胞迁移到胸腺中完成后续的分化发育，最终发育成为成熟 T 淋巴细胞。祖 B 细胞和 NK 前体细胞则留在骨髓中继续分化为发育成熟的 B 淋巴细胞和 NK 细胞，经血液循环迁移至外周免疫器官中。

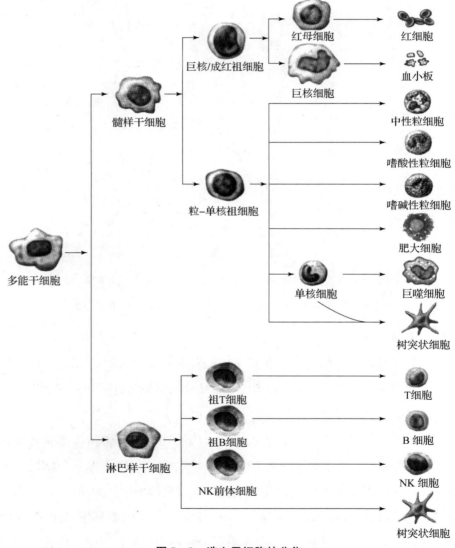

图 5 – 3　造血干细胞的分化

资料来源：曹雪涛. 医学免疫学［M］. 7 版. 北京：人民卫生出版社，2018.

此外，当记忆 B 淋巴细胞在外周免疫器官再次被抗原活化时，会随着血液或淋巴循环回到骨髓，分化成浆细胞大量合成分泌抗体并释放入血，因此，骨髓还是发生再次体液免疫应答后合成分泌抗体的主要部位。

2）胸腺

胸腺位于胸骨后方，近锥体形，包括不对称的左右两叶，质软，灰红色，是 T 淋巴细胞完成分化发育并最终成熟的场所。随着年龄的增长，胸腺体积会逐渐增大，至性成熟期达到顶峰，重为 25~40 g，成年后胸腺则逐渐萎缩，脂肪组织和纤维成分所占比例也会逐渐增大，胸腺的功能也日趋衰退。

胸腺中的胸腺基质细胞（含胸腺上皮细胞、树突状细胞、巨噬细胞、成纤维细胞等），通过分泌各种细胞因子（如集落刺激因子、白细胞介素 1、白细胞介素 2、白细胞介素 7 等）和胸腺肽类分子（如胸腺肽、胸腺生成素等），或表达各种膜分子［如 CD（cluater of differentiation）分子、MHC（major histocompatibility complex，主要组织相容性复合体）分子等，详解见"5.1.4 免疫分子和免疫细胞及其介导的免疫学功能"中相关内容］发生细胞间相互作用，为胸腺细胞（即不同发育阶段的未成熟 T 淋巴细胞）提供分化发育所需的胸腺微环境（图 5-4）。

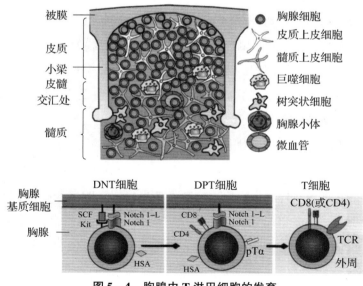

图 5-4 胸腺中 T 淋巴细胞的发育

资料来源：周光炎. 免疫学原理［M］. 4 版. 北京：科学出版社，2018.

在胸腺中，胸腺细胞一边循着从胸腺皮质向胸腺髓质由外向里的路径迁移，一边进行从祖 T 细胞、前 T 细胞（pre–T cell）、未成熟 T 细胞到成熟 T 细胞的分化、发育。这期间先后经过阳性选择（获得识别自身 MHC 分子的能力，保留具备 MHC 限制性）和阴性选择（清除自身反应性 T 细胞，获得 T 细胞的中枢免疫耐受）的严格筛选，从 CD4 和 CD8 两种关键膜分子都不表达（双阴性状态，double negative，即 DN T 细胞），到两种分子都表达（双阳性状态，double positive，即 DP T 细胞），到只表达 CD4 或 CD8 其中一种分子的状态（单阳性状态，single positive，即 SP T 细胞），最终不到 10% 的胸腺细胞发育为成熟 T 细胞，离开胸腺随淋巴和血液循环到达外周免疫器官执行免疫功能。

2. 外周免疫器官与组织

外周免疫器官又称为次级淋巴器官（secondary lymphoid organs），是成熟淋巴细胞定居及对抗原物质发生免疫应答的场所。人类的外周免疫器官包括脾脏、淋巴结和黏膜相关淋巴组织等。

1）脾脏

脾脏位于腹腔左上方，略呈长椭圆形（成人脾脏平均长约 12 cm，宽约 7 cm，厚约 4 cm，重为 100~200 g），长轴与第 10 肋平行，暗红色，质脆，是人体最大的外周免疫器官。脾脏并不与淋巴管道直接相连，但脾脏含大量血窦，90% 的循环血液会流经脾脏，因此是血液的储存和过滤器官。脾实质被以结缔组织为主的脾小梁分割为红髓和白髓，白髓主要由淋巴组织构成，根据细胞类型和解剖结构可以分为 T 细胞区（含有大量 T 淋巴细胞、少量 DC 及 Mφ）和 B 细胞区［含有大量 B 淋巴细胞、少量 Mφ 和滤泡树突状细胞（FDC）］。白髓与红髓的交界区被称为边缘区，包含 T 细胞、B 细胞及 Mφ，红髓包绕在白髓与边缘区周边，由脾索（含 B 细胞、浆细胞、Mφ 和 DC）和脾血窦（充满血液）构成。除滤过血液外，脾脏是对血源性抗原发生特异性免疫应答的重要场所。脾脏中驻扎着各种免疫细胞，且 B 细胞数量略多于 T 细胞，因此可合成分泌大量免疫分子，如补体（complement，C）、细胞因子等，也是体内产生抗体的主要器官。

2）淋巴结

淋巴结形如蚕豆，平均直径约 1 cm，遍布全身内外，以淋巴管串联相通，来自组织或器官的淋巴液沿淋巴管，经多级淋巴结过滤（从第一级引流淋巴结到多级串联的次级淋巴结），最终通过胸导管回流入血，因此淋巴结是重要的淋巴液过滤器官。来自组织液的各种免疫原可被淋巴结中定居的免疫细胞（Mφ、DC、T细胞、B细胞等）识别、清除或杀伤。

淋巴结组织结构清晰、层级完备，从外向内依次为被膜、浅皮质区、副皮质区及髓质区（图5-5）。B细胞主要集中分布于浅皮质区，未受抗原刺激的初始B淋巴细胞与滤泡树突状细胞交错聚集排列，形成不含生发中心（germinal center，GC）的初级淋巴滤泡（primary lymphoid follicle）；而受到抗原刺激后，处于激活后不同分化阶段的B细胞构成生发中心，包含生发中心的淋巴滤泡为次级淋巴滤泡（secondary lymphoid follicle）。T细胞主要分布于副皮质区，抗原提呈细胞（antigen-presenting cell，APC）在该区域中向T细胞提呈抗原并激活之，效应T细胞除在淋巴结内发挥作用，还会经淋巴循环进入血循环，进而分布于全身发挥免疫效应。此外，副皮质区中的关键解剖结构——高内皮微静脉（high endothelial venule，HEV），是血液循环中的淋巴细胞进入淋巴循环的重要入口，从而实现淋巴细胞的再循环。髓质则主要包含大量B细胞、浆细胞及Mφ，是受到抗原刺激后分泌抗体的重要区域。

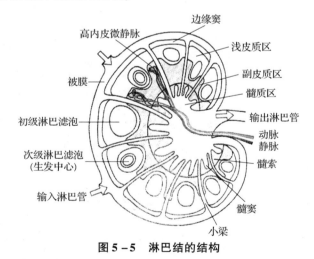

图5-5 淋巴结的结构

资料来源：曹雪涛. 医学免疫学[M]. 7版. 北京：人民卫生出版社，2018.

3）黏膜相关淋巴组织

人体呼吸道、消化道、泌尿生殖道均覆盖黏膜，是机体与外界接触的重要门户，因此，黏膜相关淋巴组织也成为防御外源性免疫原的主要阵地。胃肠道、鼻腔、支气管等部位包含各种免疫细胞的黏膜固有层和上皮细胞下组织，被称为黏膜相关淋巴组织（mucosa - associated lymphoid tissue，MALT），如位于鼻腔的扁桃体，以及肠相关淋巴组织中的派氏集合淋巴结（图 5 - 6）等对空气及饮食物中的外来免疫原发挥重要的防御作用。

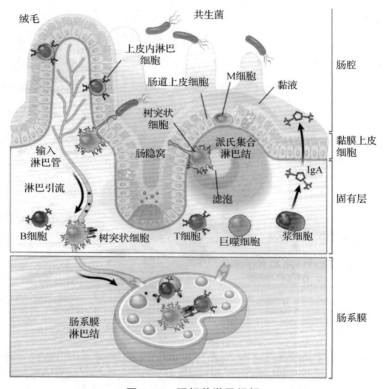

图 5 - 6　肠相关淋巴组织

资料来源：ABBAS A K，LICHTMAN A H，PILLAI S. 基础免疫学 [M]. 6 版. 北京：北京大学医学出版社，2021.

5.1.4　免疫分子和免疫细胞及其介导的免疫学功能

如果把免疫器官与组织比喻成保家卫国的防御体系，如边防要塞、军事基地、军营军校等，那么免疫细胞就是在这些军事机构或战场上的各种士兵，而免疫分子则是免疫细胞得以在免疫战争中发挥免疫学功能的各种武器装备。下面选取在固有免疫和适应性免疫应答中发挥主要作用的可溶性免疫分子（补体、细胞因子和抗体分子，以及 MHC 分子和人白细胞分化抗原）做概括性介绍，并对免疫细胞做介绍。

1. 免疫分子

1) 补体

补体系统由 30 多个不耐热（处理 56 ℃半小时即可使其失活）的蛋白组分构成，广泛分布于血液、组织液及细胞膜表面。按功能不同，补体系统可以分为补体固有成分、补体调节蛋白和补体受体三种成分。

补体固有成分包括 C1 – C9、B 因子、D 因子、甘露糖结合凝集素（mannan – binding lectin，MBL）及 MBL 相关丝氨酸蛋白酶（MBL – associated serine protease，MASP）等。补体固有成分在补体调节蛋白的精密调控下发生一系列补体蛋白的逐级水解，并对生物效应进行放大。例如在补体经典激活途径中，抗病原体表面成分的抗体与抗原形成的抗原抗体复合物，依次激活 C1q、C1r 及 C1s，后者的水解酶活性进一步将 C2 和 C4 水解成 C2a、C2b、C4a、C4b 片段，C2a 与 C4b 结合形成的"C4b2a 复合物"是 C3 转化酶，使得 C3 裂解成 C3a 和 C3b，C3b 与 C4b2a 形成的"C4b2a3b 复合物"为 C5 转化酶，又可进一步将 C5 裂解为 C5a 和 C5b，使反应逐级进行下去。与经典激活途径类似，在病原体表面多糖或病原体表面甘露糖残基的激活下，补体固有成分分别还可通过旁路激活途径和凝集素途径发生补体蛋白质分子之间的连续酶促反应。如图 5 – 7 所示，三条激活途径从 C5b 开始终末反应过程是相同的，即 C5b 依次与 C6、C7 结合形成 C5b67，后者可以在其膜结合位点的作用下非特异性结合在靶细胞膜表面（如细菌、真菌、寄生虫细胞等），并进一步与 C8 和多个 C9 结合，在靶细胞膜上形成多个由若干 C9 分子与 C5b678 众多补体分子共同构成的圆柱形穿膜通道——攻膜复合物（membrane attack complex，MAC），穿透靶细胞膜磷脂双层，形成大量"渗漏斑"（图 5 – 8），最终使靶细胞胀裂而亡。

补体系统通过三条激活途径形成攻膜复合物直接介导靶细胞溶解，是其主要生物学功能。同时，在不同补体成分被裂解激活过程中产生的补体片段，亦可通过与表达在细胞膜表面的补体受体结合而发挥多种生物学作用，如 C2a、C3a、C4a 和 C5a 等可以通过多种机制参与炎症反应，而 C3b、C4b 等片段可以直接或间接介导免疫细胞对病原体或其他颗粒物质的吞噬清除或杀伤作用，即调理吞噬作用或补体依赖的细胞毒作用（complement dependent cytoxicity，CDC）。

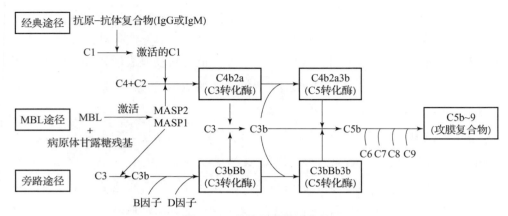

图 5-7 补体三条激活途径

资料来源：曹雪涛. 医学免疫学 [M]. 7 版. 北京：人民卫生出版社，2018.

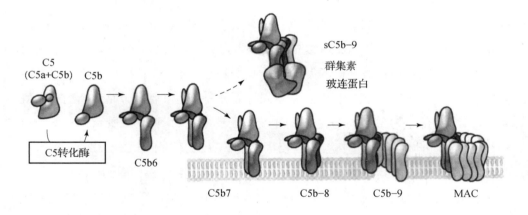

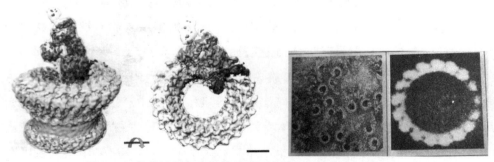

图 5-8 补体攻膜复合物的组装及电镜结构图（比例尺 5 nm）

资料来源：高晓明. 医学免疫学 [M]. 3 版. 北京：高等教育出版社，2017.

曹雪涛. 医学免疫学 [M]. 7 版. 北京：人民卫生出版社，2018.

2) 细胞因子

免疫细胞之间可以分工协作完成复杂的免疫学功能基于细胞之间的高效沟通，细胞因子便是最重要的信息传递介质之一。内皮细胞等组织细胞和各类免疫细胞均可分泌一类分子量小、半寿期短的可溶性蛋白质，这类蛋白质被称为细胞因子（cytokine，CK）。

细胞因子根据结构和功能分为六大类：白细胞介素（interleukin，IL）、集落刺激因子（colony-stimulating factor，CSF）、干扰素（interferon，IFN）、肿瘤坏死因子（tumor necrosis factor，TNF）、生长因子（growth factor，GF）及趋化因子（chemokine）。每一类细胞因子又包含众多成员，如 IL 包括 IL-1~IL-38 等，IFN 包括 IFN-α、IFN-β 和 IFN-γ 等，TNF 包括 TNF-α、TNF-β 和 FasL 等。不同的细胞因子之间可以发挥协同或抑制的作用，同一种细胞因子也可作用于不同的细胞，发挥不同的作用，从而构成细胞因子的网络化工作模式（图 5-9）。细胞因子在极低浓度（pmol/L）下即可通过结合相应的受体分子完成信息传递，发挥调控免疫细胞增殖和分化发育、抗感染、抗肿瘤、诱导凋亡、调控免疫细胞应答水平等生物学功能。

3) 抗体分子

抗体即分泌型免疫球蛋白（immunoglobulin，Ig），是介导适应性体液免疫应答的关键免疫分子，由被抗原激活的 B 淋巴细胞或记忆性 B 淋巴细胞分化成的浆细胞合成、分泌，可以与抗原肽发生特异性识别结合，并引发后续的免疫学效应。

人类抗体分子的典型结构：两条分子量较大的多肽链（即重链）和两条分子量相对较小的多肽链（即轻链）通过氢键相连，构成具有"Y"字形空间构象的复合多肽大分子，重链和轻链的功能基团为 110 个氨基酸组成的、由反向平行的 β 片层构成的"β 桶状"结构，即免疫球蛋白样结构域（Ig-like domain）。每条重链和轻链靠近氨基末端的结构域在不同抗体分子间氨基酸序列变化较大，因此被称为可变区（variable region，V 区），剩下的区域中氨基酸序列相对恒定，被称为恒定区（constant region，C 区）。可变区与抗原肽特异性识别结合，恒定区则可以通过与抗体的受体（Fc 受体）结合而介导后续的免疫反应，如中和病原体或颗粒性抗原、激活补体、抗体依赖的细胞介导的细胞毒作用

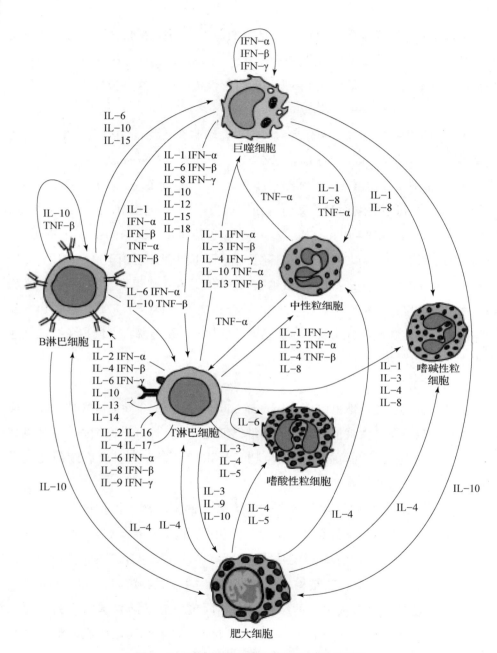

图 5-9 细胞因子对免疫细胞的网络化调控

资料来源:OWEN J A, PUNT J, STRANFORD S. Kuby Immunology [M]. 7th ed. San Francisco: W. H. Freeman, 2013.

(antibody – dependent cell – mediated cytotoxicity，ADCC)、抗体介导的调理吞噬作用等，如图 5 – 10 所示。

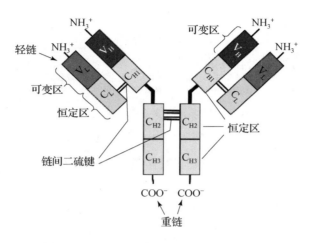

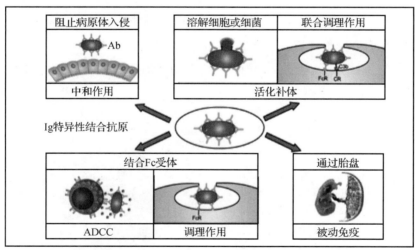

图 5 – 10　抗体的结构及主要生物学功能

资料来源：曹雪涛. 医学免疫学 [M]. 7 版. 北京：人民卫生出版社，2018.

根据重链恒定区氨基酸组成和排列顺序的差异，抗体可以分为五类：IgM、IgG、IgA、IgE 和 IgD。其中，IgM 是个体发育中最早合成、分泌的抗体，也是初次体液免疫应答中最早产生的抗体类型；IgG 是血清中含量最高的抗体分子，是再次免疫应答的主要抗体类型；IgA 是介导黏膜免疫的主要抗体类型，主要分布于泪液、唾液、乳汁等体液中；IgE 则在抗寄生虫免疫防御和 Ⅰ 型超敏反应中发挥关键作用。

4) MHC 分子

MHC 是编码主要组织相容性抗原的一组紧密连锁的基因群，其编码产物 MHC 分子在异体移植时会引发宿主的免疫应答，进而导致急性排斥反应，成为决定供、受者之间组织相容性的关键，因而得名。在人类，MHC 的编码产物被命名为人白细胞抗原（human leucocyte antigen，HLA）。MHC 具有多基因性，包含众多基因座位，如人类 HLA 基因全长 3.6 Mb，共有 224 个基因座位，其中有功能的为 128 个。此外，MHC 基因还有群体内的高度多态性和连锁不平衡的特点，除与疾病的遗传规律研究及器官移植供受体匹配分析等有关外，也是法医学上用于亲子鉴定的重要工具。

根据编码产物的结构和功能不同，HLA 基因可分为 Ⅰ、Ⅱ、Ⅲ 三类基因区，分别编码 HLA Ⅰ 类分子、HLA Ⅱ 类分子及补体、炎症相关因子等免疫分子。其中，经典的 HLA Ⅰ 类分子（由一条 α 链和 β2 微球蛋白组成）和 HLA Ⅱ 类分子（由分子量相当的一条 α 链和一条 β 链组成），具有与抗原肽结合并向 T 淋巴细胞提呈抗原（antigen presentation）的作用，在启动适应性免疫应答中发挥非常关键的作用，如图 5-11 所示。

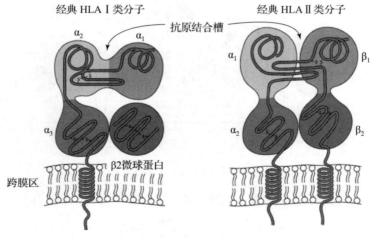

图 5-11　经典 HLA 分子的结构

5) 人白细胞分化抗原

人白细胞分化抗原（human leukocyte differentiation antigen，HLDA）是广泛

分布于白细胞、红细胞、血小板、血管内皮细胞、成纤维细胞、神经内分泌细胞等表面的跨膜糖蛋白或糖分子，之所以被命名为白细胞分化抗原，是因为这类分子在白细胞分化成熟的不同阶段及活化的不同时期，表达量及类别均有所不同。目前，HLDA 主要以单克隆抗体及其鉴定的 HLDA 使用同一分化群（cluster of differentiation，CD）编号的方式来命名，如 T 淋巴细胞表面表达的 CD3、CD4、CD8、CD28 等分子，B 淋巴细胞表达的 CD19、CD21、CD40 等分子均为具有重要生理功能的免疫分子。

白细胞分化抗原依据表达细胞或生物学功能的不同，分为如下 14 个组：T 细胞、B 细胞、NK 细胞、树突状细胞、髓样细胞、红细胞、血小板、内皮细胞、干细胞/祖细胞、基质细胞、细胞黏附分子（cell adhesion molecule，CAM）、细胞因子受体、非谱系、碳水化合物结构；按照功能总体分为两大类——黏附分子和受体分子，前者主要介导细胞间或细胞与细胞外基质之间的结合和作用，后者则主要包括特异性识别结合抗原的受体（TCR 和 BCR）、细胞因子受体、补体受体、Ig Fc 受体、模式识别受体等。

2. 免疫细胞

根据发挥作用的方式及特点不同，免疫细胞可分为固有免疫细胞和适应性免疫细胞两大类。

1）固有免疫细胞

（1）经典固有免疫细胞。单核细胞/巨噬细胞和中性粒细胞均属于吞噬细胞，即以吞噬和消化异物为主要功能的免疫细胞。吞噬细胞主要通过模式识别受体（pattern recognition receptor，PRR），如 Toll 样受体 TLRs、甘露糖受体、清道夫受体、C 反应蛋白、甘露糖结合凝集素等，识别病原体相关分子模式 [pathogen-associated molecular pattern，PAMP，指病原体或其产物共有的分子结构，如脂多糖、甘露糖、鞭毛素、病毒双链 RNA（核糖核酸）、非甲基化 CpG DNA 等]，或损伤相关分子模式（damage-associated molecular pattern，DAMP，指来源于机体受损的自身组织细胞或分子的成分，如热休克蛋白、透明质酸片段、β 淀粉样蛋白、尿酸等），进一步在这些配体—受体相互作用所引发的细胞内激活信号传导下被激活并发挥吞噬、清除的作用。单核细胞和中性粒细胞在骨髓中发育成熟被释放入血，在趋化因子作用下，穿过血管内皮细胞达到外周组织发挥免疫学功能。单核细胞在组织局部微环境作用下会分化为体型更大的巨噬细胞，由于病原体或局部不同细胞因子的作用，分化出的巨噬细胞亚型有所不同，如富含溶酶体并利用氧依赖杀伤途径发挥吞噬、促进炎症等作用的Ⅰ型巨噬细胞，以及发挥抑制炎症和促进组织修复作用Ⅱ型巨噬细胞。中性粒细胞在外周血白细胞中占比70%左右，发挥重要的外周巡逻监控作用，一旦有病原微生物入侵，便会第一时间在趋化因子等作用下被招募到抗感染前线发挥吞噬、清除作用。

树突状细胞以其细胞表面的树枝状凸起而得名。在众多亚型中，经典DC（cDC）是发挥加工、提呈抗原并进一步激活T淋巴细胞的类型，在细胞免疫应答中发挥十分重要的辅助作用；滤泡DC（FDC）虽不加工提呈抗原，但在淋巴滤泡中发挥辅助B淋巴细胞成熟、分化、高效分泌抗体的作用。

嗜酸性粒细胞、嗜碱性粒细胞和肥大细胞等其他经典固有免疫细胞，胞内富含嗜酸性颗粒或嗜碱性颗粒，激活后释放颗粒中所包含的白三烯、前列腺素、血小板活化因子等生物活性介质，在机体抗寄生虫感染、介导局部过敏性炎症反应中发挥重要作用。

（2）组织定居型淋巴细胞。这类免疫细胞指那些主要定居于非淋巴组织和器官（如腹腔、肠道、肝脏、支气管肺泡等），发挥非特异性免疫效应局部免疫功能的淋巴细胞，包括固有淋巴样细胞（innate lymphoid cells，ILCs）和固有样淋巴细胞（innate-like lymphocytes，ILLs）。

固有淋巴样细胞包括自然杀伤细胞及ILC1、ILC2和ILC3。这类细胞虽然不是淋巴细胞，但与T、B淋巴细胞一样都从骨髓中共同淋巴细胞前体（CLP）发育而来。这类细胞不表达特异性/泛特异性识别结合抗原的受体分子，但表达一系列激活/抑制受体，并通过这种调节机制分辨"敌我"。被肿瘤细胞或病毒感染细胞等表面的相关配体分子激活后，通过分泌细胞毒性颗粒或各种细胞因子，发挥杀伤靶细胞或促进炎症等生物学作用。NK细胞是一种典型的固有淋巴样细胞，通过分泌穿孔素、颗粒酶等细胞毒性介质或抗体依赖的细胞介导的细胞毒作用在抗病毒、抗肿瘤等免疫反应中发挥重要作用。

固有样淋巴细胞是一类表达泛特异性抗原识别受体的淋巴细胞，主要包括两类特殊的T细胞亚群——NKT细胞和γδT细胞，以及B细胞的B1亚群。由于这类细胞表达的抗原识别受体由胚系基因直接编码产生，识别抗原的多样性非常有限，因此被归入固有免疫细胞的行列。它们可以通过对某些病原体感染或肿瘤靶细胞表面特定表位分子或某些病原体等抗原性异物的识别结合而被激活，并释放一系列细胞毒性介质使上述靶细胞裂解破坏，或产生以 IgM 为主的抗菌抗体在机体早期抗感染免疫过程中发挥重要作用。

2）适应性免疫细胞

（1）T 淋巴细胞及其介导的适应性细胞免疫应答。T 淋巴细胞是免疫防御部队中介导适应性免疫应答的两支特种兵之一。根据 T 细胞膜表面的 CD 分子的表达差异，T 淋巴细胞可以分为 $CD4^+$ T 细胞和 $CD8^+$ T 细胞两大类。

T 淋巴细胞的激活是一个比较复杂的过程（图 5 – 12、图 5 – 13），需要树突状细胞、巨噬细胞、B 淋巴细胞等抗原提呈细胞或靶细胞（被胞内病原体感染的细胞或肿瘤细胞等）为其提呈抗原并通过膜分子相互作用提供活化信号。每个 T 细胞都会表达能够特异性识别结合一种抗原表位的受体分子，即 T 细胞受体（T cell receptor，TCR）。TCR 无法直接识别结合抗原肽，而是识别由抗原提呈细胞或靶细胞提呈的"抗原肽 – MHC 分子复合物"。对于尚未被特异性抗原激活的初始 T 淋巴细胞（naive T cell），只能由树突状细胞摄取、加工处理抗原，通过 MHC Ⅱ类分子将处理后的抗原肽提呈给 $CD4^+$ T 淋巴细胞的 TCR 分子，并由 CD3 分子将活化的第一信号传递到细胞内，同时细胞之间通过细胞膜表面的分子间传递活化的第二信号，如 DC 表达的 CD80/86 分子与 T 细胞表达的 CD28 等分子相互作用，从而激活 T 细胞。被激活的 T 细胞进一步增殖、分化，并完成特异性细胞免疫应答。

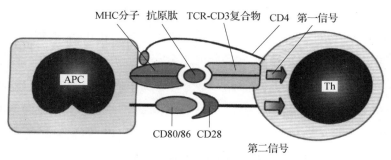

图 5 – 12　T 细胞与抗原提呈细胞相互作用

资料来源：周光炎. 免疫学原理［M］. 4 版. 北京：科学出版社，2018.

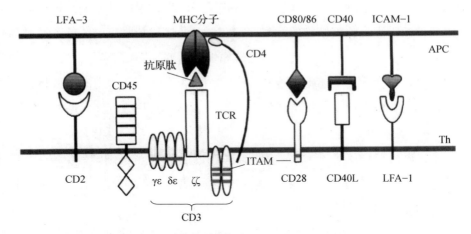

图 5-13　参与 T 细胞与抗原提呈细胞（APC）相互作用的主要分子

资料来源：周光炎. 免疫学原理 [M]. 4 版. 北京：科学出版社，2018.

大多数 $CD4^+$ T 细胞被激活后，在不同的细胞因子诱导下会进一步分化为不同亚型的辅助性 T 细胞（helper T cell，Th），少部分 $CD4^+$ T 细胞发挥细胞毒作用或分化为调节性 T 细胞（regulatory T cell，Treg），起到免疫抑制等调节作用；$CD8^+$ T 细胞则在活化后分化为杀伤性 T 淋巴细胞（cytotoxic T lymphocyte，CTL），发挥特异性杀伤靶细胞的功能。

（2）B 淋巴细胞及其介导的适应性体液免疫应答。B 淋巴细胞，根据细胞特性和功能不同，其可分为参与固有免疫应答的 B1 细胞和介导适应性体液免疫应答的 B2 细胞两个亚群。在无特殊说明的情况下，B 细胞即为 B2 细胞。B 细胞在骨髓中发生、分化、发育、成熟，是免疫军团中能够被抗原激活后分化为浆细胞分泌抗体，进而介导适应性体液免疫应答的"特种兵"。

B 淋巴细胞表面表达的膜型免疫球蛋白分子（mIg）B 细胞受体（B cell receptor，BCR）能够特异性识别结合抗原分子，并在 Th 的辅助下被激活。如图 5-14 所示，抗原分子的 B 细胞表位与 BCR 通过空间构象互补的方式在非共价键的作用下发生特异性识别结合，从而为 B 细胞提供了活化的第一信号，通过 BCR-CD79a/CD79b 及 CD19/CD21/CD81 复合物将信号传递到细胞内（图 5-14、图 5-15）；B 细胞内化 BCR 所结合的抗原分子，在细胞内对其进行加工、处理，与 MHC Ⅱ类分子组装为"抗原肽-MHC Ⅱ类分子复合物"（peptide-MHC Ⅱ complex，PMHC Ⅱ），并将该复合物提呈给能够特异性识别该抗原肽的 Th，Th 被提呈抗原的 B 细胞活化后，表达 CD40L 与 B 细胞表面的 CD40 分子相结合，进而为 B 细胞提供活化的第二信号。被激活的 B 细胞具备了增殖和继续分化的能力，大量增殖后在外周免疫器官的初级聚合灶（primary focus）中分化为浆母细胞分泌抗体，如有抗原的持续刺激，被激活的 B 细胞则迁移到淋巴滤泡中形成生发中心，经历体细胞高频突变、Ig 亲和力成熟和类别转换，分化为记忆性 B 细胞或浆细胞，浆细胞分泌的抗体介导后续的体液免疫应答效应，发挥中和抗原、清除"非己"物质或介导吞噬、杀伤靶细胞的作用（图 5 - 10）。记忆性 B 细胞则离开生发中心进入血液参与再循环，当再次与相同抗原相遇时迅速活化，分化为浆细胞分泌抗体。抗体进一步发挥中和抗原作用或通过 ADCC、调理吞噬等效应介导抗原物质的清除（详见"5.1.4 免疫分子和免疫细胞及其介导的免疫学功能"中的"抗体分子"部分）。

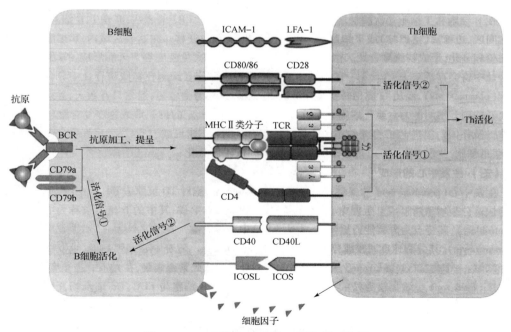

图 5 - 14　B 细胞与辅助性 T 细胞相互作用

资料来源：曹雪涛. 医学免疫学 [M]. 7 版. 北京：人民卫生出版社，2018.

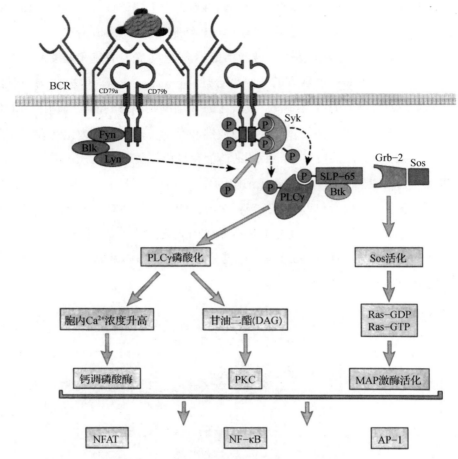

图 5-15　BCR 复合物介导的胞内信号转导

资料来源：曹雪涛. 医学免疫学 [M]. 7 版. 北京：人民卫生出版社，2018.

5.2　微重力对固有免疫及适应性免疫应答功能的影响

空间飞行加深了人类对空间环境的认识和理解，并使人们在物理、生物等空间科学研究方面不断获得新的进展。但越来越多的研究也表明，人体各生理系统在应对空间飞行环境变化而发生相应的适应和调整的同时，发生感染、过敏等免疫相关疾病的概率也相应增高。例如，NASA 约翰逊航天中心对 46 名长期执行空间飞行任务（每人飞行时长约 6 个月，累计 20.57 飞行年）的航天员开展了疾病发生率的统计研究，被纳入统计的疾病种类主要为传染病、过敏和皮疹（或超敏反应）。统计结果表明，有46%的机组人员报告过一些疾病案例，其中40%被归类为与免疫系统功能直接相关的皮疹或过敏类疾病。国际空间站中上述疾病的发病率为3.40个疾病事件/飞行年。其中，皮疹是报告发生率最高的疾病事件（1.1个/飞行年），其次是上呼吸道感染（0.97个/飞行年）和各种其他（非呼吸）组织器官的感染。这说明，空间飞行环境中航天员免疫系统功能失调是需要引起充分重视的健康问题。

关于空间飞行导致免疫系统功能失调的研究可以追溯到20世纪70年代，当时29名航天员中有15名在完成空间飞行任务返回地球后出现了免疫系统功能低下的表现，如更易发生细菌或病毒感染。后续的在轨或地面研究陆续报道了免疫细胞及免疫分子在真实微重力或模拟微重力环境下发生的改变（表5-2和表5-3），如一些与炎症或感染相关的细胞因子分泌水平的改变、各类免疫细胞数量及功能的变化等。

表5-2 真实微重力或模拟微重力环境对细胞因子分泌水平的影响

细胞因子	模拟微重力	真实微重力环境	实验所用细胞	细胞因子分泌水平的变化
IL-1	RWV		U937（人类）	上调
		空间飞行过程中	B6MP102（小鼠）	上调
		空间实验室	PBMC（人类）	下调
		空间飞行后	PBMC（猴）	下调
IL-2		空间飞行后	全血T细胞	下调
	RWV		U937（人类）	上调
IL-6		空间飞行过程中	PBMC（人类）	上调
		空间飞行后	外周血单核细胞（人类）	下调
	RCCS		巨噬细胞（小鼠）	上调
IFN-α		空间飞行过程中	淋巴细胞（人类）	上调
		空间飞行过程中	脾细胞（小鼠）	上调
IFN-β		空间飞行过程中	淋巴结T细胞（小鼠）	上调

续表

细胞因子	模拟微重力	真实微重力环境	实验所用细胞	细胞因子分泌水平的变化
IFN-γ		空间飞行过程中	外周血淋巴细胞（人类）	上调
		空间飞行后	脾细胞（大鼠）	下调
TNF-α		空间飞行过程中	外周血细胞（人类）	下调
		空间飞行过程中	B6MP102（小鼠）	上调
		空间飞行后	全血（人类）	下调
	RCCS		巨噬细胞（小鼠）	下调

RWV：rotating wall vessel，旋转壁式生物反应器。

表5-3 真实微重力或模拟微重力环境对免疫细胞数量及功能的影响

细胞	模拟微重力	真实微重力环境	细胞来源	发生的变化
淋巴细胞	RWV		淋巴结（小鼠）	抗原特异性识别功能失常
		空间在轨实验室	血液（人类）	针对丝裂原ConA（Concanavalin A，刀豆蛋白A）的免疫应答被抑制
	RWV		外周血（人类）	针对丝裂原PHA（Phytohemagglutinin，植物血凝素）的细胞迁移及免疫应答能力均被抑制
	RWV		PBMC（人类）	被PHA激活的能力被抑制
		空间飞行后	PBMC（人类）	细胞活性降低
自然杀伤细胞		空间飞行后	PBMC（人类）	细胞毒活性被抑制
		空间飞行后	外周血（人类）	细胞数量减少
		空间飞行中	脾脏（大鼠）	细胞毒活性被抑制
中性粒细胞		空间飞行后	血液（人类）	细胞数量增多
		空间飞行后	外周血（人类）	细胞数量增多
		空间飞行后	循环白细胞（人类）	细胞数量增多
		空间飞行后	血液（人类）	细胞数量增多；吞噬和氧化爆发能力下降

续表

细胞	模拟微重力	真实微重力环境	细胞来源	发生的变化
单核/巨噬细胞		SLS-1	血液（人类）	细胞数量增多
		抛物线飞行	BMDM（小鼠）	增殖能力增强；分化能力被抑制
		空间飞行后	血液（人类）	单核细胞减少
		空间飞行后	脾脏（大鼠）	细胞数量减少
		空间飞行后	外周血（人类）	细胞数量增多
		空间飞行后	外周血白细胞（人类）	细胞数量增多
	RCCS		脾脏（小鼠）	细胞数量减少
		空间飞行后	PBMC（人类）	吞噬功能减弱

BMDM：bone marrow derived macrophage，骨髓来源的巨噬细胞。

带着空间环境及微重力究竟如何影响免疫系统功能的疑问，大量国内外研究者利用空间搭载实验、抛物线飞行实验、人头低位卧位实验、大鼠或小鼠吊尾实验、旋转细胞培养系统等多种实验平台和方法，从免疫器官、免疫细胞、免疫分子等多角度开展研究。由于不同的研究机构使用生物样品（人体样本、动物或细胞来源）的数量和种类、微重力平台和微重力持续时间等实验变量之间存在较大差异，尤其是受空间飞行实验条件所限，从航天员或搭载动物获取的生物样品数量非常有限，因此很难对不同文献汇总报道的研究结果进行直接比较和分析。本书对代表性研究结果进行概括性介绍，以期为相关研究提供一定的理论参考。

5.2.1 微重力对免疫器官的影响

1. 微重力对中枢免疫器官的影响

1) 微重力对骨髓及免疫细胞发育的影响

如前文所述，红细胞、血小板和各类免疫细胞均发生在骨髓。除 T 淋巴细胞外，B 淋巴细胞和 NK 细胞及髓样细胞的分化和成熟都在骨髓中完成。研究表明，除骨骼受到在空间飞行微重力环境的影响，会出现骨流失增加、结构破坏等情况外，空间微重力环境还可能改变骨髓微环境。例如，影响对造血干细胞有调节功能的间充质干细胞（mesenchymal stem cell，MSC），进而影响各类免疫细胞的分化发育。有研究表明，微重力可导致人间充质干细胞（human mesenchymal stem cell，hMSC）分泌的趋化因子 CXCL12 减少，后者对于维持造血干细胞的特性、功能及再生能力至关重要（图 5-16）。

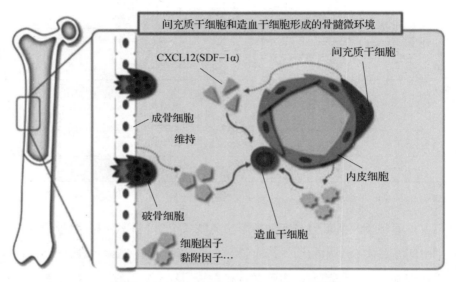

图 5-16　骨髓微环境中 MSC 对 HSC 的调节

在模拟微重力和正常重力条件下培养人类造血干/祖细胞（human hemopoietic stem and progenitor cells，HSPC）发现，与正常重力环境相比，12 天模拟微重力条件下培养并实施诱导增殖后，HSPC 的数量、克隆数显著减少。检测细胞有丝分裂相关抗原 ki67 发现，模拟微重力条件下处于增殖状态的细胞比例显著减低。细胞周期检测结果和细胞周期蛋白的 mRNA 表达水平测定结果显示，模拟微重力条件会抑制造血干/祖细胞进入 G1/S 期。进一步通过 RNA-seq 分析发现，模拟微重力条件可导致细胞增殖相关的基因表达水平显著下调。将诱导增殖 12 天后的 HSPC 继续向巨噬细胞定向诱导分化，与正常重力相比，模拟微重力条件下增殖的 HSPC 向巨噬细胞分化的能力增强，但分化而来的巨噬细胞的免疫功能较正常重力组降低。

2）微重力对胸腺的影响

大量研究表明，空间飞行或模拟微重力均会导致免疫器官萎缩。胸腺是重要的中枢免疫器官，经空间飞行 13 天后，小鼠胸腺发生萎缩并伴有胸腺细胞（后续分化为 T 淋巴细胞）的增殖能力减弱。

地面模拟微重力的研究与空间飞行获得的实验结果基本一致。尾部悬吊 7 天会导致大鼠胸腺出现明显的萎缩（图 5-17）。

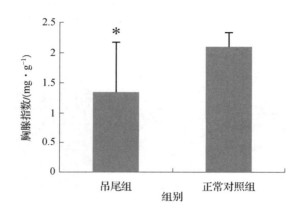

图 5-17　尾部悬吊 7 天对大鼠胸腺指数的影响

进一步探讨胸腺萎缩的机理发现，T 细胞发育障碍（如细胞增殖、分化等异常）是造成胸腺萎缩的原因之一。

在胸腺 T 细胞发育过程中，T 细胞抗原受体基因的重排会产生包含被切除 DNA 的游离 DNA 环（T 细胞受体重排切除环，TREC）。因此，通过对 TRECs 进行 PCR 分析，可以间接检测来自胸腺的成熟 T 细胞（mature T cell）的数量。一项对航天员血液样本中 TRECs 的 PCR 分析研究发现，航天飞行后胸腺输出的成熟 T 细胞减少了，这表明空间飞行会对胸腺中 T 细胞的发育产生影响。

对空间搭载小鼠的胸腺进行 RNA 测序分析，发现胸腺细胞中参与 G2/M 期调控的基因表达下调，提示胸腺细胞增殖障碍可能是导致小鼠胸腺萎缩的原因。对胸腺细胞的分化发育有重要调控作用的髓质胸腺上皮细胞（mTECs）经过空间飞行后出现了细胞定位改变，而飞行中提供 $1g$ 重力环境则会明显减轻空间飞行引起的胸腺萎缩和 mTEC 的错位现象，这表明重力的改变是导致胸腺出现以上变化的原因（图 5-18）。地面模拟微重力大鼠的细胞周期分析结果与空间飞行实验相似，与对照组相比，模拟微重力会导致在吊尾第 3、7、14 天，胸腺中处于 G0/G1 期的细胞比例显著升高，S 期细胞比例显著降低；在吊尾第 3、7 天，G2/M

期细胞比例显著降低,这些研究结果说明,吊尾模拟微重力会使大鼠胸腺细胞发生细胞增殖的周期阻滞。

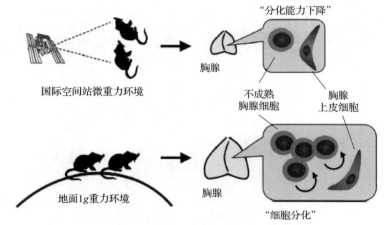

图5-18 空间飞行对小鼠胸腺的影响

利用流式细胞分析技术对吊尾7天大鼠的胸腺细胞进行不同发育阶段T细胞计数分析,发现处于双阳性(即$CD4^+CD8^+$)阶段的T细胞数量未发生明显变化,但单阳性(即$CD4^+CD8^-$或$CD4^-CD8^+$)阶段的T淋巴细胞数量显著减少,说明尾部悬吊7天大鼠胸腺T淋巴细胞发生了从双阳性阶段向单阳性阶段发育的阻滞。

2. 微重力对外周免疫器官的影响(以脾脏为例)

与胸腺类似,实验动物的脾脏在经过空间飞行或模拟微重力后也出现了萎缩。一项研究表明,在经过13天空间飞行后,与地面组相比,小鼠脾脏发生了显著萎缩(图5-19)。

在地面实验中,将猕猴置于头低位(-10°)模拟微重力,6周后对脾脏进行显微观察,发现红、白髓分界不清,白髓缩小,动脉周围淋巴鞘减小,淋巴细胞排列紊乱,如图5-20所示。

但也有研究得到了不同的实验结果。空间飞行37天后在轨解剖小鼠并将生物样品冷冻保存返回地面后检测,发现与地面对照组相比,空间飞行组小鼠的胸腺增大了35%,脾脏指数与地面对照组并无差异。研究者推测的原因是这些实验动物并未经受返回地面飞行的应激刺激,从而获得了与前期研究不同的实验结果。

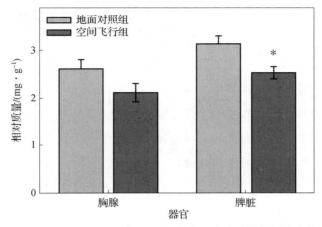

图 5-19 空间飞行 13 天后小鼠胸腺及脾脏脏器指数的变化

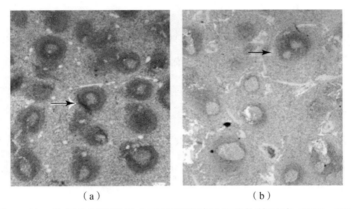

图 5-20 头低位模拟微重力对猕猴脾脏组织结构的影响（HE×100）

(a) 正常对照组；(b) 模拟微重力 6 周组

5.2.2 微重力对免疫细胞及其介导的免疫应答的影响

研究发现免疫细胞对微重力条件非常敏感，经微重力刺激后各类免疫细胞均发生了数量及功能的改变，可能是空间微重力环境诱导机体发生了炎症反应或压力应激相关的免疫应答反应，还有可能是空间微重力环境影响机体循环系统的生理状态，进而间接影响对血液循环依赖性较强的免疫细胞。

1. 微重力对固有免疫细胞及分子的影响

1）微重力对单核/巨噬细胞的影响

单核细胞来源于骨髓中的造血干细胞，在血液中停留 2~3 天后迁移并定居于周围组织中，分化为组织巨噬细胞。单核/巨噬细胞大量存在于外周血及淋巴结、肝、脾和骨骼等组织器官中，可在免疫原进入机体的早期接触并将其识别，立即发挥吞噬清除等固有免疫作用。此外，单核/巨噬细胞还在复杂的免疫应答过程中对其他免疫细胞发挥调控作用，并对组织发育、内环境稳态维持和组织修复起至关重要的作用。巨噬细胞除介导固有免疫应答反应外，还通过为T淋巴细胞加工、提呈抗原，成为介于固有免疫和适应性免疫应答之间的重要桥梁。研究发现，空间微重力环境可对单核/巨噬细胞的增殖、分化及功能造成多种影响。

综合大多数研究结果可以发现，空间飞行的微重力环境或模拟微重力条件可以诱导单核/巨噬细胞发生细胞形态和骨架结构、运动能力、代谢、信号转导、增殖、细胞因子分泌、细胞分化、关键基因表达及介导炎症反应等多角度、多层面的改变。下面选取有代表性的研究成果做简要介绍。

空间飞行对航天员外周血中单核细胞数量没有显著影响，但$CD14^+CD16^+$"前炎症"单核细胞亚群的占比明显降低。动物实验也得到类似结果，空间飞行14天后大鼠单核细胞数量不变，仅在着陆当天单核细胞数量减少。但体外研究表明，微重力对原代或单核/巨噬细胞系的增殖能力造成了影响。模拟微重力或空间飞行会使U937细胞（人单核细胞系，可诱导分化为巨噬细胞）的增殖能力显著降低，进一步研究表明，这种改变有可能是微重力导致cdc25B（细胞周期中G2/M期转变相关的关键磷酸酶）的表达下调所致。

由于细胞骨架在大多数细胞行使生物学功能的过程中发挥关键作用，因而细胞骨架结构的变化可能导致细胞功能改变（如细胞内囊泡的运输、细胞发挥吞噬作用或细胞迁移等）。细胞骨架肌动蛋白的不同排列方式是导致M1型和M2型巨噬细胞实现不同生物学功能的重要前提。使用FLUMIAS（fluorescence - microscopic analyses system for life - cell - imaging in space，空间细胞荧光显微成像系统）的激光共聚焦荧光显微镜观察原代培养的人巨噬细胞，发现在TEXUS - 54亚轨道火箭飞行实验达到微重力状态（$10^{-5} \sim 10^{-4} g$）后的几秒钟内，细胞发生了迅速而短暂的变化——细胞骨架发生改变、细胞体积和表面积增加。但这些结构变化与溶酶体或肌动蛋白的变化无关，且在几分钟内就会恢复到$1g$水平的状态。空间在轨飞行研究表明，空间飞行5天会导致U937细胞的肌动蛋白细胞骨架严重紊乱，微管蛋白表达失调；空间飞行11天后，人原代巨噬细胞的两种细胞骨架蛋白 F-肌动蛋白（F-actin）和波形蛋白（vimentin）的表达量及分子结构并未发生显著变化（免疫荧光染色观察），但空间飞行 30 天后，两种骨架蛋白形成串（string）或簇（cluster）等微观结构的比例均发生了显著变化。而利用 RWV 地面模拟微重力培养 U937 细胞 72 小时，则可观察到细胞肌动蛋白表达减少，伴有细胞骨架紊乱和细胞增殖减少。

除细胞骨架发生变化外，微重力还会影响单核/巨噬细胞功能相关分子的表达。在亚轨道、抛物线飞行及在 2D 回旋培养装置的模拟微重力条件下短时间培养的 U937 巨噬细胞，参与细胞迁移并与 T 淋巴细胞的相互作用相关的黏附分子 ICAM-1 表达上调。但另一项研究中，空间飞行 11 天后，人原代巨噬细胞的 ICAM-1 表达显著降低。此外，研究表明，空间飞行会导致其他单核/巨噬细胞功能相关分子的蛋白表达水平下调，如飞行 5 天会导致 U937 细胞 CD18、CD36 和 MHC-Ⅱ类分子表达的显著下调。测定执行短期空间飞行任务的航天员外周血发现，单核细胞黏附分子 CD62L（L-选择素，在单核细胞与内皮细胞相互作用中发挥重要作用）表达下调。以上与巨噬细胞黏附、迁移及病原体识别或抗原提呈有关的分子发生表达变化，将会影响细胞生物学功能的发挥，进而导致感染性疾病易感性的增强。

另外，单核/巨噬细胞的吞噬及炎症因子释放等功能也受到空间飞行的影响。分别于发射前 10 天（L-10）、着陆后 3~4 小时（R+0）、着陆后 15 天（R+15）及着陆后 6~12 个月（年度体检，annual medical examination，AME），采集执行 10~13 天空间飞行任务的航天员的外周血样本，测定外周血单核细胞对 LPS（lipopolysaccharide，脂多糖）的反应能力，检测结果显示空间飞行会影响单核细胞对革兰氏阴性菌内毒素的反应性。其具体表现为：单核细胞发挥非特异性免疫功能相关的细胞因子分泌量发生变化，在 L-10、R+0 和 R+15 三个时间点 IL-6 和 IL-1β 降低，IL-1ra 和 IL-8 升高，AME 时除 IL-1ra 外，另外三种细胞因子的分泌量恢复正常水平。在各个时间点，与脂多糖识别、应答相关的细胞膜表面分子发生变化，如 TLR4 表达升高、CD14 表达降低。与吞噬功能相关的两个 Fc 受体 CD32、CD64 的表达下降，吞噬活性降低。此外，还观察到单核细胞表面分子 CD62L 及其他人类白细胞抗原表达减少，从而导致单核细胞的黏附、组织迁移能力下降，抗原提呈能力受损。单核细胞经脂多糖刺激后，细胞因子 IL-6、TNF-α 和 IL-10 分泌减少，IL-1β 和 IL-8 分泌增多。动物水平的研究得出类似结论，空间飞行 14 天后，大鼠单核细胞的吞噬、氧爆发及分泌细胞因子等功能均被抑制。空间飞行环境下，培养 24 小时的巨噬细胞系 B6MP102 细胞在 LPS 刺激下分泌的细胞因子 IL-1 和 TNF-α 显著增多。

采用地面模拟微重力实验研究单核/巨噬细胞分泌炎性因子的情况，发现大鼠巨噬细胞系 RAW264.7 在细胞回转器模拟微重力培养 72 小时后，培养液中炎性因子 TNF-α、IL-1β、IL-6 较正常重力组分别升高了 168%、77.6%、187%。但在模拟微重力培养基础上继续以空间诱变大肠埃希菌（T1-13）刺激细胞，TNF-α、IL-1β、IL-6 的分泌量仅较相同条件对照组细胞升高了 1.02%、6.78%、27.1%。这说明，在模拟微重力条件下，受空间诱变大肠埃希菌刺激后，巨噬细胞分泌 TNF-α、IL-1β、IL-6 的功能受到抑制。但用原代培养的小鼠巨噬细胞进行模拟微重力刺激，发现在 LPS 刺激下分泌的 TNF-α 显著减少，而 TNF-α 启动的抑制因子热休克蛋白 1 的活性显著增强，后者的激活可能是导致 TNF-α 表达下降的原因。细胞内机制研究发现，模拟微重力条件下巨噬细胞中 NF-κB 核转位无重力依赖性变化，但模式识别信号通路受损。通过降低酪氨酸激酶的磷酸化水平，巨噬细胞产生的活性氧减少。

产生反应性氧中间物（ROI，如超氧阴离子、游离羟基、过氧化氢、单态氧等）和反应性氮中间物（RNI，如一氧化氮等），是 I 型巨噬细胞杀伤清除摄取的病原体或异物的重要途径之一。来自空间在轨飞行、抛物线飞行、地面回旋培养模拟微重力等多种实验方法和环境的数据都表明，微重力会导致巨噬细胞内 ROI 释放减少，氧依赖杀菌系统功能下调，进而增强机体感染性疾病的易感性。

除经典的巨噬细胞外，模拟微重力还可促进骨组织中特殊类型巨噬细胞——"破骨细胞"的分化生成，从而加重骨丢失。模拟微重力可促进人前破骨细胞 FLG29.1 细胞的分化和自噬，且存活的细胞中破骨细胞表面标记物表达增加，骨吸收能力增强。模拟微重力环境培养会导致小鼠巨噬细胞系 RAW 264.7 细胞中分化相关的分子、转录因子表达增加。模拟微重力状态下小鼠骨髓的培养研究也发现，破骨细胞形成增加，且微重力诱导的自噬在破骨细胞分化的增强中起着重要的作用。

2）微重力对中性粒细胞的影响

如前文所述，中性粒细胞也属于吞噬细胞，可迅速对入侵机体的病原微生物产生应答，尤其是化脓性细菌，在固有免疫应答反应中发挥着十分重要的作用。

研究发现，虽然空间飞行会使航天员及小鼠体内中性粒细胞数量增加，但细胞的趋化能力、吞噬功能及氧爆发功能减弱，功能变化与飞行时间的长短相关，飞行5天后，中性粒细胞吞噬功能和氧化爆发能力变化不明显，但随着空间飞行时间的延长，中性粒细胞功能受到的影响也日趋明显，飞行9~11天后，与对照组相比，这些功能均显著减弱。抛物线飞行形成的短时间微重力状态会导致多形核细胞中的中性粒细胞数量占比增大，且经可溶性抗原刺激后产生的过氧化氢和细胞因子（IL-8和粒细胞集落刺激因子等）也增多。60天头低位卧床模拟微重力后，中性粒细胞的数量与实验前相比无统计学差异，但一年后中性粒细胞数量显著增加，这种反弹式的增加可能是机体造血功能受模拟微重力影响的长期效应表现。尾部悬吊模拟微重力会导致小鼠外周血中性粒细胞数量增加，但其向伤口迁移的速度减慢。

除直接检测中性粒细胞的数量外，有学者还尝试从细胞比例变化的角度找到一些规律。空间飞行后，对航天员或搭载的啮齿类动物进行外周血白细胞计数及比例分析，发现 GLR（granulocyte-to-lymphocyte ratios，粒细胞与淋巴细胞的比值）及 NLR（neutrophil-to-lymphocyte ratio，中性粒细胞与淋巴细胞的比值）水平均升高。采用高角度旋转壁式生物反应器（high-aspect rotating wall vessels，HARV-RWV）培养人类全血白细胞及对小鼠采用尾部悬吊模拟微重力刺激，也获得了与空间飞行样本相吻合的实验结果——NLR水平升高。这些研究提示，NLR的变化或可作为空间生命健康监测的指标。

空间飞行或模拟微重力刺激后中性粒细胞数量的变化与中性粒细胞的发育、分化相关。吊尾28天后，C57BL/6N雄性小鼠骨髓中粒细胞百分比明显升高，骨髓成骨细胞中对粒细胞分化有正向调控作用的CXCL12表达量明显增高可能是造成这种现象的原因。采用旋转细胞培养系统研究模拟微重力对脐血中$CD34^+$干细胞向中性粒细胞分化的效率和功能的影响，发现RCCS组和SC（static culture，静置培养）组均能形成形态正常、功能成熟的中性粒细胞，其中RCCS组

CD16b$^+$的中性粒细胞比例较 SC 对照组显著增多。这些结果提示，模拟微重力环境能促进造血干细胞向中性粒细胞分化。

有关中性粒细胞功能方面的研究表明，5 天之内的短期空间飞行任务对航天员中性粒细胞的大肠杆菌吞噬能力和氧化爆发能力没有显著影响，但随着飞行任务时间的延长，如执行 9～11 天飞行任务后，航天员中性粒细胞的吞噬能力和氧化爆发能力显著低于对照组。利用旋转细胞培养系统的研究得出不一致的结果，发现模拟微重力培养会促使由干细胞分化而来的中性粒细胞产生活性氧的能力显著增强，具有趋化运动能力的细胞增多、运动速度加快。

3）微重力对 NK 细胞的影响

自然杀伤细胞广泛分布于循环系统和外周各淋巴器官，无须抗原的预先刺激与活化即可直接杀伤被病毒感染的自身细胞或者肿瘤细胞，因此得名。自然杀伤细胞不仅具有细胞毒活性，还可以通过分泌细胞因子和趋化因子发挥功能，在机体抗感染、抗肿瘤及免疫调节等方面均起到重要作用。空间飞行或模拟微重力会对自然杀伤细胞的数量和增殖活性、发挥细胞毒功能以及产生干扰素、TNF - α 等细胞因子的能力造成影响。

有关 NK 细胞数量变化的研究发现，执行 10～15 天空间飞机任务的 19 位航天员外周血中，NK 细胞的数量在飞行期间没有发生改变，但在结束飞行返回地面当天显著减少。而在另一项研究中，21 天空间飞行任务会导致航天员外周血中 NK 细胞百分比下降，并会减弱 NK 细胞的功能，但空间飞行 197 天的航天员外周血 NK 细胞数量没有显著变化，当然这项研究仅针对几名航天员的血液样本进行了研究，需进一步的大样本分析。一项采用头低位卧床 21 天地面模拟微重力的研究也获得了相似的研究结果，9 名受试者的 NK 细胞数量未观察到明显改变。美国国家航空航天局约翰逊航天中心分析了 23 名执行 6 个月空间飞行任务的航天员外周免疫细胞，在为期 6 个月的空间飞行中后期，航天员外周血中 NK 细胞的数量较飞行前增加了。这些研究数据呈现出这样一个可能的规律，随着空间飞行时间的延长，航天员外周血中 NK 细胞的数量经历了一个先减少后恢复并增加的过程。

在 NK 细胞功能相关的研究方面，短时间空间在轨飞行对体外培养的 NK 细胞功能不造成显著影响，如 ISS - 8 飞行任务中体外培养 24 小时后 NK 细胞的杀伤功能没有发生明显改变。对空间飞行大鼠的研究发现，空间飞行后大鼠脾脏或骨髓中的自然杀伤细胞对 K-562 靶细胞的细胞毒活性未受到影响，但其对淋巴瘤细胞系靶细胞 YAC-1 的细胞毒活性则显著受到抑制，表明空间飞行环境或选择性地干预免疫应答，提示存在多种复杂的调控机制。而大多数地面实验发现，模拟微重力会抑制 NK 细胞的功能。利用回转培养装置地面模拟微重力 24 小时、48 小时及 72 小时，可抑制原代培养的人 NK 细胞增殖，降低细胞杀伤活性，促进细胞凋亡及坏死，导致干扰素、穿孔素及颗粒酶 B 等功能相关蛋白表达减少，其原因可能是细胞表面功能相关受体分子 NKG2A、NKG2D 及 NKP46 的表达下调，还可能通过抑制胆固醇的合成和吸收降低细胞内总胆固醇含量，进而影响脂筏的形成，最终抑制杀伤颗粒分泌来实现。

4）微重力对树突状细胞的影响

树突状细胞是迄今已知的效能最强的抗原提呈细胞，可刺激初始型 T 细胞活化和增殖并产生高效的免疫反应，是特异性免疫应答的始动细胞，从而将固有免疫和获得性免疫有机地联系在一起。树突状细胞不足会导致免疫功能严重受损。研究表明，空间在轨微重力状态或地面模拟微重力环境对树突状细胞的数量及功能均会造成影响。

空间飞行 13 天后，小鼠脾脏中树突状细胞的数量增加，且 DC 细胞表面参与抗原提呈的重要免疫分子 MHC Ⅰ类分子的表达增加，MHC Ⅱ类分子表达减少。而分离培养航天飞行后小鼠脾细胞，无论有无 Toll 样受体配体的刺激，树突状细胞表面 MHC Ⅰ类、MHC Ⅱ类分子及 CD86 分子表达均下调。

采用旋转壁式生物反应器模拟微重力培养 5 天，与对照培养环境相比，DC 细胞的数量发生明显减少，由 DC 细胞介导的针对病毒肽的抗原提呈及 CTL 的激活受到明显抑制。利用 3D 旋转式细胞培养系统模拟微重力环境，DC 增殖率明显低于静态培养环境，且 DC 对烟曲霉分生孢子的吞噬能力降低，细胞表面 HLA-DR 分子及 CD56 分子表达水平降低，给予真菌抗原刺激时 DC 产生 IL-12 的水平明显降低，也并未观察到抗原提呈功能相关共刺激/黏附分子的表达上调。

还有研究表明，在经过 72 小时 RCCS 模拟微重力环境培养后，与 DC 细胞分化、抗原提呈等功能密切相关的 STAT5 和 MAPK 信号通路被激活，DC 与 T 淋巴细胞相互作用密切相关的 DC-SIGN、CD80 和 CD86 分子的表达上调，IL-6 等细胞因子的分泌量也增多。这些数据说明，短期模拟微重力刺激会增强 DC 细胞的功能。

5）微重力对嗜酸性和嗜碱性粒细胞的影响

有研究显示，在抛物线飞行开始前（P_0）和完成 3 小时若干次抛物线飞行后（P_{180}），分别留取健康志愿者的外周血，进行各类白细胞数量的测定（图 5-21）。研究数据显示，与对照组相比，抛物线飞行会导致嗜酸性粒细胞和嗜碱性粒细胞的数量显著减少。

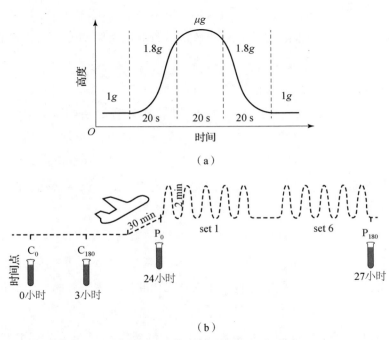

图 5-21　抛物线飞行期间重力变化及研究取样时间点

（a）单次抛物线飞行过程人类外周血中重力应力变化；（b）抛物线飞行研究方案

6）微重力对补体系统的影响

一项利用伊比利亚肋突螈幼体开展的研究发现，通过随机回转装置（random positioning machine，RPM）模拟微重力（$10^{-3} \sim 10^{-2}\ g$）10 天，会导致实验动物补体 C3 的 mRNA 水平较正常重力提高 1.5 倍，但并未对 C3 蛋白表达的水平造成影响。此外，对小鼠进行吊尾实验模拟微重力，也未观察到对肝脏中 C3 的 mRNA 和蛋白表达水平的影响。

2. 微重力对淋巴细胞及其介导的适应性免疫应答的影响

1）微重力对 T 淋巴细胞及其介导的细胞免疫应答的影响

20 世纪末、21 世纪初的大量空间飞行研究已证明，长期或短期空间飞行可抑制抗原特异性 T 细胞的功能，改变记忆性 T 细胞的亚群分布，改变 T 细胞的细胞因子生成谱，降低迟发型超敏反应的强度。

近 10 多年间，科学家在前期研究基础上进行了更加深入的探讨。例如，2015 年美国国家航空航天局约翰逊航天中心针对 23 名在国际空间站连续工作 6 个月的航天员进行了飞行两周、两个月、4 个月及 6 个月外周血免疫细胞数量及功能的测定，发现在整个空间飞行过程中，外周血中 T 淋巴细胞数量不变（包括 $CD4^+$ T 细胞和 $CD8^+$ T 细胞）。其进一步以细胞表面特征性分子为依据，对不同亚类或不同功能状态的 T 淋巴细胞展开细致的研究，发现 $CD8^+$ T 细胞的特定亚群发生了数量波动变化，具备细胞毒性活性的 $CD8^+$ T 细胞（$CD28^+/CD244^+$）绝对数量在飞行早期显著升高，而相应的晚期衰老（$CD28^-/CD244^+$）$CD8^+$ T 细胞在飞行中、后期出现显著降低。在 $CD4^+$ T 细胞和 $CD8^+$ T 细胞的亚群中，早期激活的 T 细胞（$CD69^+$）均有数量逐渐升高的趋势，其中 $CD8^+$ 早期激活 T 细胞在着陆当天较基线值显著升高具有统计学意义，而晚期激活的 T 细胞（$HLA-DR^+$）则正好相反，均表现出数量逐渐降低的趋势。

地面模拟实验结果与空间飞行结果相近。一项抛物线飞行研究发现，进入微重力状态仅 20 s，人外周血中的非活化 T 细胞胞膜的 CD3 分子和 IL-2 受体即发生表达下调。猕猴头低位（-10°）模拟微重力 6 周后，脾脏中表达 $CD3^+$、$CD4^+$ 的 T 淋巴细胞数量减少，$CD8^+$ T 淋巴细胞数量增多。小鼠吊尾模拟微重力 21 天后，脾脏中 T 淋巴细胞数量虽未发生变化，但 Th/Tc 的比例较对照组减少，$CD4^+$ T 细胞和 $CD8^+$ T 细胞对有丝分裂刺激剂的反应性都显著降低。

从基因调控等角度开展的研究发现，小鼠吊尾模拟微重力 28 天后，胸腺中关键转录因子 Foxp3、细胞因子 TGF-β 的表达均明显下调，对调节性 T 细胞分化起重要作用的非编码单链小 RNA miR-155 的表达下调，模拟微重力可导致小鼠调节性细胞分化和功能降低，这种变化可能在航天飞行中对免疫功能失调起重要作用。分离小鼠脾淋巴细胞回转培养 4 小时，调节性 T 细胞的细胞免疫抑制能力下降，对调节性 T 细胞功能起重要调节作用的 miR-17 表达提高。小鼠 $CD4^+$

效应性T淋巴细胞增殖能力明显下降，效应T细胞的miRNA表达也发生显著变化，如miR-150、miR-155、miR-146a、miR-124表达降低。活化状态的人外周血T细胞（使用ConA和抗CD28分子抗体激活）在二维回旋仪（2D clinorotation）中模拟微重力培养5 min后，细胞表面CD3的表达减少，胞内信号分子ZAP-70表达下调，组蛋白H3的乙酰化增加。而回旋培养60 min观察到CD3分子的短暂表达下调，IL-2受体分子则表现出了稳定的下调趋势。这些发现提示在不受其他因素的影响下（如机体由于应激而释放增多的类固醇激素等），微重力环境会诱导T细胞关键受体分子及信号转导分子的表达下调，进而影响T淋巴细胞的活化等免疫学功能，间接说明免疫细胞中可能存在重力感受器。

对T淋巴细胞功能变化的研究主要围绕特异性或非特异性刺激后细胞的活性状态及细胞因子的分泌情况展开。在为期6个月的空间飞行期间，用SEA（金黄色葡萄球菌肠毒素A蛋白）和SEB（金黄色葡萄球菌肠毒素B蛋白）对T淋巴细胞进行刺激，$CD4^+$和$CD8^+$T细胞的活性全程均呈现出较基线水平显著降低的结果。T淋巴细胞受刺激后分泌细胞因子的情况也发生了明显改变，用有丝分裂原进行非特异性刺激，在飞行期间$CD4^+$T细胞分泌IL-2的量不变，但在着陆当天显著减少。在轨体外培养外周血分离的单个核细胞，给予T淋巴细胞刺激剂抗CD3、CD28单克隆抗体或PMA刺激后，整个飞行期间细胞因子IFN-γ、IL-4、IL-5、IL-10、IL-17A、TNF-α和IL-6的分泌量均显著持续减少。

在一项地面模拟微重力实验中，以卵白蛋白肽特异性T细胞系OT-ⅡTCH为研究对象，详细测定了抗原肽特异性T细胞对抗原提呈细胞DC的反应性。在这项研究中采用旋转细胞培养系统模拟微重力，用PMA和离子霉素对T淋巴细胞进行非特异性刺激，IL-2的分泌量表现出先高后低的趋势，短期模拟微重力培养（24小时）后IL-2的分泌量较静态培养组高，但培养72小时及120小时后，IL-2的分泌量则低于对照组。用DC和抗原肽分别对模拟微重力培养24小时、48小时、72小时及96小时的T细胞给予24小时特异性刺激后，IL-2的分泌量均明显高于静态培养组，且在72小时时间点达到峰值（图5-22）。当微重力培养时间达到96小时及以上时，T淋巴细胞被DC细胞激活的能力开始显著下降[图5-23（a）]，而这种对DC刺激的抵抗与T细胞表达的抑制性受体CTLA-4有关[图5-23（b）]。这项研究提示，恢复航天员在长期太空飞行或在微重力环境中生活的 T 细胞反应的对策，应该针对刺激后激活的 T 细胞产生的可能的抑制途径。

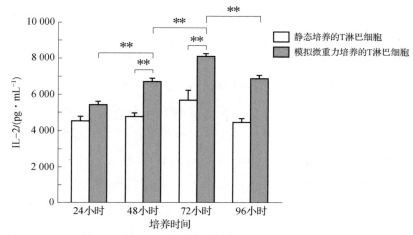

图 5-22　模拟微重力条件下 T 淋巴细胞非特异性激活后 IL-2 的分泌情况

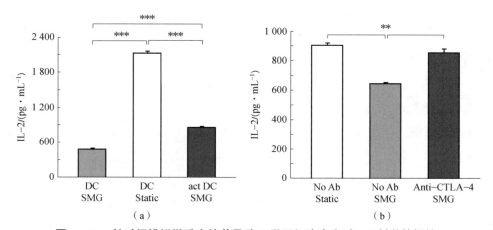

图 5-23　长时间模拟微重力培养导致 T 淋巴细胞产生对 DC 刺激的抵抗

（a）长时间模拟微重力培养对 T 细胞分泌 IL-2 水平的影响；（b）长时间模拟微重力培养中阻断 CTLA-4 对 T 细胞分泌 IL-2 水平的影响

从 T 淋巴细胞对肿瘤细胞的杀伤层面开展的研究为我们带来了好消息，采用 RCCS 模拟微重力培养淋巴瘤细胞，可以观察到 $CD4^+$ T 细胞和 $CD8^+$ T 细胞对肿瘤细胞的特异性应答增强，体外及体内实验中均表现出针对肿瘤细胞杀伤能力的增强。模拟微重力有可能破坏了肿瘤的部分免疫逃逸机制，使肿瘤细胞更容易受到 T 细胞的特异性识别和杀伤。这为肿瘤或癌症治疗提供了新的希望。

2）微重力对 B 淋巴细胞及其介导的体液免疫功能的影响

B 淋巴细胞是介导机体适应性体液免疫应答的细胞，在外周血（在淋巴细胞中占比 10%~15%）及周围免疫器官中大量存在。20 世纪 90 年代一系列动物飞行实验和地面卧床等模拟实验发现，体液免疫中 B 淋巴细胞数量及抗体水平发生改变。有研究者使用股骨和骨髓的蛋白质组学分析来比较在 BION-M1 生物卫星上飞行 1 个月的小鼠，观察飞行期间及在地球上恢复 1 周两种情况下小鼠 B 淋巴细胞的数量及体液免疫功能的变化。实验数据显示飞行期间并未发现 B 淋巴细胞数量的变化，但着陆后 1 周 B 淋巴细胞的发育受到影响，脾脏中 B 淋巴细胞数量减少了 41%，这可能有助于解释感染易感性的增强。将猕猴置于头低位（-10°），模拟微重力 6 周后脾脏中 B 淋巴细胞数目减少，IL-5 分泌水平降低。小鼠吊尾模拟微重力 21 天后，脾脏中 B 淋巴细胞数量较对照组显著减少，且对有丝分裂刺激剂 LPS 的反应性显著降低。吊尾 28 天后小鼠骨髓中 B 细胞早期发育受损，Pro-B 细胞、Pre-B 细胞、Immature B 细胞和 Mature B 细胞在骨髓细胞中的比例均明显下降；Pro-B 细胞、Pre-B 细胞中 B 细胞发育相关基因 CD79a、CD79b 和 Vpreb 及 B 细胞发育关键转录因子 Ebf1 和 Pax5 的表达量均下调。成骨细胞分泌的 IL-7 表达量减少，可能由此下调 B 细胞早期发育的关键转录因子，影响 B 细胞的发育和分化。

B 淋巴细胞的重要功能是激活后分化为浆细胞并分泌抗体。研究发现，在执行阿波罗号飞行任务后，航天员血液中除 IgA 外其他类型免疫球蛋白水平均保持不变，在着陆后恢复期约 50% 航天员 IgA 的水平显著升高。对执行 STS-9 飞行任务的 4 名航天员分别在飞行前、飞行期间以及飞行后的血清样本进行 IgG、IgM、IgA、IgD 和 IgE 浓度的定量分析，结果只有极微小的波动，提示短期飞行不会对人体抗体水平造成显著影响。有研究表明在更长时间的空间飞行后，其抗体则有少量增加。检测 30 名执行飞行任务的 ISS 航天员的血浆中抗 HSV（单纯疱疹病毒）、抗 CMV（巨细胞病毒）、抗 EBV（Epstein-Barr virus，EB 病毒）及抗疱疹病毒的 IgM 和 IgG 抗体的水平，未发现明显变化。

虽然从测定抗体水平的角度未发现微重力造成显著变化，但研究者利用动物模型在抗体编码基因中发现了变化。抗体分子包含两条相同的重链（H 链）和两条相同的轻链（L 链），抗体的每条重链和每条轻链结构中又分别包含 C 区和

V区两个重要功能区域。C区由C基因编码，V区由V基因编码（胚系基因中包含V、D、J三种基因片段）。对5名航天员进行跟踪研究，分别于发射前25天，空间飞行64天和129天，返回地面后1天、7天和30天采集航天员血液样本，使用高通量测序分析IgM抗体编码基因库的变化情况。研究结果显示，有3名航天员未检测到IgM型抗体的基因片段存在明显的选择性使用或片段间组合的变化，这与一项空间飞行21天小鼠的研究结果相类似。但另外两名航天员在执行飞行任务期间，IgM抗体编码基因片段的使用情况及互补决定区3（complementary-determining region 3，CDR3）片段的长度发生了显著改变，而且这些变化在着陆后持续数日。在5名航天员体内都出现了一些特定的基因片段之间关联性的改变，如IGHV3-48与IGHJ5、IGHV3-23与IGHJ6。这项研究提示，在空间飞行中，不同个体的免疫系统适应能力存在较大的个体差异，而发生的抗体编码基因变化可能影响抗体与抗原的特异性结合能力。

21世纪初一系列基于两栖动物的研究也发现了空间飞行导致的抗体编码基因使用频率的变化。经历空间飞行后，两栖动物成年伊比利亚肋突螈体内抗体分子的整体转录水平在不同类别抗体间有差异，IgM重链转录水平无显著改变，但IgY重链的转录水平至少是地面对照组的4倍。将成年伊比利亚肋突螈放置在和平号空间站并进行抗原免疫，经过5个月空间飞行返回地面后10天进行检测，发现与地面对照组相比，不同VH（抗体重链可变区）基因编码的IgM型抗体mRNA转录水平有明显改变，即不同VH基因片段的使用频率发生了改变。类似的研究发现，如对伊比利亚肋突螈在地面进行抗原免疫，则动物体内有28% VHⅡ和58% VHⅥ编码IgM重链，如在空间飞行中进行免疫，这些比例则分别是61%和24%，研究提示空间飞行可能会对B淋巴细胞分泌抗体的抗原特异性造成影响。而进一步分析可变区发生高频突变的情况，则发现在空间飞行中动物体内存在体细胞高频突变，但其频率较地面低。

利用吊尾动物模拟微重力，并在吊尾2周后给部分小鼠实施破伤风类毒素（tetanus toxoid，TT）和CpG（以CpG为基序的寡聚脱氧核苷酸免疫佐剂，可激活TLR9，进而促进多种免疫细胞的活化）抗原刺激，并继续吊尾2周。造模结束后对小鼠骨髓、脾脏等生物样品进行高通量测序，分析免疫细胞中抗体库的特征，包括重链和轻链众多可变区V-、D-和J-基因片段的选用情况、恒定区基因片段的选用情况、CDR3 的长度及 V（D）J 基因片段之间的组合情况。虽然吊尾组小鼠外周血中 TT 特异性 IgG 的水平没有改变，但脾脏中 IgG 的转录水平较对照组降低，IgM 的转录水平则升高，由于吊尾动物也同时观察到浆细胞标记物 CD138 的表达减少，因此这种不一致的情况可能是由于模拟微重力影响浆细胞分泌功能。脾脏样品的测序结果表明，模拟微重力 28 天小鼠有 3 个重链 V – 基因片段（V1 – 63、V1 – 76 和 V1 – 78）的使用频率显著降低，2 个轻链 V – 基因片段（V1 – 132 和 V4 – 86）的使用频率升高。对于已经完成抗体类别转换的抗体基因测序的结果显示，模拟微重力下重链基因片段 V1 – 81、V4 – 1 和 V14 – 3 的使用频率增高，而 V2 – 2 和 V10 – 1 的使用频率降低。骨髓 B 细胞抗体谱分析得到类似的结果，模拟微重力下有 3 个重链 V – 基因片段（V1 – 22、V2 – 2 和 V5 – 6）的使用频率显著降低，D – 和 J – 基因片段的使用频率仅发生细微改变。模拟微重力脾脏样品中 V1 – 22/J3 基因片段组合的使用频率较对照组高，V1 – 76/J1、V1 – 76/J4 和 V2 – 3/J4 三种组合的使用频率降低。骨髓中 V1 – 54/J3、V1 – 72/J3 和 V14 – 2/J2 三种 V/J 基因片段组合的使用频率较对照组增高，而 V1 – 55/J1 和 V1 – 58/J4 的使用频率则降低。

以上结果均表明，模拟微重力可以改变动物的抗体库表达和基因片段的选择、使用，进而影响机体对不同抗原的特异性体液免疫应答能力。

5.2.3　航天微重力下免疫功能变化的机理

1. 微重力影响细胞骨架调节及功能，或许与骨髓中免疫细胞发育障碍有关

5.2.2 节介绍了细胞骨架的变化可能与微重力下单核/巨噬细胞功能改变有关。有研究表明，微重力诱导的肌动蛋白细胞骨架异常调节或功能，可能也参与了骨髓间充质干细胞成骨，进而影响免疫细胞在骨髓中的分化发育。Chen 等的研究证明，肌动蛋白细胞骨架变化调节了具有 PDZ 结合基序的转录共激活因子（TAZ）的核聚集，这是骨间充质干细胞成骨过程中必不可少的。此外，利用回转器模拟微重力模型，证明 SMG 能明显解聚 F – actin，阻碍 TAZ 的核易位。而细胞骨架稳定剂 Jasplakinolide（Jasp）诱导的肌动蛋白细胞骨架被加强则可以显著抑制 TAZ 核易位，并恢复 SMG 骨髓间充质干细胞的成骨分化，而不依赖于大型肿瘤抑制因子 1（large tumor suppressor 1，LATS1，TAZ 的上游激酶）。此外，溶血磷脂酸（LPA）也可通过 F-actin-TAZ 通路显著恢复 SMG 中 BMSCs 的成骨分化。综上所述，解聚的肌动蛋白细胞骨架可以通过阻碍 TAZ 的核聚集而抑制骨髓间充质干细胞的成骨分化，这或许是微重力引起骨丢失及免疫细胞发育障碍的机制之一。

2. 空间飞行作为一种应激反应，会促进肾上腺糖皮质激素的释放，从而抑制免疫功能

生理和心理压力（如发射和着陆压力源、微重力、禁闭、与家人分离、睡眠剥夺）可能通过激活下丘脑-垂体-肾上腺轴来调节这些变化。因此，在太空飞行期间和飞行之后都观察到皮质醇水平升高，糖皮质激素通过改变白细胞的运输和迁移及直接抑制细胞功能来影响免疫系统。

3. 线粒体功能变化可能参与空间飞行免疫失调

Willian A. da Silveira 等对来自 NASA 基因实验室的 59 名航天员数据和来自数百个在太空飞行的样本进行了基因集富集分析（gene set enrichment analysis，GSEA）、RNA 和 DNA 测序、DNA 甲基化测定、蛋白质组学检测等分析，以确定太空飞行对人体转录组、蛋白质组、代谢组和表观遗传的影响。分析结果表明，检测的大多数细胞及组织样本中（如原代 T 淋巴细胞、肝脏、肾脏、肾上腺、眼等），线粒体功能在太空飞行中发生了系统性的变化，而线粒体变化影响小鼠和人类的先天免疫、脂质代谢和基因调控等过程的途径和机制，航天飞行过程中氧化应激可能是引起线粒体应激和功能障碍的原因。

5.2.4 航天微重力下免疫功能变化预警及应对措施

1. 在轨飞行中监测免疫细胞数量及比例变化

临床研究发现，升高的 NLR 提示了炎症反应、肿瘤等疾病的发生，从而成为具有诊断意义的疾病生物标志物。如前文所述，微重力环境会影响免疫细胞的发育分化，对各类免疫细胞的数量、比例及功能造成不同程度的影响，进而导致免疫失衡相关疾病的发生，因此 NLR 或可成为评估航天员免疫系统变化的候选生物标志物。有研究通过检测航天员血液样本，或利用 HARV-RWV 及尾吊实验等模拟微重力模型，分别从细胞及动物水平分析人类 GLR 和小鼠 NLR 与微重力或模拟微重力环境下免疫系统功能变化的对应关系。实验结果表明，执行空间

飞行任务180天后，航天员外周血中GLR水平显著升高，而同时也检测到了航天员体内炎症反应的增加，小鼠体内NLR变化及体外细胞学研究也得到了趋势相同的研究结果。因此，空间飞行状态下如检测到NLR或GLR升高，或可帮助航天医监医保系统确定何时采取预防干预措施，以避免航天员免疫系统功能失衡，促进免疫恢复，预防疾病发生发展。

2. 提供人工重力对抗微重力

一项对国际空间站搭载小鼠的研究表明，通过给予$1g$重力暴露可以明显减轻太空飞行引起的胸腺萎缩，这提示了提供$1g$人工重力可能是对抗太空飞行引起的胸腺萎缩的有效对策。

3. 通过饮食摄入改善免疫功能

有研究发现，低聚果糖（fructooligosaccharides，FOS）可以通过增加短链脂肪酸（SCFA）的产生直接或间接影响免疫功能，进而调节白细胞介素等细胞因子分泌及自然杀伤细胞的活性。FOS还可以通过影响肠道相关淋巴组织来调控免疫系统的功能。还有研究发现，香菇多糖、酵母多糖、枸杞多糖等生物多糖类物质可通过恢复活化受体NKG2D表达、减少早期的细胞凋亡和晚期的细胞凋亡或坏死，提高模拟微重力环境中自然杀伤细胞的杀伤功能，或可有助于改善模拟微重力导致的免疫抑制。

4. 有强度的、有规律的体育锻炼

在轨飞行状态下进行运动训练除了有助于长期飞行期间航天员骨骼和肌肉质量的维持外，还可作为一种有效的多系统对策来预防/减少潜在病毒复活的发生。Agha等对22名在国际空间站执行6个月飞行任务的航天员进行的有关潜伏病毒再激活的研究发现，那些航天飞行前检测显示心肺适应性（cardiorespiratory fitness，CRF）较高的机组人员与CRF较低的机组人员相比，执行飞行任务时潜伏病毒再激活（reactivation）的风险降低了29%。航天飞行前检测显示上肢肌肉耐力越高，执行飞行任务时潜伏病毒的再激活风险越低，发生率可降低39%，病毒再激活所需的时间越长，体内病毒DNA的滴度峰值也越低，尤其是EB病毒和水痘-带状疱疹病毒（varicella zoster virus，VZV）。潜在性病毒的再激活率在飞行前检测CRF较低及那些在返回地面后CRF水平降低速度最快的机组人员中最高。因此得出结论，体能训练有助于降低航天员长时间的空间飞行时潜伏病毒再复发的风险。

第 6 章
微重力对消化系统的影响

引言

消化系统（digestive system）分为消化腺和消化道两大组成部分。消化腺分为大消化腺和小消化腺。其中，大消化腺包括胰脏、肝脏和唾液腺（腮腺、舌下腺、下颌下腺）；小消化腺分布于各部消化管的管壁中。消化道分为上消化道和下消化道。临床上，上消化道指口腔至十二指肠，下消化道包括空肠及以下的部分。

微重力环境，特别是在太空中，对人体的消化系统有一定的影响。例如，在食物摄入方面，微重力环境可能会影响航天员的食欲和饮食习惯。一些航天员在太空中经历了味觉改变，这可能会影响他们的饮食选择和营养摄入。在食物消化方面，微重力可能会影响胃肠道的蠕动。地球上，重力帮助食物在消化系统中下行。在微重力环境中，食物的运动更多地依赖于肌肉的蠕动，这可能导致消化效率降低。在营养吸收方面，微重力对肠道细胞和微生物群落的潜在影响可能改变营养吸收的效率和方式。微重力也会影响航天员的排便过程，在地球上，重力有助于排便过程，但在太空中，必须使用特殊的设备来处理和储存排泄物。微重力还可能影响肠道微生物群落的组成，这对消化系统的健康至关重要。总之，微重力对消化系统可造成广泛的影响，本章分别从口腔、胃、肠道、肝脏和胰脏的结构和功能出发，系统介绍微重力对消化系统的影响及其相关研究进展。

6.1 微重力对口腔的影响

口腔作为消化道的第一器官，通过咬肌的收缩和牙齿的咀嚼动作实现食物的初步物理消化。在此过程中，口腔分泌的消化液也与食物混合，起化学消化和润滑作用。此外，口腔中健康的微生物群落有助于预防病原体的入侵，在维持口腔健康方面起着重要作用，为消化过程提供良好的起始条件。

6.1.1 口腔的结构与功能

口腔是人体消化系统的入口，具有复杂的生理结构（图6-1、图6-2）和多种功能。其中，唇（lips）是口腔的前界，有助于食物的摄取，同时也参与发音；口腔前庭（vestibule）位于牙齿（teeth）、唇和腮之间的狭窄空间；固有口腔（oral cavity proper）由牙齿、舌头和口腔底部构成；牙齿用于咀嚼食物，将其破碎成更小的颗粒；舌（tongue）不仅帮助咀嚼和吞咽食物，还是味觉感受器官和重要的发音器官；唾液腺（salivary glands）用于产生唾液，有助于食物的湿润和消化；腭（palate）是口腔的顶部，分为硬腭和软腭，有助于发音和吞咽；咽喉（pharynx）是连接口腔和食道的部分，参与吞咽。在功能方面，口腔是消化过程的起点，通过牙齿的咀嚼和唾液的混合，对食物进行初步的物理和化学分解，然后，将食物推向食道；口腔中的舌头、唇和腭的协同作用对发音至关重要；舌头上的味蕾能够感知不同的味道；唾液含有的抗菌物质以及口腔中的健康微生物群落，有助于保护口腔免受感染。总之，口腔健康不仅关系到消化系统的正常功能，对整个身体健康也非常重要。微重力环境，特别是长期太空飞行中的微重力条件，对口腔健康和功能会产生一系列影响。

6.1.2 微重力对咀嚼和吞咽能力的影响

口腔中的物理咀嚼动作是为了充分研磨食物，进一步增加消化液与食物的接触面积。这需要咬肌收缩来移动骨骼并通过牙齿的剪切作用来研磨食物。在微重力条件下，咀嚼过程本身不会受到直接影响，因为这一过程主要依赖于颌部肌肉和牙齿。然而，有研究表明，在模拟微重力条件下，即头低位倾斜卧床实验，研究

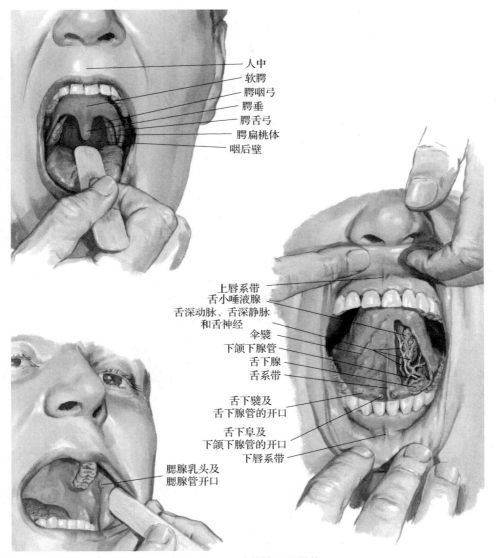

图 6-1 口腔的外观及结构

发现健康志愿者的下颌骨和牙槽骨的骨密度和骨矿物质含量显著降低，这些变化有可能会对咀嚼和吞咽能力产生影响。此外，在太空飞行 STS-135 任务中，太空飞行和地面对照组小鼠之间的下颌骨体积（mandibular volume，BV）和骨矿物密度（bone mineral density，BMD）没有差异。这可能是由于在微重力环境中，咀嚼过程本身不会受到直接影响，因此，颌骨骨体积和骨矿物密度也基本不受影响。

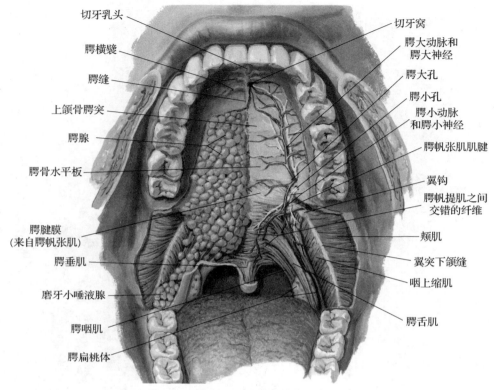

图 6-2 口腔顶结构

6.1.3 微重力对分泌功能的影响

唾液腺分泌的液体可以润滑食物,还富含消化酶和免疫酶。Mednieks 等报道称,小鼠唾液中蛋白质的组成受微重力的影响发生改变,其中,富含脯氨酸的蛋白质和唾液淀粉酶的水平显著降低。这些现象可能涉及 cAMP 信号通路,并且这种特定蛋白质的水平可以作为潜在的生物标志物指示在飞行期间发生的应激事件。在 Huai 等的研究中,模拟微重力下的受试者表现出分泌型免疫球蛋白 A(sIgA)的浓度和分泌率增加,这可能与微重力下经历的免疫应激有关。Rai 等证明基质金属蛋白酶(matrix metalloproteinases,MMP)-8 和 MMP-9 水平升高可能与微重力下细菌毒力诱导的免疫反应有关。有研究表明,航天员在太空飞行中会增加患牙龈炎症和牙结石的概率,并且唾液溶菌酶减少,这些变化可能诱发牙周炎和龋齿等口腔疾病。

6.1.4 微重力对干细胞增殖和分化的影响

牙周膜干细胞是牙周组织再生工程的关键种子细胞之一，在牙周病的治疗中发挥着至关重要的作用。李彦等的研究揭示微重力可以通过激活 Smad 信号通路促进人牙周干细胞的成骨分化。此外，Zhang 等的研究也证实了微重力条件下人牙髓干细胞的增殖能力呈增强趋势。

6.1.5 微重力对口腔微生物的影响

微重力可能使细菌的生长和代谢方式发生变化，这可能对口腔微生物的群落结构和功能产生影响。变形链球菌（*Streptococcus mutans*）是龋齿的主要致病菌。研究发现，在长期微重力条件下，变形链球菌丰度增加。Orsini 等研究发现，模拟微重力促进了变形链球菌基因表达和生理学的变化，影响了细胞聚集和氧化应激抵抗力，这可能会增加航天员在太空飞行任务期间产生龋齿的风险。此外，在 3 次 Skylab 太空飞行任务中，研究还发现微重力导致牙菌斑中除变形链球菌以外的其他厌氧微生物——拟杆菌（*Bacteriodes* sp）、韦荣球菌（*Veillonella* sp）、梭杆菌（*Fusobacterium* sp）和奈瑟菌（*Neisseria* sp）的增加。这些厌氧微生物的增加与龋齿进展有关，也与唾液中支原体的增加是相关的。总之，微重力改变了口腔微生物的平衡，可能增加患牙周病和龋齿等口腔疾病的风险，也会影响口腔微生物与宿主之间的平衡，导致病原体增多或免疫性疾病的风险增加。

由此可见，微重力对骨密度、肌肉组织和消化酶含量的改变会对口腔的初始消化能力产生不利影响。微重力对口腔微生物的影响，也可能增加牙周病和龋齿等口腔疾病的风险。然而，干细胞在微重力条件下分化和增殖能力的提升也为再生医学的发展提供了新的思路。此外，sIgA 分泌增多也是机体应对微重力应激的表现之一。这些变化背后的具体机制还需要进一步研究。口腔健康的改变可能会导致口腔和全身病变，从而危及长期任务的成功。因此，有必要采取具体的预防措施处理口腔健康事件，保障航天员在长期太空飞行任务中的身体健康。

6.2 微重力对胃的影响

胃是人体内的一个器官，属于消化系统的一部分。胃具有容纳食物、分泌胃液、消化食物的功能。胃主要是帮助研磨食物，将大块的食物分离成小块，并进一步将食物降解为更小的分子，方便下一步的消化吸收。胃是一个肌性囊，其位置、大小和体型可随内容物的多少、体位、胃肌的紧张程度等发生变化，还可因年龄、性别、体型的不同有所差别。胃收纳、混合以及研磨食物，使之成为食糜进入十二指肠等作用，都是靠它的运动功能实现的。胃的运动和分泌受神经与体液两方面调节。研究表明，微重力条件下，胃肠道功能紊乱，胃部的分泌功能、药代动力学、胃部血液循环等会发生改变。胃功能正常是保障航天员工作的条件，故阐明微重力对胃功能的影响具有重要的理论意义和现实意义。

6.2.1 胃的结构

1. 胃的形态和分布

胃在完全空虚时略呈管状，在高度充盈时可呈球囊形，其结构如图6-3所示。胃的入口称贲门，接食管，位于第十一胸椎体左侧，出口平第一腰椎体上缘中线的右侧，称幽门，接十二指肠。胃可分前、后壁，左、右缘。左缘较长，称胃大弯；右缘较短，称胃小弯。胃小弯在下行途中折向右上，略呈一角，称角切迹。胃可分四部分：近贲门的部分称贲门部，近幽门的部分称幽门部，这两者的中间部分称胃体部，贲门平面以上、向左上方膨出的部分称胃底。

2. 胃的位置和毗邻

当胃处于中度充盈的状态时，小部分在腹上区，大部分在左季肋区。活体胃的位置常因体位、呼吸及胃容物的多少而变化。胃前壁的左侧靠上邻接膈，靠下挨着腹前壁，有较大移动性，右侧紧邻右半肝。胃后壁膈网膜囊与左肾和左肾上腺、胰、脾、横结肠及其系膜相邻接，这些组织器官共同构成胃床。

3. 胃壁

胃壁包含四层组织，分别为黏膜层、黏膜下层、肌层、外膜。

（1）黏膜层：胃在空虚状态时，腔面有许多纵行的皱襞，它们在胃充盈时几乎消失。黏膜表面存在将其分为直径2~6 mm的胃小区的许多浅沟，以及有约350万个不规则小孔遍布，这些小孔称胃小凹，其每个底部连通3~5条腺体。黏膜又分为上皮、固有层和黏膜肌层，上皮的主要细胞为表面黏液细胞，

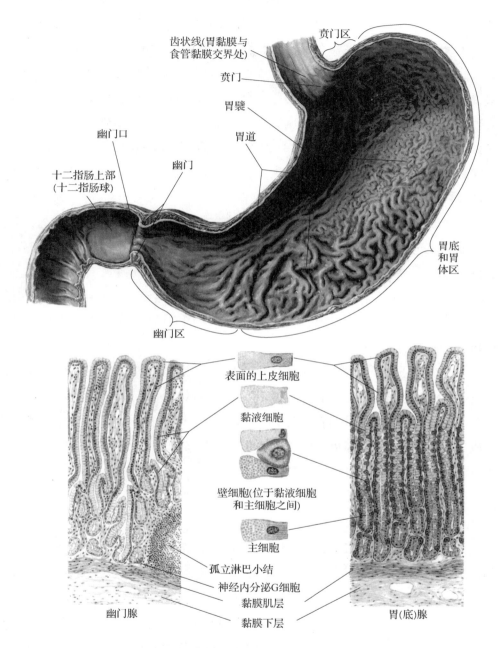

图6-3 胃的形态及胃壁结构

呈现单层柱状,分泌的不可溶性黏液含有高浓度的碳酸氢根,在上皮表面覆盖对其起保护作用。脱落的表面黏液细胞由胃小凹底部的干细胞不断增殖补充,更新周期3~5天。固有层中有大量的管状腺紧密排列，它们根据结构和所在的位置分为贲门腺、胃底腺和幽门腺。贲门腺中存在少量壁细胞；胃底腺又称泌酸腺，是胃黏膜中数量最多、功能最重要的腺体，由主细胞（胃酶细胞，分泌胃蛋白酶原）、壁细胞（泌酸细胞，分泌盐酸和内因子）、干细胞（可分化为表面黏液细胞和其他胃底腺细胞）、颈黏液细胞（分泌可溶性酸性黏液）和内分泌细胞（主要为 ECL 细胞和 D 细胞，分泌组胺和生长抑素等）组成；幽门腺是分支较多且弯曲的管状黏液腺，富含内分泌细胞。三种腺体的混合分泌物即胃液，无色、显酸性，含有盐酸、胃蛋白酶原、内因子和黏液等，pH 为 0.9~1.5。在消化腺间和胃小凹间存在少部分的结缔组织，除纤维组织外，其细胞成分还包括淋巴细胞、嗜酸性粒细胞、肥大细胞、浆细胞和平滑肌细胞。黏膜肌层在内层即黏膜上皮下方的结缔组织中，由此向上皮侧的结缔组织称黏膜固有层，它与中层的肌层之间的结缔组织称黏膜下组织。黏膜肌层分为外纵行和内环行两层平滑肌，内环肌的部分细胞伸入固有层腺体中，其收缩可帮助排出腺分泌物。

（2）黏膜下层：一种疏松结缔组织，其中富含淋巴管、血管及神经，以及大量的脂肪细胞。此层是整个胃壁中最有支持力的结构。

（3）肌层：胃的肌层是食管肌层的延续，并延续至十二指肠，由3层平滑肌构成，分别为内斜、中环和外纵。其中，环行肌层是胃结构最完整的肌层，分别在幽门和贲门处增厚形成幽门与贲门括约肌。

（4）外膜：浆膜。

4. 胃的神经和血管

胃的支配神经包括交感、副交感和内脏传入神经，具体如图 6-4 所示。胃的交感神经节前纤维起于脊髓第6~10 胸节段，经交感干、内脏神经至腹腔神经丛内腹腔神经节，在节内交换神经元，发出节后纤维，随腹腔干的分支至胃壁。交感神经抑制胃的分泌和蠕动。胃的副交感神经节前纤维来自迷走神经。迷走神经前干下行于食管腹壁前面，约在食管中线附近浆膜的深面。前干在胃贲门处分为肝支和胃前支。迷走神经后干贴食管腹段右后方下行，至贲门处分为腹腔支和胃后支。迷走神经各胃支在胃壁神经丛内焕发节后纤维，支配胃腺与肌层，通常可促进胃酸和胃蛋白酶的分泌，并增强胃的活动。胃的感觉神经纤维分别随交感、副交感神经节进入脊髓和延髓。胃的痛觉冲动主要随交感神经通过腹腔丛、交感干传入脊髓第6~10胸节段。

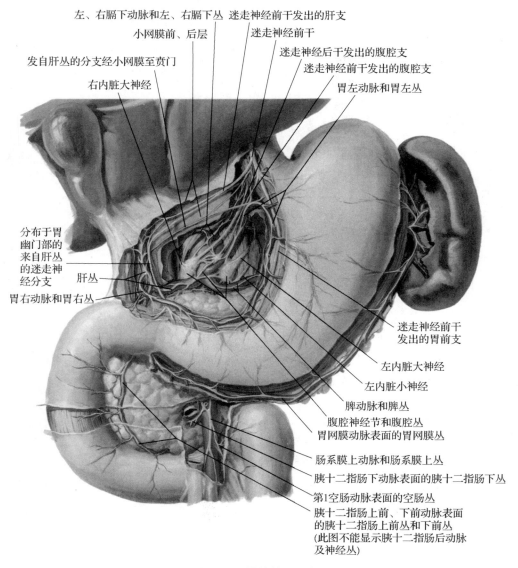

图6-4 胃的神经分布

胃的血管分布如图6-5所示。胃左动脉,来自腹腔动脉的分支,营养贲门、胃小弯左半的贲门部及胃体前后动脉;胃右动脉,来自肝固有动脉,向下行至幽门,营养幽门、胃小弯右半的胃体和幽门部前后壁;胃网膜左动脉,来自脾动脉，营养胃大弯左半的胃体前、后壁；胃网膜右动脉，来自胃十二指肠动脉，营养胃大弯左半的胃体前、后壁；胃短动脉，来自脾动脉，营养胃底。

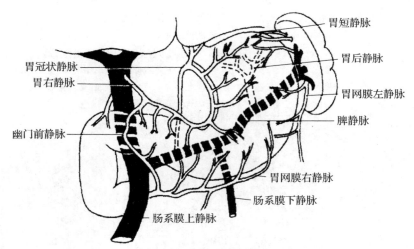

图 6-5 胃的血管分布

胃的静脉与各同名动脉伴行，均汇入门静脉系统。胃左静脉，即胃冠状静脉，汇入门静脉；胃右静脉，幽门前静脉，位于幽门与十二指肠交界处前面上行进入门静脉，幽门前静脉是辨认幽门的标志；胃网膜左静脉，注入脾静脉；胃网膜右静脉，注入肠系膜上静脉，也是有用的解剖标志；胃短静脉，经胃脾韧带入脾静脉；胃后静脉，经胃膈韧带，注入脾静脉。

6.2.2 胃的功能

胃能够作为储存大量食物的容器，将食物碾碎成小粒后与胃液混合，以便开始消化。胃可以控制内容物排空入十二指肠的速率，可以分泌胃蛋白酶，它能将一餐所摄入的蛋白质总量的 30% 消化成寡肽，同时可以分泌一种内因子，内因子可在小肠中与 B_{12} 结合，对回肠吸收 B_{12} 是必需的。而要实现胃的上述作用，和胃的功能活动是密不可分的。

1. 胃的运动

胃的运动靠胃的肌层活动来实现，胃的肌层由三部分组成，即在胃的环形肌层和纵行肌层之间，有一斜行肌层。在肌层中，环形肌层比纵行肌层发达。胃底和胃体的肌层相对较薄，但胃窦部的肌层很厚，且靠近幽门处的肌层更厚。当食管蠕动波开始时，胃底和胃体的容量可以增加至 1.5 L，也不会引起胃内压力的增加，这一现象称为容受性舒张。胃底和胃体的收缩通常较弱，因此该部位内的胃内容物在较长时间内不被混合。这样，胃底和胃体可用作贮存食物的容器。然而，胃窦部的收缩会比较强烈，它可将胃窦部的食糜与胃液充分混合，并将食物分解成更小的颗粒。胃窦部的收缩会将内容物以少量喷射的形式排入十二指肠球部。

2. 胃的分泌

胃黏膜表面覆盖着柱状上皮细胞，这些细胞分泌的黏液和碱性液体保护了上皮免受机械的伤害和胃酸的侵蚀。胃黏膜表面布满胃小凹，每个胃小凹是一个或多个胃腺导管的开口。胃小凹的数量众多，占据了胃黏膜总表面积的很大一部分。根据腺体的结构可以将胃黏膜分成三个区域。位于食管下段括约肌下方的贲门腺区，该区面积不大，主要含分泌黏液的腺细胞。余下的胃黏膜划分为位于角切迹以上的泌酸腺区和位于角切迹以下的幽门腺区。泌酸腺区分布有分泌黏液的颈黏液细胞，分泌内因子和盐酸的壁细胞和分泌胃蛋白酶原的主细胞。幽门腺区的腺体中，分泌黏液的细胞占多数。幽门腺区还含有分泌促胃液素的 G 细胞和分泌生长抑素的 D 细胞。分泌到胃腔中的液体称胃液，胃液是表面上皮细胞、颈黏液细胞和胃腺分泌物的混合物。胃液的离子成分与其分泌速度有关，分泌速度越快，H^+ 越高；分泌速度慢时，H^+ 降低，Na^+ 升高。在任何速度下，Cl^- 都是胃液中的主要阴离子。分泌速度快时，胃液的成分相当于盐酸等渗溶液。胃液中的盐酸主要起以下生理作用：将无活性的胃蛋白酶原激活为有活性的胃蛋白酶，并为其提供酸性环境；促使食物中蛋白质变性，使其更易消化吸收，起抑菌和杀菌的作用；促进胰液、胆汁和肠液的分泌，为小肠内的消化创造有利条件；形成的酸性环境有助于小肠对铁和钙的吸收。所以，盐酸分泌过少则会产生消化不良、贫血等症状；相反，分泌过多对人体也是不利的，如侵蚀胃和十二指肠黏膜，导致溃疡。

3. 胃功能的调控

胃可以接受丰富的外来神经和肠神经系统的支配。支配胃的副交感神经是迷走神经，支配胃的交感神经来自腹腔神经丛。通常，副交感神经促进胃平滑肌的运动和胃液的分泌，而交感神经则抑制这些功能。

空腹时胃液保持基础分泌，即不分泌或很少分泌。进食时通过神经体液调节胃液分泌，这是一种自然刺激。胃酸分泌主要受促胃液素、组胺、乙酰胆碱、生长抑素等内源性物质影响。其中，乙酰胆碱、促胃液素和组胺是促进盐酸分泌的物质，而生长抑素是最重要的生理性盐酸分泌抑制物。消化期胃液分泌的调节分为头期、胃期和肠期这三个时期，它们对食物刺激的感受不同。实际上，这三个时期是为了便于阐述而人为划分的，然而进食时，它们的分泌活动几乎同时开始且重叠。在头期，胃液分泌通常是由与食物有关的视觉、嗅觉和味觉引起的；在胃期，泌酸的主要刺激是胃的扩张，以及胃内由胃蛋白酶的作用产生的氨基酸和多肽；在肠期，十二指肠内容物调节胃的分泌。

6.2.3 胃的自我保护机制

胃液中的胃蛋白酶可以将蛋白质分解，高浓度的盐酸也具有极强的腐蚀力，而胃黏膜却不受破坏，原因在于其表面的"黏液－碳酸氢盐屏障"。黏液－碳酸氢盐屏障由胃黏膜的非泌酸细胞分泌的碳酸氢盐和黏液联合作用形成，可有效保护胃黏膜。黏液为覆盖在胃黏膜表面厚约 500 μm 的凝胶层，主要成分为糖蛋白，具有一定的黏滞性。其黏稠度是水的 30~260 倍，可明显减慢 H^+ 和 HCO_3^- 在其中的扩散速度，并含大量 HCO_3^-。当 H^+ 从胃腔内向上皮细胞扩散时，在黏液层不断与由上皮细胞分泌并向胃腔扩散的 HCO_3^- 相遇而发生中和，形成跨黏液层的 pH 梯度。黏液层将胃蛋白酶与上皮隔离开，高浓度的 HCO_3^- 可将局部 pH 调节为 7，这样可以中和渗入的 H^+，还可以抑制酶的活性，形成的 H_2CO_3 由胃上皮细胞产生的碳酸酐酶分解为 CO_2 和 H_2O。通常，黏液－碳酸氢盐屏障与胃酸的分泌保持平衡，一旦黏液减少或胃酸分泌过多，平衡打破使屏障损坏，就会导致胃组织的自我消化，从而造成胃溃疡。除了胃黏液－碳酸氢盐屏障的保护作用外，胃黏膜屏障也起着一定的保护作用。由胃上皮细胞顶部的细胞膜和相邻细胞的紧密连接（tight junction，TJ）构成脂蛋白层的胃黏膜屏障，可以防止 H^+ 侵入胃黏膜。

6.2.4 微重力对胃的影响

1. 微重力效应对消化液和消化道激素分泌的影响

胃肠道是人体内最大的内分泌器官，其丰富的内分泌细胞对消化及全身机能的调节具有重要作用。Groza 等发现，生物卫星上，大鼠的胃和小肠内酸性磷酸酶和亮氨酸氨肽酶水平增加，糖蛋白减少，这一现象与飞行时限有关。为了探究机制，其在地面上对大鼠进行了模拟微重力研究，发现大鼠表现出与太空飞行后类似的生理反应，模拟微重力导致大鼠皮质酮分泌过度。

Riepl 等对执行 EUROMIR-94 任务的欧洲航天员进行了空腹血标本的采集，通过对血浆中 9 种胃肠胰肽水平的测定发现，在微重力急性暴露期，血管活性肠肽（vasoactive intestinal peptide，VIP）、胰多肽（pancreatic polypeptide，PP）、血浆胃动素（motilin，MTL）和分泌素水平上升，胆囊收缩素（cholecystokinin，CCK）水平下降。在微重力 4 周的慢性暴露期，CCK、MTL、VIP、神经降压素和胰岛素含量增加，而胃泌素、PP、促胰液素和生长抑素的血浆浓度未见变化。在 MIR 站停留 25 天期间，CCK、MTL 和神经降压素的血浆水平升高。短时间的身体旋转导致 PP 水平升高，但 MTL 降低。PP 和 MTL 的释放似乎对旋转力非常敏感。由于微重力对肽水平的影响不均匀，因此不太可能由于其他因素（例如，液体平衡或体重的变化）而产生影响。这些结果必须在太空中的更多受试者身上得到证实，以便将胃肠道胰肽释放的变化与胃肠道功能的改变联系起来。

在 Afonin 的研究中，对航天员研究数据的监测表明，在微重力下，胃和胰腺分泌物（胰岛素和 C 肽）的活性在太空飞行后的早期阶段有所增强。微重力环境下胃的分泌变化表现为胃液分泌更加密集、pH 降低、幽门张力升高，可能与腹部器官静脉血流动力学的变化有关。在 Afonin 和 Sedova 的另一项研究中，卧床休息 4 个月后，受试者的血液和尿液中胃蛋白酶原水平升高，表明胃分泌过多。

朱鸣等研究模拟微重力状态下大鼠胃窦部白细胞介素-2（Interleukin-2，IL-2）及生长抑素免疫反应细胞的变化。他将大鼠分为 14 天悬吊组和 28 天悬吊组以及相应的同步对照组，以尾部悬吊来模拟微重力。通过免疫组化法观察大鼠胃窦部黏膜中 SS 和 IL-2 免疫反应细胞的改变，结果发现，14 天悬吊大鼠的 SS 免疫反应细胞较对照组减少，IL-2 免疫反应细胞呈现下降趋势，但统计学分析无显著差异；28 天悬吊大鼠胃窦部黏膜 SS 和 IL-2 免疫反应细胞均明显减少。其得出结论，在模拟微重力状态下 2~4 周，大鼠胃窦部的 SS 及 IL-2 的表达即可出现下降。

王利芳等观察模拟微重力条件下大鼠胃黏膜瘦素及其受体（OB-R）表达的变化，探讨微重力对消化系统功能的影响。她们同样通过尾部悬吊模拟微重力，28天后，经免疫组化ABC法观察大鼠胃黏膜中瘦素及其受体定位与表达的情况，并探究其免疫反应阳性细胞密度的变化。结果显示，大鼠瘦素免疫反应阳性细胞的密度明显提高，其受体免疫反应阳性细胞的密度呈现增加的趋势，但统计学上无显著差异。这些细胞均位于胃底腺的中部及下部，阳性物质主要存在壁细胞和主细胞上。总的来说，用尾部悬吊模拟微重力的方法可以诱导大鼠胃黏膜中瘦素及其受体表达的增加，提示微重力过程中的消化道功能紊乱可能受瘦素调节。

陈英等为探讨模拟微重力状态下胃肠激素（ghrelin）和VIP的改变以及对胃肠动力的影响，将32只Wistar大鼠随机分为4组，每组8只，按模拟微重力的时程分为14天组和21天组，并分别设立非悬吊14天对照组和非悬吊21天对照组，进行胃浆膜肌电的描记，并以葡聚糖蓝2000标记法测定胃残留率和小肠推进率，血浆ghrelin和VIP浓度分别用酶免法（ELISA）和放免法（RIA）测定。结果显示悬吊14天组和21天组与相应对照组比较，ghrelin浓度下降，VIP浓度升高，同时表现为胃肌电延缓、胃残留率增加；小肠推进率下降，差异均具有统计学意义。其结论为模拟微重力状态下血浆ghrelin下降和VIP升高可能是导致胃肠动力下降的重要因素之一。

2. 微重力对胃黏膜的影响

黏膜是由上皮组织和结缔组织组成的膜状结构。胃上皮细胞分泌的黏液可与碳酸氢盐形成屏障，保护胃壁。在微重力环境中，机体各器官会受到直接或间接微重力刺激，故微重力对胃黏膜亦可造成一定影响。张雯等以尾悬吊法探究微重力下大鼠胃液表皮生长因子（epidermal growth factor，EGF）水平、氧化应激状态的改变和对胃溃疡（gastric ulcer，GU）愈合的影响。在大鼠溃疡形成后的初期，胃液中EGF水平出现代偿性增强，这种作用随着悬吊时间的延长而减弱，并可能加重溃疡愈合的延缓。另外，溃疡中的氧化应激反应也由模拟微重力而加重，具体表现为自由基及氧化产物增加、胃黏膜进一步损害、溃疡愈合延迟，提示这种模拟微重力对大鼠胃溃疡局部黏膜组织的恢复起抑制作用，对溃疡再生黏膜组织学成熟度和溃疡愈合的分期起消极影响。

朱鸣等将增殖细胞核抗原（proliferating cell nuclear antigen，PCNA）作为衡量

细胞增殖水平的客观指标，以免疫组化法测定 HFE-145 细胞 PCNA 表达的改变情况，以回转器探究模拟微重力对胃黏膜上皮 HFE-145 细胞增殖及周期的影响。结果显示，模拟微重力组 HFE-145 细胞在 12 小时的 PCNA 抗体阳性细胞比率较对照组显著减小，24、36、48 及 72 小时的比率无明显差异。在 12 小时后，模拟微重力组 HFE-145 细胞在 G0+G1 期的比例上升，S+G2+M 期的比例下降；在 24、36、48、72 小时后，模拟微重力组 HFE-145 细胞的周期分布则与对照相比无显著差异。这表明，回转器模拟微重力在 12 小时后造成胃黏膜上皮 HFE-145 细胞出现增殖抑制和细胞周期阻滞的现象，这种变化可在微重力模拟的后期修正。

在总的 3 天时间里，胃黏膜上皮细胞受回转器模拟微重力的影响并不显著，原因可能在于胃黏膜上皮细胞本身较快的更新速度，或是其有较强的重力适应能力，因而短时间内建立了新的受力平衡。另外，微重力对不同细胞具有不同的影响作用，这种影响是多方面的，而到目前为止，微重力影响细胞状态及生理功能的具体机制和途径并不完全清楚。研究推测，重力的变化最初破坏了细胞间连接和细胞骨架间的受力平衡，细胞骨架的破坏和重分布对细胞间连接和胞外基质的间接作用使细胞的结构形态发生改变，并经胞内的系列信号转导反应引起基因表达的改变，最终导致细胞生物学行为特征的改变。需要注意的是，模拟微重力对细胞行为变化的研究并不能和整个生物体及其各部门系统在微重力环境下画等号，故还应对微重力或模拟微重力对哺乳动物消化系统的影响进行深入研究。

从以上研究结果可以推断，在微重力下，胃更容易受到损伤，并表现出胃运动功能障碍和分泌过多。更重要的是，胃液分泌过多、黏膜屏障功能受损，会进一步加重相关疾病的发生。这些实验结果可以为航天员的医疗保健提供理论支持，不过胃功能异常的具体机制还需要进一步研究。

3. 微重力对胃排空的影响

微重力对人体生理反应、胃肠道内容物的物理性质以及这些反应对药物吸收具有重要影响。要了解微重力的影响，首先必须了解作用于粒子穿过壁管（如小肠）的基本力：重力、浮力和阻力。这些力可以组合起来，重新排列成引力与黏性力的无量纲比率。这是影响粒子相对于流体运动的最重要的无量纲组。胃排空受几个因素的影响很大：体积、卡路里、运动、大小、密度、温度、黏度、渗透压以及与生理反应相关的因素：内脏血流、体位和电解质平衡，这一系列因素可能导致血浆中药物含量的变化。在太空中，没有重力可能会降低重力与黏性力的无量纲比率，从而提高小肠的通过率。因此，在零重力条件下，胃排空和肠道转运率的这些变化可能导致血浆水平不稳定和吸收效率低下。药物和营养吸收在微重力的情况下受到四个方面的影响：微重力下颗粒大小排空的改变；在对零重力的直接和/或间接反应中肠道的适应和传输速率的改变；生理变化与暴露在微重力环境下引起的胃内容物物理性质变化的耦合，导致禁食和进食状态下的排空和转运变化；在重力环境下，禁食状态下胃排空的变化比进食状态下的更明显，这种可变性在微重力情况下还没有得到很好的定义。

Afonin 等利用干浸法模拟微重力对胃排空功能的影响，结果表明流质食物对胃排空没有显著影响。Prakash 等还证实在模拟微重力下胃排空没有明显延迟。然而，裴静琛等研究表明，在 -6°头低位卧床模拟微重力环境下，相当缓慢的胃运动节律增加，表明胃运动节律出现功能障碍。李正鹏等的研究表明，模拟微重力条件下，大鼠胃内 Cajal 间质细胞受到影响，可能诱发胃起搏和慢波紊乱，导致胃动力障碍。

6.3 微重力对肠道的影响

肠是人体重要的消化、吸收器官，分为小肠和大肠两个部分。消化道各层肠壁的结构如图 6-6 所示。绝大多数通过口腔进入体内的物质，都被小肠消化吸收，剩余的食物残渣在大肠中浓缩形成粪便，最后经直肠从肛门排出体外。除了消化、吸收功能，肠道还具有屏障功能。在正常情况下，面对外界环境的刺激，肠道对机体具有自然的屏障保护作用，包括机械屏障、化学屏障、免疫屏障、生物屏障，四道屏障共同作用，维持肠道内环境稳态以及正常的肠道功能。肠黏膜屏障一旦受到损伤，肠道内致病菌和细菌内毒素就容易发生移位，进而造成肠源性感染，诱发炎症性肠病（inflammatory bowel disease，IBD），严重情况下甚至会出现肠源性全身炎症反应综合征（systemic inflammatory response syndrome，SIRS）和多器官障碍综合征（multiple organ dysfunction syndrome，MODS），威胁生命健康。在微重力条件下，肠道的屏障功能会受到一定的影响，从而影响肠道功能。

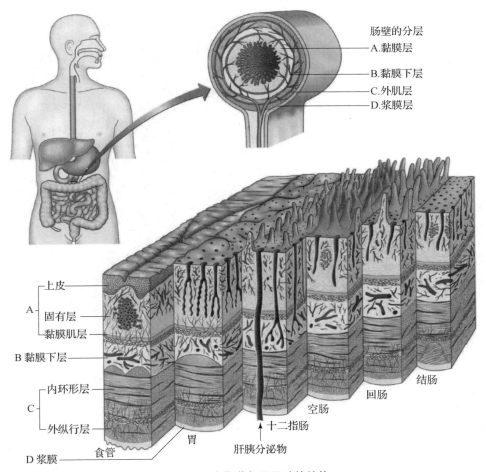

图 6-6 消化道各层肠壁的结构

6.3.1 小肠的结构与功能

小肠全长 3~5 m，位置及结构如图 6-7 所示，分为十二指肠、空肠、回肠三部分。十二指肠位于小肠的起始部分，上端始于幽门，下端终于十二指肠空肠曲，长度为 20~25 cm，呈"C"字形。继十二指肠后为空回肠，前段为空肠，起于十二指肠空肠曲；后段为回肠，末端通过回盲结与盲肠相连。空肠与回肠之间没有明显的分界线，大约前 2/5 为空肠、后 3/5 为回肠。但是在外观上，空肠的肠腔较大，肠壁较厚，因血管分布较多而颜色较红；而回肠腔小壁薄，血管分布较少，因此颜色与空肠相比要浅一些。空肠运动较快，所以内容物较少。

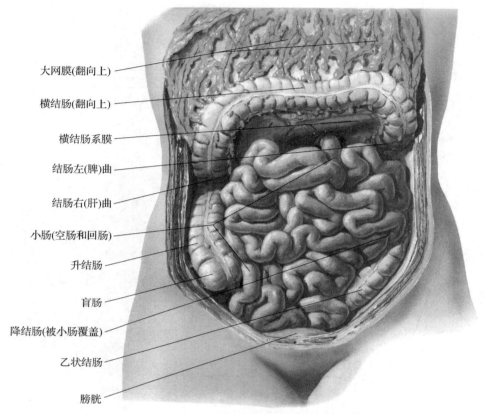

图 6-7 小肠的位置及结构

肠壁的黏膜层与黏膜下层形成环形皱襞，黏膜层表面分化形成细密的指状突起，即绒毛。绒毛的外层是一层柱状上皮细胞。在电镜下可见柱状上皮细胞顶端细胞膜凸起，称为微绒毛，如图 6-8 所示。绒毛在回肠中逐渐减少，至回盲结绒毛消失。绒毛根部的黏膜下陷至固有层，形成管状的小肠腺，或称隐窝。隐窝上皮中的杯状细胞能分泌黏液，具有润滑食物、保护肠黏膜的功能，还有能分泌小肠液的腺细胞。因此，小肠的消化、吸收功能与绒毛和肠腺密不可分。平滑肌层分为内环、外纵两层肌纤维，均呈螺旋式，以紧张性收缩、节律性分节运动、蠕动三种形式进行小肠运动（图 6-9），使小肠中的食物与消化液充分混合，并且增加食物与肠壁的接触，从而促进食物的充分消化与吸收。小肠上皮细胞的更新速度很快，每个细胞仅生存约两天。

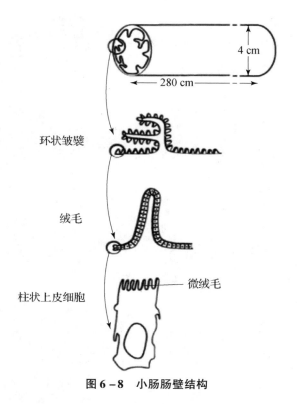

图 6-8 小肠肠壁结构

小肠除了物质的消化、吸收功能外，还具有包括化学屏障、生物屏障、免疫屏障和机械屏障在内的屏障功能。小肠黏膜层中完整上皮细胞与相邻的上皮细胞之间紧密连接而形成的机械屏障是防止病原微生物入侵的第一道物理防线。紧密连接蛋白（TJs）是肠黏膜机械屏障的重要组成部分，主要由跨膜蛋白［包括闭合蛋白（occludin）、水闸蛋白（claudin）家族、结合黏附分子（JAM）家族等］和胞质附着蛋白［包括闭锁小带（ZO）家族等］构成，这些蛋白的表达及分布变化都会影响肠黏膜机械屏障的功能。

小肠的化学屏障由消化酶、胆汁、胃酸、溶菌酶等化学物质所构成。这些化学物质组成的肠道消化液不仅能够消化肠道中的食物，还能稀释、杀灭在胃中未被胃酸和胃蛋白酶杀死而进入小肠的细菌，从而减少小肠中的致病菌，并减小对肠上皮的侵害。

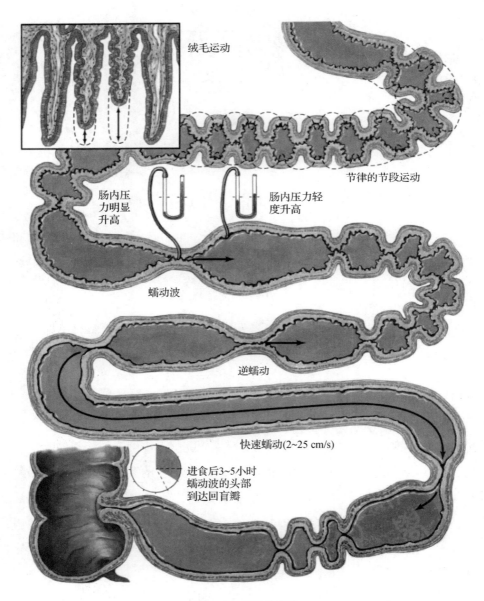

图 6-9 小肠的运动

小肠黏膜中的免疫细胞组成了天然免疫屏障，可以产生各种天然性免疫分子，抑制共生菌的生长、消除致病菌和其他病原性微生物。小肠中浆细胞分泌的sIgA 超过整个机体产生的 IgG，能够特异性识别致病菌，并抑制其移动，阻止其与肠上皮细胞接触。除 IgA 以外，小肠上皮细胞表面覆盖的黏液中还结合有多种抗菌物质，也是小肠免疫屏障的重要组成部分。肠上皮细胞和潘氏细胞分泌的防御素、肠上皮细胞和巨噬细胞、中性粒细胞分泌的组织蛋白酶抑制素都能与细菌质膜结合形成穿孔，使细菌细胞内容物流失而死亡。

人体中绝大部分的细菌都分布于肠道，它们与宿主和外界环境处于动态平衡，并构成保护肠道的生物屏障。肠道中的微生物菌群不仅参与营养物质的消化代谢，合成维生素和其他生物活性小分子，还能防御病原体的入侵，并有一定的抑瘤作用。小肠中的有益生物菌群能激活吞噬细胞的活性，促进淋巴细胞的成熟，并产生有抗菌作用的有机酸、细菌素、过氧化氢等。而小肠细菌的过度生长、菌群移位等则会导致肠道内环境稳态破坏、生物屏障受损。

6.3.2 大肠的结构与功能

大肠是人体消化系统的重要组成部分，一般成人的大肠全长约 1.5 m，位于消化道的下半部，分为盲肠、结肠和直肠（图 6-10）。盲肠膨大于大肠起始端，与回肠连通形成回盲结，并与大肠连接的黏膜处形成上、下两个皱襞即回盲瓣，可防止大肠内容物逆流。结肠位于盲肠和直肠之间，其按形态和位置分为横结肠、升结肠、降结肠和乙状结肠。直肠长 15~16 cm，位于小骨盆内、大肠末段，其上有两个弯曲：上段凸向后形成骶曲，下段向后下形成凸向前的会阴曲。

大肠的运动较小肠少而慢，对刺激的反应比较迟缓，便于食物残渣和粪便的暂时存储。大肠的运动形式主要分为袋状往返运动、分节推进运动、多袋推进运动、蠕动、集团蠕动。袋状往返运动指大肠在空腹与静息时的一般运动形式，此时环形肌无规则收缩，结肠出现一串结肠袋，结肠内压力使结肠袋内容物在前、后短距离位移，但并不往前推进，以帮助大肠吸收水分；分节推进运动主要是环形肌的规则收缩，将内容物从结肠袋推到邻近肠段，且肠内容物在收缩结束后不会回到原处；多袋推进运动是指在同一段结肠中同时有多个结肠袋收缩，以将内容物推到下一段肠段；蠕动是由一系列稳定向前的收缩波所形成的运动，收缩波前方的肌肉舒张，使肠腔内充有气体，收缩波后方则保持收缩，使这段肠段闭合并排空；集团蠕动是指进行很快、前进很远的蠕动，常见于进食后，始于横结肠，可以将一部分肠内容物直接推送至降结肠或乙状结肠。

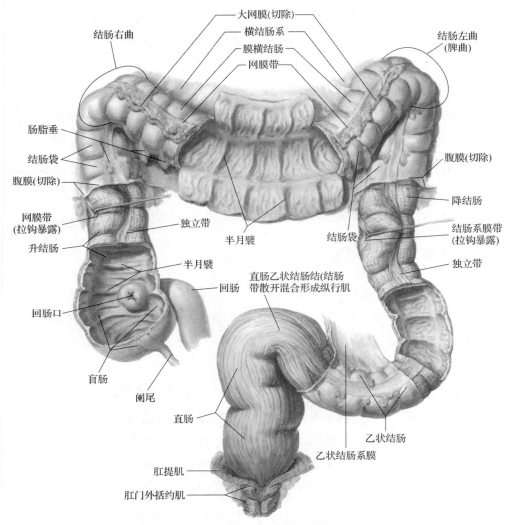

图 6−10 大肠结构示意图

大肠黏膜表面的杯状细胞和柱状上皮细胞能够分泌富含黏液和 HCO_3^- 的大肠液,并含有少量的二肽酶和淀粉酶,但对二肽和淀粉的分解作用不大。大肠的功能为吸收水分、电解质和其他物质(如氨、胆汁酸等),并为消化吸收后的食物残渣提供暂时的储存场所,将食物残渣转变为粪便。杯状细胞分泌的黏液起保护大肠黏膜的作用,能润滑粪便,使其易于下行,从而保护肠壁免受机械损伤及有害菌侵蚀。食物残渣在结肠中停留时间较长,大约 10 小时,在停留过程中的水分被结肠黏膜吸收,剩余部分被肠腔内的菌群发酵、腐败后,与凋亡脱落的肠上皮细胞和大量细菌一起组成粪便。一般情况下，直肠中没有粪便，也不储存粪便，肠蠕动将粪便推入直肠后，直肠壁内的感受器受到刺激，同时将信号传送至大脑皮层和初级排便中枢，大脑引起便意后将旨意下达，发出排便反射，使降结肠、乙状结肠和直肠收缩，肛门内、外括约肌舒张，于是粪便排出体外。

大肠内有大量菌群，包括大肠杆菌、葡萄球菌等，正常情况下肠道菌群不致病，而且能将食物残渣分解为脂肪和糖，并产生脂肪酸、甘油、乙酸、乳酸、甲烷、胆碱和 CO_2 等，也能将蛋白质分解为氨基酸、胨、NH_3、组胺、H_2S 和吲哚等。肠道菌群还能合成维生素 B 复合物和维生素 K，被人体吸收、利用。此外，肠道菌群在肠-脑轴的双向信号交流中扮演重要角色，对于调节能量代谢、免疫系统成熟及维持肠上皮完整性都至关重要。正常的肠道菌群与宿主的微环境共同构成了肠道微生态，形成互相依赖的共生复合体，直接或间接影响人体的多种生理功能。而肠道上皮受到破坏后可能会对微生物的定植造成影响，还会增强病原性微生物及物质穿过上皮屏障的通透性，并刺激免疫系统，从而诱发自身免疫和炎症反应，甚至会致癌。

6.3.3 微重力对肠功能的影响

机体进入微重力环境后，各组织所受到的重力减小，这一变化会导致多系统损伤。而消化系统对局部压力变化的适应性较强，相比其他系统，变化不明显，因此针对微重力对消化系统的影响的研究相对其他系统较少。但是肠道承担着消化、吸收并向身体各器官输送营养物质的功能，因此为保障长期在空间站作业的航天员的安全与健康，微重力对小肠功能的影响的研究也极为重要。

1. 小肠黏膜形态

相关研究表明，大鼠尾悬吊 14 天、21 天模拟微重力后在光镜下观察到小肠绒毛的数量减少、高度显著降低，隐窝深度明显变小，绒毛高度与隐窝深度的比值明显减小，还存在绒毛扭曲、粘连、融合等形态变化。绒毛间隙淋巴细胞明显增多，且有少量浆细胞存在浸润现象，黏膜下的血管扩张、淤血。扫描电镜下也明显可见模拟微重力效应下小肠微绒毛的高度降低、宽度增加、表面积减小，微绒毛糖衣厚度降低，同时微绒毛间的间距增大（图 6-11）。模拟微重力条件下，小肠黏膜的这些变化会使其吸收功能减弱，从而影响小肠的功能。

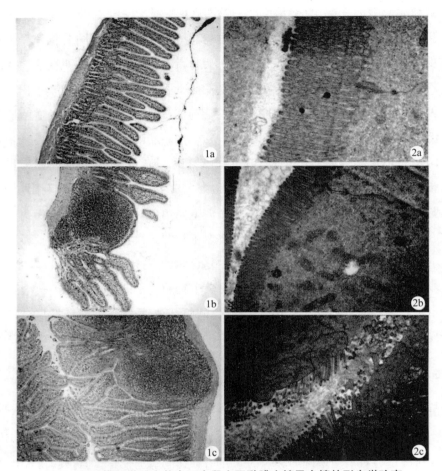

图 6-11　模拟微重力状态下大鼠小肠黏膜光镜及电镜的形态学改变

1a：正常对照组大鼠小肠绒毛光镜图像，小肠绒毛上皮细胞绒毛排列整齐，绒毛间质可见少许炎细胞，黏膜下层及肌层未见明显改变（苏木素·伊红染色，x40）；

1b：尾悬吊 14 天组大鼠小肠绒毛光镜图像，小肠黏膜轻度充血、水肿，绒毛稍变宽、变矮、变平，陷凹变浅，个别有淋巴滤泡及生发中心（苏木素·伊红染色，x40）；

1c：尾悬吊 21 天组大鼠小肠绒毛光镜图像，绒毛排列不均匀，参差不齐，一些黏膜变扁、变平，小凹变平，绒毛缺失，绒毛间质可见大量淋巴细胞，少量浆细胞浸润，黏膜下毛细血管扩张、充血，淋巴滤泡形成，肌层炎细胞明显，以淋巴细胞为主，有的可见生发中心（苏木素·伊红染色，x40）；

2a：正常对照组大鼠小肠微绒毛电镜图像，微绒毛整齐、均匀（x8900）；

2b：尾悬吊 14 天组大鼠小肠微绒毛电镜图像，微绒毛稍有长短不齐，间距稍宽（x8900）；

2c：尾悬吊 21 天组大鼠小肠微绒毛电镜图像，微绒毛长短不一，融合或部分溶解，微绒毛间呈量筒状或烧杯状宽距（x8900）。

2. 小肠运动

小肠的运动受胃肠激素和位于胃肠壁中的肠道神经系统（enteric nervous system，ENS）共同调控。位于胃肠黏膜中的内分泌细胞能分泌多种胃肠激素，包括兴奋性胃肠激素胃动素、ghrelin 等，以及生长抑素、血管活性肠肽等。ENS 中的神经递质包括：兴奋性递质如乙酰胆碱、血清素（5 - hydroxytryptamine，5 - HT）等，抑制性递质如组胺、一氧化氮（NO）等。胃肠激素与神经递质一起调节小肠的运动、分泌和吸收。有研究表明，模拟微重力 14 天、21 天后，大鼠血浆中的胃动素水平明显升高，促进消化间期小肠运动，而空间运动病症状中的恶心、呕吐即与胃动素的升高有关。另外，陈英等的研究表明，模拟微重力 14 天、21 天后，大鼠血浆中的 ghrelin 含量显著降低，VIP 含量显著升高，小肠推进运动减弱，从而导致胃肠动力减弱。

3. 转运功能

小肠转运功能由多种具有放松和/或收缩活性的介质调节，尤其是在生理条件下，神经型一氧化氮合酶（nNOS）产生的 NO 参与介导肠道转运，而诱导型一氧化氮合酶（iNOS）产生的 NO 参与生理病理条件下的转运控制。相反，由环氧合酶 - 1（COX - 1）和环氧合酶 - 2（COX - 2）合成的前列腺素主要作为收缩剂调节胃肠运动。研究表明，模拟微重力条件下大鼠小肠 iNOS 含量显著升高，COX - 1 含量无明显变化，而 COX - 2 的含量显著降低，由此说明模拟微重力条件刺激产生 iNOS，参与生理病理条件小肠转运调控，同时由于 COX - 2 表达降低，合成前列腺素受阻，小肠运动减慢。另外，小肠上皮细胞表面有许多转运蛋白参与物质的吸收，将肠腔内的物质选择性地吸收入血，并将吸收入细胞的物质外排至肠腔，经肠道排出体外。其中，已有研究发现外排蛋白 P 糖蛋白的表达与功能会受微重力条件的影响，从而影响物质的吸收量。

4. 细胞凋亡

小肠黏膜结构和屏障功能受损的基础在于小肠上皮细胞出现炎症性坏死或凋亡。正常小肠黏膜细胞本身就存在自发性的凋亡，更新速率较高，肠黏膜的稳定性和内环境的稳定与细胞凋亡及增殖之间的平衡有密切关系。有研究表明，模拟微重力 1 天后大鼠小肠黏膜上皮细胞就显著凋亡，之后凋亡速率逐渐降低，但模拟微重力 7 天后仍显著高于正常重力组（图 6 - 12）。因此，模拟微重力会导致细胞凋亡增加，从而使肠黏膜萎缩，抑制肠道功能。另外，NF-κB 是一种诱导型的核转录因子，在免疫炎症反应和应激反应中参与调控一系列的基因表达，具有多向性调节作用。李成林等报道，模拟微重力 0.5 天后，大鼠回肠巨噬细胞、血管内皮细胞、黏膜上皮细胞中的 NF-κB 含量即开始升高，随着模拟微重力时间的延长，NF-κB 含量呈先升高、后降低的趋势，模拟微重力两天达到顶峰，且至模拟微重力 21 天仍显著高于正常对照组。NF-κB 的高表达会促进 IL-6、IL-8、TNF-α mRNA 的表达，生成促炎介质，说明模拟微重力条件下，体液头向分布、小肠血液分布改变，引起小肠细胞炎性浸润，细胞因子过表达。

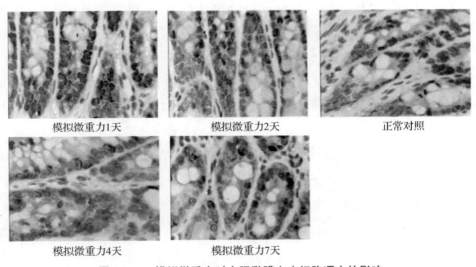

图 6-12 模拟微重力对小肠黏膜上皮细胞凋亡的影响

5. 机械屏障

机械屏障由小肠黏膜的上皮细胞及细胞间紧密连接和黏液层组成，完整的机械屏障具有防止细菌透过上皮细胞间隙移位和肠源性内毒素血症发生的功能。肠黏膜通透性增大是机械屏障受损的表现形式之一，血液中 D-乳酸（D-lactic acid，D-LA）、内毒素（endotoxin，ET）含量是肠黏膜通透性的重要测定指标。因人体内没有能将肠道中细菌的代谢产物 D-LA 和 ET 快速降解的酶系统，肠黏膜通透性提高时，D-LA 和 ET 就会透过上皮细胞间隙进入血液循环，使血液中的 D-LA、ET 含量升高。相关研究表明，模拟微重力 1 周后，大鼠血液中 ET 和

D-LA 的水平显著上升，之后逐步下降。在模拟微重力 4 周后，D-LA 的水平和对照组相近，而 ET 水平仍显著高于对照组，说明在模拟微重力条件下，小肠黏膜通透性显著升高，这可能与黏膜上皮细胞之间的 TJ 破坏有关。参与构成 TJ 的蛋白被称为紧密连接蛋白，如 occludin、闭锁小带蛋白（zonula occluden - 1，ZO - 1）等。occludin 主要分布于细胞膜上与胞浆中，ZO - 1 主要分布于胞浆中。正常状态下，occludin 和 ZO - 1 均匀且连续分布于黏膜绒毛下方。免疫组化结果显示，模拟微重力 14 天后，小肠黏膜中的 occludin 和 ZO - 1 变为沿绒毛侧分布，连续但不均匀，且数量和密度显著低于正常对照组；模拟微重力 21 天后，occludin 和 ZO - 1 的数量和密度进一步降低，且呈间断、不均匀分布。同时，RT - qPCR 结果显示，模拟微重力 14 天、21 天的 occludin mRNA 和 ZO - 1 mRNA 表达均显著降低，且 21 天组比 14 天组降低得更多。由此可见，长期模拟微重力可能会导致肠黏膜上皮细胞 TJ 破坏，从而使肠黏膜通透性增强。目前，模拟微重力条件下 TJ 的调控机制尚不明确，肠黏膜缺血、氧自由基增多、肠道菌群失调等均可能调控 TJs 的表达，从而影响细胞骨架连接。

6. 免疫屏障

既往的研究表明，微重力可以造成机体的免疫抑制，因此也极有可能影响小肠黏膜免疫屏障功能。小肠黏膜固有层中含有淋巴细胞，主要为 $CD4^+$ T 淋巴细胞和 IgA 浆细胞，前者可以分泌白细胞介素 IL - 5 和 IL - 6，促进 IgA^+ B 细胞分化成熟并向 IgA 浆细胞转变，后者主要分泌 sIgA。研究表明，在模拟微重力 1 天后，大鼠的黏膜淋巴细胞显著凋亡，CD4 细胞显著减少，小肠中 sIgA 的分泌水平显著下降，随着模拟微重力时间延长至 7 天，sIgA 分泌量逐渐有所上升（图 6 - 13），淋巴细胞凋亡率逐渐降低（图 6 - 14），CD4 细胞数量逐渐增加（图 6 - 15），但与正常对照组相比仍存在显著差异。模拟微重力初期，sIgA 水平下降，淋巴细胞凋亡、CD4 细胞数量明显减少均为小肠黏膜免疫屏障破坏的表现，说明小肠黏膜体液免疫、细胞免疫功能均受到抑制，增加了小肠细菌移位、细菌感染的概率。微重力对小肠黏膜免疫功能的影响机制尚不明确，不过现有研究提示，模拟微重力可能通过改变肠道的菌群结构，上调 PAMPs 的表达，激活 TLRs/NF - κB 信号通路，从而引起肠黏膜免疫功能的失调和机体炎症反应。

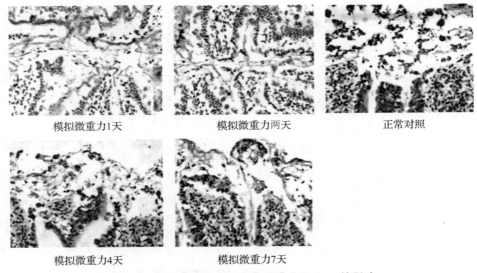

模拟微重力1天　　　　　模拟微重力两天　　　　　正常对照

模拟微重力4天　　　　　模拟微重力7天

图6-13　模拟微重力对小肠黏膜分泌 sIgA 的影响

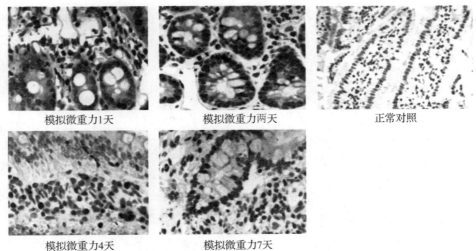

模拟微重力1天　　　　　模拟微重力两天　　　　　正常对照

模拟微重力4天　　　　　模拟微重力7天

图6-14　模拟微重力对小肠黏膜淋巴细胞凋亡的影响

李萍萍等的研究发现，与正常对照组相比，尾吊两周模拟微重力组大鼠的结肠中的嗜中性粒细胞数量及活性增强，炎性细胞因子 IL-1 表达增加，腹腔巨噬细胞分泌炎性细胞因子的能力也增强。同时，与地面肠炎组相比，尾吊肠炎组便血更加严重，结肠嗜中性粒细胞比例进一步升高，腹腔巨噬细胞炎性细胞因子分泌能力也进一步增强，结肠中炎性细胞浸润程度更重。这些结果提示

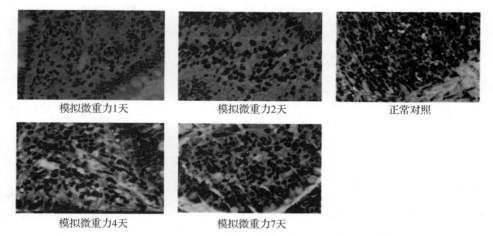

图 6-15 模拟微重力对小肠黏膜 CD4 细胞数量的影响

微重力可以改变结肠固有免疫细胞的组成和功能，促进溃疡性结肠炎的发生和发展。

7. 消化和血流动力学的变化

Rabot 等报道，SD 大鼠在美国航天飞机上分别飞行 9、14 天后，其肠道中短链脂肪酸谱及其浓度均发生了变化。有报道称，微重力模拟加快了肠内容物的排空速度。这可能与胃肠道血流动力学的改变有关。相关研究表明，微重力对胃肠道血液循环的影响主要表现为静息状态下血管容量增加、流速降低。张乐宁等发现，模拟微重力显著降低了大鼠肠系膜小动脉的收缩能力。Dunbar 等也有报道，肠系膜血管对交感神经刺激引起的血管收缩反应性降低。

8. 肠道微生物

健康人小肠空肠中细菌含量较低（$0 \sim 10^{4.5}$ 个/mL），包括需氧菌（链球菌、葡萄糖菌、乳酸菌、酵母菌等）和厌氧菌（厌氧链霉菌）；而回肠中，特别是回肠末端，细菌含量显著上升至 $10^{3.5} \sim 10^{6.5}$ 个/mL，且菌群结构更接近于结肠，含有较多的大肠杆菌和拟杆菌。相对于大肠，小肠中的菌群数量和种类较少，因此关于微重力对小肠菌群的研究较少。研究表明，采用后肢卸荷（hindlimb-unloaded，HU）小鼠模型模拟微重力环境，与地面对照组（Ctrl）相比，HU 影响了粪便微生物群的组成，其中类杆菌的数量降低，硬壁菌数量增加，且结肠上皮细胞减少更替，上皮杯状细胞数量下降，和炎症反应、防御相关的基因表达下降。另外，HU 小鼠增强了上皮对葡聚糖硫酸钠诱导损伤的敏感性，而腐殖质粪便移植减缓了 HU 小鼠上皮细胞的变化。由此说明 HU 可改变小鼠肠道菌群的组成，改变结肠上皮细胞的稳态，使屏障功能受到破坏，并增强结肠炎的易感性。

模拟微重力条件下，菌群结构改变，益生菌群数量减少，致病菌数量增加，均会在一定程度上导致肠道微生态平衡失调，影响肠黏膜的屏障功能，导致肠道炎症发生。目前，模拟微重力环境诱使大鼠肠道菌群失调的具体机制尚无定论，其中可能涉及胃肠道功能的紊乱。微重力使胃肠道的运动减少，黏膜形态、功能及分泌活动发生改变，这些现象均直接影响肠道的微生态。首先，细菌生长受肠蠕动调控，肠蠕动在微重力条件下减弱，结肠通过时间延长，致使肠内腐败菌的过度增殖。其次，食糜的组成和肠道内容物的性状可以影响肠道菌群的构成，而它们受到消化液分泌水平和性质的影响。最后，肠黏膜的形态及功能影响肠道菌群的定植，微重力使肠黏膜的形态功能发生改变，不利于肠道益生菌的定植生长，最终导致肠道微生态失调。

模拟微重力时，大鼠肠道表现出原籍菌减少、过路菌增加、有益菌减少、有害菌增加的现象，菌群丰度显著增加，但多样性降低。原籍菌群中，双歧杆菌显著减少，乳杆菌也存在不同程度的减少。过路菌群中，肠球菌和肠杆菌的数量显著增加。Shi 等发现，微重力环境使小鼠肠道菌群显著改变，具体为厚壁菌门数量增加、拟杆菌数量下降。另外有报道称，在微重力条件下，艰难梭菌和大肠杆菌的生长速度显著加快，而乳酸菌和双歧杆菌等保护性菌群的数量下降甚至消失。通过对肠道细菌基因测序分析发现，模拟微重力显著降低了大鼠肠道中拟杆菌、毛螺菌（*Lachnospira*）、乳酸杆菌（*Lactobacillus*）、消化链球菌（*Peptostreptococcus*）、异杆菌（*Heterobacterium*）、布劳特氏菌（*Blautia*）、克里斯滕森菌（*Christensen*）和普雷沃氏菌（*Prevotella*）等菌属的丰度，并显著上调了密螺旋体属（*Treponema*）的丰度。其中，拟杆菌、布劳特氏菌能发酵产生短链脂肪酸，给肠道上皮提供特殊营养及能量、增强胃肠道运动、保护肠道黏膜屏障及降低炎症水平等。

菌群丰度类似的变化也出现在人类航天飞行过程中，其中，乳酸杆菌和双歧杆菌（*Bifidobacterium*）等有益菌在航天员体内减少，相反，可能致病微生物如梭菌（*Clostridium*）、大肠杆菌（*E. coli*）、具核梭杆菌（*Fusobacterium nucleatum*）和铜绿假单胞菌（*P. aeruginosa*）的种群数量增加。

NASA曾进行过一项研究，其比较了在国际空间站中执行一年任务的航天员和同时期地球上其双胞胎兄弟的肠道微生物组，发现飞行期间航天员微生物群落的功能和组成发生了明显的变化，这些变化带来的健康风险还未知。随后，一项研究分析了在NASA执行任务期间国际空间站上的小鼠的粪便样本，与地球上3个对照组进行比较发现，小鼠的肠道微生物组因太空飞行发生变化，这些变化与宿主肝脏的转录组改变有关。太空飞行者飞行前、中、后的采样分析表明，胃肠道中微生物数量增加的同时多样性却降低。在太空飞行后，致病菌沙雷氏菌（*Serratia marcescens*）和金黄色葡萄球菌（*Staphylococcus aureus*）的数量大幅增加，且金黄色葡萄球菌在航天员之间传播，表明病原体可以在空间环境中的个体间转移。航天员肠道微生物组的变化对整体健康的影响尚未得到定论，不过针对微重力环境导致微生物产代谢物变化的进一步研究，有助于提出益生菌补充措施来对抗微生物对航天员的病理影响。

健康成年人含有超过1 000种细菌，其中以拟杆菌门和厚壁菌门（*Firmicutes*）为优势门。对在国际空间站执行任务长达6~12个月的航天员的样本的分析表明，航天员的肠道微生物多样性发生了变化。将每位航天员飞行前样本中占75%以上的细菌类群组成定义为核心微生物组，对航天组人员的核心微生物组进行分析发现，有17个细菌属的丰度在太空中发生了显著变化，其中有13个细菌属隶属于厚壁菌门，主要为梭形目，有9个细菌属来自胃肠道核心微生物群。此外，瘤胃球菌（*Ruminococcus*）、阿克曼氏菌（*Akkermansia*）、纺锤链杆菌（*Fusicatenibacter*）和假丁酸弧菌（*Pseudobutyrivibrio*）的数量在飞行过程中明显减少。除了厚壁菌门的两个细菌属外，这些变化在航天员返回地球后大多都恢复至飞行前的水平。微生物群多样性的变化对航天员健康的确切影响有必要在未来的研究中进一步确定。

由于太阳辐射、太阳粒子事件和银河宇宙射线的影响，在近地轨道外飞行的航天员还面临暴露于高线性能量转移电离辐射的风险。先前的工作已表明，辐射具有许多有害影响，包括骨质流失加速、白内障和心脏病的风险增加。除此之外，长时间的辐射暴露还会显著改变肠道内环境的平衡。有研究证明，太空辐射对肠道微生物的组成有显著影响，这些共生微生物群落的组成也会影响辐射诱导的致死率。例如，包括癌症在内的胃肠道疾病患者进行放射治疗时，辐射剂量可显著影响胃肠道中的微生物群落。同样，航天员在太空飞行期间暴露于更高剂量的辐射，从而导致生物失调。

肠道微生物组通过调节宿主的免疫力，对宿主生理状况的维持起重要作用。微生物群可保护人体免受代谢性疾病、炎症性肠病和过敏性疾病等侵袭，而在航天飞行中，人体肠道微生物群的改变可能反过来导致免疫系统受损和胃肠道及其他疾病的发生。人类肠道中的微生物产生的活性小分子可帮助人体免疫系统抵御病原微生物及其毒素。微重力、辐射、饮食和其他环境因素引起肠道菌群紊乱对机体的影响如图 6-16 所示。肠道微生物群合成的短链脂肪酸可穿过肠道上皮直接影响黏膜免疫反应，几种短链脂肪酸和细菌素还可直接影响病原体生长。在某些情况下，微生物还可以通过消耗剩余氧气来改变病原菌中致病因子的表达。另外，肠道微生物可以增加黏液层的分泌，从而促进宿主肠道屏障功能。在肠道微生物缺乏或平衡破坏的情况下，病原体沙门氏菌（*Salmonella*）、志贺氏菌（*Shigella*）和对万古霉素耐药的肠球菌（*Enterococci*）、艰难梭菌（*Clostridium difficile*）可能通过肠道上皮进入血管，从而引起全身感染。研究表明，太空飞行

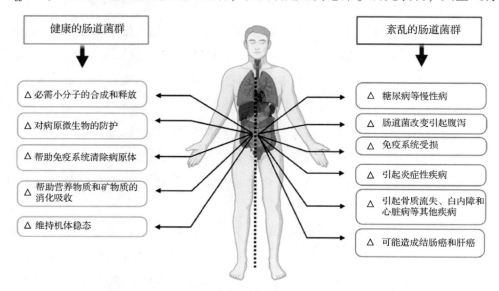

图 6-16　微重力、辐射、饮食和其他环境因素引起肠道菌群紊乱对机体的影响

期间，免疫系统和免疫反应受到严重抑制，在太空中长时间停留会导致免疫系统功能障碍，并增加患感染性疾病的风险。而肠道微生物群可以激活抗原呈递细胞以及其他免疫细胞，调节各种白细胞介素和细胞因子的释放，从而对一系列免疫反应进行调控。一项研究显示，空间站中航天员肠道微生物组的改变与细胞因子谱的变化存在密切关联（表6-1）。其中，*Fusicatenibacter* 属的 Otu000010 丰度与促炎细胞因子 IL-8、IL-1B、IL-4 和 TNF-α 的浓度呈负相关，*Dorea* 属 Otu000011 的变化与 IL-1B、IL-1ra、VEGF 和 MIP-1B 等细胞因子水平的变化呈负相关，这些细胞因子的水平均在空间环境中上调。

表6-1 在 ISS 任务期间和返回地球后，细胞因子浓度的变化与肠道微生物群相对丰度之间的关系

细胞因子	细胞因子与肠道微生物群的相关性（D）	标准误差	相关 p 值	飞行中细胞因子的变化	操作分类单元（OTU）	属	飞行中 OTU 的变化
CXCL8/1L-8	-0.581	0.144	5.43E-05	↑	Otu000010	*Fusicatenibacter*	↓
IL-1B	-0.622	0.126	8.57E-07	↑	Otu000010	*Fusicatenibacter*	↓
	-0.36	0.087	3.69E-05		Otu000011	*Dorea*	↓
TNF-α	-0.467	0.099	2.32E-06	↑	Otu000010	*Fusicatenibacter*	↓
IL-17	0.464	0.114	4.35E-05	ns	Otu000054	*Faecalibacterium*	↑↑↑
IL-1ra	-0.5	0.12	3.09E-05	↑	Otu000011	*Dorea*	↓
	-0.5	0.102	8.89E-07		Otu000028	*Ruminococcus_2*	↓↓↓
IFNg	0.618	0.12	2.85E-07	ns	Otu000038	*Akkermansia*	↓↓
	-0.611	0.06	4.33E-24	ns	Otu000165	*Lachnospiraceae（uncl.）*	↑
IL-2				↑			
IL-4	-0.622	0.155	5.87E-05	ns	Otu000010	*Fusicatenibacter*	↓
IL-10	-0.379	0.103	2.46E-04	ns	Otu001908	*Roseburia*	↓↓
G-CSF	-0.364	0.08	5.67E-06	ns	Otu000016	*Blautia*	↑↑
FGF basic	0.357	0.098	2.85E-04	ns	Otu000054	*Faecalibacterium*	↑↑↑
Tpo	0.352	0.099	3.71E-04	ns	Otu000071	*Lachnospiraceae（uncl.）*	↓↓

续表

细胞因子	细胞因子与肠道微生物群的相关性(D)	标准误差	相关p值	飞行中细胞因子的变化	操作分类单元(OTU)	属	飞行中OTU的变化
VEGF	-0.556	0.087	1.72E-10	ns	Otu000010	*Fusicatenibacter*	↓
	-0.42	0.106	7.08E-05		Otu000011	*Dorea*	↓
CCL2/MCP-1				↑			
CCLA/MIP-1B	-0.38	0.1	1.49E-04	↑	Otu000011	*Dorea*	↓
CCL5/RANTES	0.521	0.138	1.55E-04	ns	Otu000060	*Lachnoclostridium*	↑

注：D，Somers'D 关联系数。$D>0$ 和 $D<0$ 分别表示细胞因子浓度和 OTU 相对丰度之间的正相关和负相关。ns，细胞因子浓度在空间飞行过程中没有显著变化；向上和向下箭头分别表示 ISS 期间细胞因子浓度/OTU 丰度的增加或减少。箭头个数与 log 2（OTU 相对丰度倍数变化）成正比。uncl.，未分类属。

一般情况下，大量微生物在人体肠道内定植对机体的营养代谢至关重要，而肠道内稳态的改变对宿主具有一定的不利影响，可能导致疾病的发生。黄玉玲等总结得出，细菌微生物的形态结构、代谢活性、毒力和致病性在微重力环境下会发生显著变化。Chopra 等利用生物过滤器模拟微重力环境培养沙门氏菌，从而验证了其毒力，具体为耐热性肠毒素的表达显著增强，并且在类似条件下，致病性大肠杆菌中耐热肠毒素的表达也有增加。大肠杆菌是最常见的条件致病菌，大肠杆菌菌株 LCT-EC52 和 LCT-EC59 经空间搭载 17 天后，有 1 000 多个基因的表达水平发生了变化，这些基因参与趋化、脂质代谢和细胞运动，在 30 多种碳源的利用上存在差异，并在代谢、转录和蛋白组水平上均出现广泛而显著的变化。刘蓉等在模拟微重力条件下利用二代测序技术，发现诱变大肠杆菌感染巨噬细胞后 miRNAs 表达明显改变，这些 miRNAs 可能参与丝裂原活化蛋白激酶、WNT 和 TGF-β 等通路的调控，从而诱发炎症反应，并且，研究发现空间诱变大肠杆菌感染尾吊小鼠后显著升高了肠道组织及血浆中炎症因子的表达，使肠道黏膜屏障进一步严重受损，提示模拟微重力下感染诱变大肠杆菌会加重机体的炎症反应。理论上，肠道菌群发生的变化都趋向对身体造成损害。

微重力环境可以增强一些肠道微生物对抗生素的抵抗力，对感染治疗提出新的挑战。在飞行期间从航天员身上培养的微生物比在太空飞行前后从同一个体身上分离的细菌表现出更强的抗性。在空间记录的大肠杆菌抗生素剂量与地面对照相比几乎高出 4 倍，而金黄色葡萄球菌高出两倍。嗜酸乳酸杆菌是一种典型益生菌，在微重力环境中，其形态未出现明显改变，但耐酸能力增强且生长加快，对青霉素钠盐、硫酸庆大霉素和头孢呋辛等的敏感程度降低，并能参与调节肝 HepG2 细胞中胆固醇代谢基因 LDLR、ABCB11、HMGCR 和 CYP7A1 的表达，从而增强其体外胆固醇降解的能力。尽管缺乏直接证据，但航天员仍然需要保持定期摄入益生菌，以扭转肠道系统中的有害变化并维持肠道微生态平衡。除了益生菌补充，Yang 等表明，在微重力下，雌激素也可以对肠道菌群进行调节，从而降低对自身免疫性疾病如结肠炎的易感性。这一结论可能为肠道疾病治疗的未来挑战提供新的解决方案。

总之，微重力下，观察到肠道消化能力降低、排空状态减慢，这可能与肠道血流动力学紊乱有关。微重力环境下，微生物的致病性、毒力和抗生素抵抗力增强，与肠黏膜的通透性增强和屏障功能受损形成恶性循环，导致肠道感染的易感性增强。

6.4 微重力对肝脏的影响

肝脏是人体消化系统中最大的消化腺，以代谢功能为主，在身体里分泌胆汁并承担着去氧化、合成分泌性蛋白质和储存肝糖等职责，是与新陈代谢和解毒相关的重要器官。体内的物质，包括摄入的食物，在肝脏内进行重要的化学变化：有的物质经受化学结构的改造，有的物质在肝脏内被加工，有的物质经转变而排泄体外，有的物质如蛋白质、胆固醇等在肝脏内合成，肝脏还能促使一些有毒物质改进后再排泄体外，从而起到解毒作用。在微重力条件下，肝脏受到直接和间接的应激作用，对正常生理机能产生影响。但因肝脏本身功能复杂，研究微重力对其造成的损伤及分子机制存在较大困难。而微重力对肝脏的影响及机制的研究对保障航天员训练及其在太空环境中长期工作、生活具有重要的指导意义。

6.4.1 肝脏的结构与功能

肝脏是人体中最大的腺，成人的肝重约 1.5 kg，位于右侧肋部和腹上部，具有分泌胆汁、贮存糖原、解毒和吞噬防御等功能，在胚胎时期还有造血功能。肝脏质软而脆，呈红褐色，结构如图6-17所示。肝上面膨隆，对向膈，被镰状韧带分为左、右两叶，右叶大而厚，左叶小而薄。肝右叶上方与右胸膜和右肺底相邻；肝左叶上方与心脏相连，小部分与腹前壁相邻；肝右叶前面部与结肠相邻，后叶与右肾上腺和右肾相邻；肝左叶下方与胃相邻。肝的下面又称脏面，朝向左下方，邻接腹腔一些重要脏器，脏面的中央有一横裂叫肝门，为肝动脉、肝管、

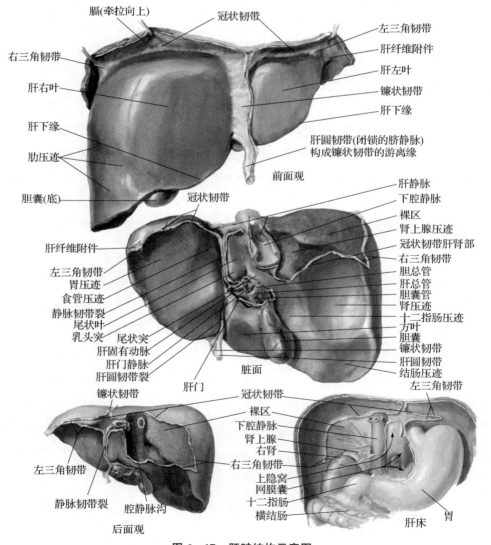

图6-17 肝脏结构示意图

门静脉、神经和淋巴管出入肝的门户。肝脏由 50 万~100 万个基本结构单位——肝小叶构成。肝小叶呈六角柱状，有一中央静脉，中央静脉的周围有大致呈放射状排列的肝细胞板（肝板），肝板之间为肝血窦，相邻肝细胞之间有微细的胆小管。胆小管汇集成稍大的管道，再逐级汇集成更大的管道，最后形成左、右肝管经肝门出肝。肝细胞分泌的胆汁进入胆小管，经各级胆管和肝管流出。胆汁流入十二指肠前在肝外流经的管道总称为肝外胆道系统，包括肝管、肝总管、胆囊管、胆囊和胆总管。

肝脏具有分泌胆汁、物质代谢、解毒、防御和免疫、调节循环血量的功能。此外，机体的热量产生、水电解质平衡等也需要肝脏的参与。

1. 分泌胆汁

肝脏细胞可以不断产生和分泌胆汁与胆汁酸。胆汁能帮助肠道排出有害物质，促进小肠中脂肪的消化吸收，若无胆汁作用，将流失掉食物中 40% 的脂肪，并妨碍脂溶性维生素的吸收。胆汁酸是胆汁的重要成分，其合成受反馈控制，合成量取决于其经过肠－肝循环后返回肝脏的量。

2. 物质代谢

小肠黏膜吸收的单糖通过门静脉最终到达肝脏，在肝脏中以肝糖原形式进行存储。当血糖大量消耗时，如饥饿、劳动和发热等，肝细胞将肝糖原重新分解为葡萄糖，进入血液循环，所以肝糖原在调节血糖浓度并维持血糖稳定中有重要作用。由胃肠道吸收的氨基酸在肝脏中进行蛋白质合成、脱氨、转氨等，合成的蛋白质进入循环血液，作为体内各种组织蛋白更新的补给，因此肝脏中的蛋白合成对维持机体的蛋白质代谢具有重要意义。肠道消化吸收的部分脂肪也进入肝脏，转变为体脂储存，在机体饥饿时运送至肝脏分解以供给能力。肝脏还可储存和代谢多种脂溶性维生素，如维生素 A、C、D、E、K、B_1、B_6、B_{12}、烟酸、叶酸等。

3. 解毒

肝脏是人体主要的解毒器官，能将血液中的有害物质转变为较无毒或可溶性物质，通过胆汁或尿液排出体外。肝脏的解毒方式主要包括以下四种：①分泌作用，一些肠道中的细菌和体内的重金属（汞），可随胆汁分泌排出；②化学作用，如氧化、还原、结合、分解和脱氧等，有毒物质与葡萄糖醛酸、硫酸、氨基酸等结合可变为无毒物质；③积蓄作用，如某些生物碱可暂时积蓄在肝脏中，随后逐渐释放，以减少中毒；④吞噬作用，肝细胞中含有大量的库普弗细胞（Kupffer cells，KCs），能吞噬病菌而起到保护肝脏的作用。

4. 防御和免疫

肝静脉窦内皮层中含有大量的 KCs，能吞噬血液中的异物、细菌、染料及其他颗粒物质。当肠黏膜受损时，致病性抗原物质透过肠黏膜进入肠壁内的毛细血管和淋巴管，小分子抗原经门脉微血管抵达肝脏，由肝脏中的单核－巨噬细胞吞噬，处理后的抗原物质能刺激机体引起免疫反应。

5. 调节循环血量

肝脏还具有调节循环血量的作用。肝细胞可以合成人体 12 种凝血因子中的因子Ⅱ、Ⅶ、Ⅸ、Ⅹ，当肝脏功能损伤时，凝血因子缺乏会延长凝血时间和导致出血倾向。

6.4.2 微重力对肝脏功能的影响

1. 细胞增殖分化

肝干细胞向肝细胞的快速生长和分化是肝再生过程中的关键因素之一。Majumder 等利用自制的三维回转台对双能性小鼠卵圆肝干细胞（bipotential murine oval liver stem cells，BMOL 细胞）模拟微重力效应，采用增殖、凋亡、免疫荧光、Western blot 等方法研究模拟微重力对 BMOL 细胞的影响。结果显示，模拟微重力效应处理两小时后可使 BMOL 细胞增殖两倍，而不诱导细胞凋亡和降低细胞活力。且模拟微重力效应作用两小时后对肝细胞核因子 4－a（HNF4－a）表达的分析表明，微重力单独作用可在 2~3 天内诱导干细胞分化。进一步发现，模拟微重力效应处理两天后的干细胞中骨形态发生蛋白 4（BMP4）的表达上调，Notch1 的表达下调，且用背对称素和 Chordin 条件培养基阻断细胞 BMP4 的表达，可减弱模拟微重力诱导的肝干细胞分化。因此，模拟微重力条件下，可能通过干细胞中的 BMP4/Notch1 信号传导相互作用，从而诱导干细胞向肝细胞分化。

2. 肝脏组织超微结构

周金莲等采用大鼠尾悬吊法建立模拟微重力动物模型，分别在模拟微重力 6 小时、12 小时、1 天、2 天、3 天、5 天、7 天后通过透射电镜观察大鼠肝组织超微结构的变化。结果显示，对照组大鼠的肝细胞核圆且居中，核仁明显，胞质内可见丰富的粗面内质网、线粒体核糖原，线粒体的嵴正常、清晰，少见脂滴；而模拟微重力组大鼠肝组织超微结构发生异常变化，可见肝细胞染色质浓缩边聚，在核膜下呈新月形，线粒体肿胀，嵴断裂或消失，部分空泡变性，内质网扩张，呈片层状，出现凋亡小体，且在模拟微重力早期阶段（1天、2天）比较明显，随后逐渐有所减轻（图6-18）。宋艳等同样通过大鼠尾悬吊建立模拟微重力模型，4周后模拟微重力效应大鼠的肝脏组织结构出现明显的病理变化，主要表现为以中央静脉为中心，肝细胞肿胀，细胞界限不清晰，肝细胞索紊乱，狄氏隙呈现。肝脏超微结构异常可能是微重力和模拟微重力环境下肝脏应激反应的表现形式之一，同时说明肝脏的微重力应激性病理改变在一定条件下可以逆转，这可能与肝脏强大的代偿机能有关。

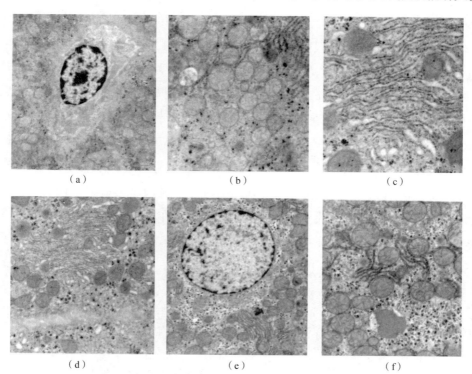

图6-18 模拟微重力及正常对照大鼠肝细胞超微结构变化（TEM）
（a）模拟微重力大鼠肝细胞染色质浓缩、边聚，模拟微重力两天所见（10000x）；
（b）模拟微重力大鼠线粒体肿胀，嵴断裂或消失，模拟微重力两天所见（20000x）；
（c）模拟微重力大鼠内质网扩张，呈片层状，模拟微重力12小时所见（50000x）；
（d）模拟微重力大鼠胞质内较多的空泡变性，模拟微重力12小时所见（20000x）；
（e）对照组肝细胞核圆且居中，细胞器结构清晰（10000x）；
（f）对照胞质内粗面内质网规整，线粒体嵴膜正常、清晰（20000x）

3. 氧化应激反应

Hsp70 属于热休克蛋白六大家族中最重要的一族，有多种分型，功能广泛但高度保守。一般情况下说的是诱导型 Hsp70，其在正常细胞中微量表达或微量不表达，在应激情况下可以迅速合成。Ohnishi 等发现，搭乘 NASA 航天飞机的金鱼有多个脏器的 Hsp72 水平显著上升，认为这种变化为实验动物在空间环境中对空间辐射及微重力产生的分子水平的应激诱导反应。崔彦等通过 Wistar 大鼠尾悬吊的方式建立模拟微重力模型，应用 RT-PCR 和 Western blot 分别检测模拟微重力大鼠肝脏的 Hsp70 mRNA 和蛋白的表达变化，结果发现在模拟微重力早期，Hsp70 mRNA 和蛋白在大鼠肝组织中的表达均发生显著改变，分别在 6 小时、12 小时显著增加并形成高峰，随后呈下降趋势。宋艳等以同样的方式建立模型，通过免疫组化法检测肝脏 Hsp70 的表达。结果显示，Hsp70 在正常组大鼠肝脏中微弱表达，在模拟微重力 4 周后的大鼠肝脏中强阳性表达（图 6-19），阳性反应信号主要集中于中央静脉，在肝细胞质、胞核和细胞间隙中呈弥漫分布，其表达量与肝细胞的损伤程度呈正相关。模拟微重力是一种能诱导肝脏细胞表达 Hsp70 mRNA 及蛋白的应激原，该应激反应符合 Hsp70 的表达特点，在模拟微重力早期即发生。微重力的应激状态改变肝脏内环境，使肝脏主动或被动地起到"应激分子库"的作用，从而产生一系列的特殊应激因子进行生理调节，包括：肝脏组织蛋白质构型发生改变，产生变性聚集的蛋白，激发细胞的应激反应，激活 Hsp70 基因，并编码产生 Hsp70 应激蛋白等。

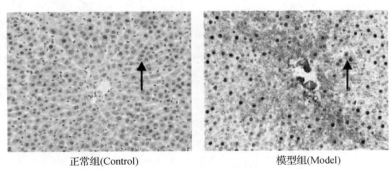

正常组(Control)　　　　模型组(Model)

图 6-19　Hsp70 免疫组化图 （×40，棕黄色颗粒为阳性细胞）

宋艳等的实验还发现，模拟微重力大鼠肝脏组织与正常组相比，抗氧化物 SOD 和 GSH-PX 活性显著下降，氧化物质 MDA 含量显著增加，表明模拟微重力可能降低肝脏的抗氧化能力，增强脂质过氧化，脂质过氧化物的蓄积会进一步加重肝脏的损害。机体抗氧化能力的降低可能是模拟微重力环境损伤肝脏的机制之一。崔彦等以 Western blot 和免疫组化法测定了尾悬吊模拟微重力大鼠肝脏中 NF－κB 的表达情况。结果显示，模拟微重力 1 天后，大鼠肝脏中 NF－κB 的表达显著高于对照组，但是随着模拟微重力时间延长，NF－κB 的表达量逐渐降低，3~5 天时仍高于对照组，但无显著差异，至 6~7 天时已略低于对照组。免疫组化分析表明，NF－κB 阳性产物主要分布于大鼠肝细胞内，在库普弗细胞和炎细胞内也有出现（图 6－20），大鼠肝组织中 NF－κB 的表达水平在模拟微重力 1~2 天时显著高于对照组，随着时间延长呈下降趋势，5~7 天时已接近对照组，无显著差异。模拟微重力组大鼠肝脏中 NF－κB 表达的变化可能源自模拟微重力环境所导致的氧化应激反应，NF－κB 的过表达可能通过调控其下游基因的表达加重肝脏损伤。

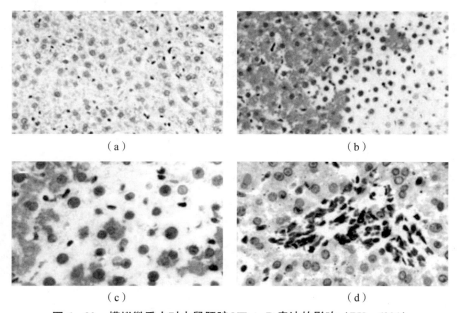

图 6－20　模拟微重力对大鼠肝脏 NF－κB 表达的影响（PV－6001）

（a）对照组（×100）；（b）NF－κB－高表达，核浆型，悬吊 1 天组所见（×100）；（c）肝细胞中 NF－κB 核型表达，可见全核阳性及局部碎点状阳性者，主要位于核仁区（×200）；（d）NF－κB 阳性产物亦可见于炎细胞和库普弗细胞内（×200）

4. 免疫功能

肝脏 KCs 是肝窦内的巨噬细胞，是全身单核巨噬细胞系统的重要组成部分，占全身单核巨噬细胞系统的 80%~90%，具有吞噬、分泌和免疫功能，在机体损伤应激、修复应答等方面发挥重要的作用。田西朋等利用旋转细胞培养系统构建模拟微重力效应模型，研究模拟微重力效应对小鼠肝脏 KCs 增殖的影响。结果显示，在 RCCS 模拟微重力培养第 3 天，模拟微重力组小鼠肝 KCs 数量显著低于对照（NG）组，G0/G1 期细胞分布增加，S 期和 G_2/M 期低下。但随着 RCCS 培养时间延长，SMG 组细胞增长速度较 NG 组快，培养第 5、7 天，SMG 组细胞数量已明显高于 NG 组，G0/G1 期细胞分布低下，S 期和 G2/M 期分布明显增高。这一结果提示 RCCS 模拟微重力培养早期小鼠肝脏 KCs 增殖受到抑制，经过一个过渡期后分裂能力增强且增殖速度加快，肝脏 KCs 的机能可通过应激反应和代偿适应得以进一步激活强化。Ki-67、增殖细胞核抗原反映细胞增殖状态；细胞外调节蛋白激酶从表面受体将传导信号传至细胞核内，参与细胞增殖调控；周期蛋白依赖性激酶 2（cyclin-dependent kinases，CDK2）是细胞由 G1 期向 S 期转变的关键调控因素，也是调控 DNA 复制起始的关键因子；细胞周期蛋白 B（Cyclin B）是细胞由 G2 期向 M 期转变即发生有丝分裂的关键调控因子。研究结果表明，在 RCCS 模拟微重力的培养早期，小鼠肝脏 KCs 中 Ki-67、PCNA、ERK、CDK2 以及 Cyclin B 基因及其蛋白表达均下调，培养 5~7 天时，这些基因与蛋白表达呈明显上调趋势。因此，小鼠肝脏 KCs 出现的微重力耐受、微重力应激和功能激活代偿可能发生在基因层面。综上，微重力诱发肝脏 KCs 的应激损伤会抑制其增殖功能，其增殖能力在一定时相后伴随相关基因蛋白的水平变化得到恢复并被激活强化，说明肝脏 KCs 可能通过调整分泌和吞噬机制，在分子水平上参与调节炎性反应介质、刺激应答、防御级联损伤和维护细胞功能，这对微重力乃至机体内外各种不良环境和应激情况下肝脏 KCs 发挥免疫调节、抵御感染及损伤修复等方面具有重要意义，有待进一步深入研究。

5. 物质代谢

Ahlers 等发现，搭乘 Cosmos 690 飞行 20 天的 Wistar 大鼠在飞行后一天，血浆中葡萄糖、皮质酮、尿素和总胆固醇浓度上升，骨髓、血浆和肝脏中甘油三酯浓度增加。Abraham 等研究搭乘 Cosmos 936 生物卫星的大鼠，检测了大约 30 种脂质和碳水化合物代谢相关酶的活性，以及肝脏脂质中糖原和单个脂肪酸的含量，采用飞行和地面对照大鼠在恢复期（R_0）和恢复后 25 天（R_{25}）的肝脏进行分析。结果显示，与地面对照组大鼠相比，在 R_0 期时飞行大鼠肝脏中的部分代谢酶水平发生了明显改变，糖原磷酸化酶、甘油三酯酰基转移酶、α-甘油磷酸酰基转移酶、6-磷酸葡萄糖脱氢酶和乌头酸酶的活性水平均显著降低，棕榈酰辅酶 a 去饱和酶的活性显著上升，并出现糖原积累现象，肝糖原含量较对照组增加了 2 倍，十六烷酸与十六碳烯酸比率显著下降，且这些变化在飞行 25 天恢复正常。

Merrill 团队对大鼠在微重力环境下肝脏的物质代谢情况展开了大量的研究。他们发现，搭乘 Cosmos 1887 飞行 14 天的 Wistar 大鼠肝脏糖原含量和羟甲基戊二酰辅酶 A（HMG-CoA）还原酶活性升高，微粒体细胞色素 P450（Cytochrome P450，CYP450）含量降低，苯胺羟化酶、乙基吗啡 N-脱甲基酶、细胞色素 P450 依赖性酶的活性降低。在太空实验室 3 号（SL-3）搭载的大鼠实验中，对大鼠进行肝脏脂质、糖原、肝胆固醇酶、甘油脂质和鞘脂生物合成以及其他酶活性测定发现，与对照组相比，飞行组大鼠肝脏的糖原含量显著升高，胆固醇水平降低 24%，甾体生物合成的限速酶 3-羟基-3-甲基戊二酰辅酶 a 还原酶活性降低 80%，鞘脂和甘油酯生物合成的起始酶-丝氨酸-棕榈酰转移酶降低 40%，脂肪酰辅酶 A 合成酶活性升高 37%，但由于微粒体蛋白质含量同时降低 25%，因此每克肝脏中脂肪酰辅酶 A 合成酶活性没有显著变化。Merrill 等对乘坐 Cosmos 2044 的大鼠肝脏进行蛋白质、碳水化合物（糖原）和脂质分析，以及与这些化合物和外源物质代谢有关的一些关键酶的活性分析。研究亦表明，Cosmos 2044 生物卫星微重力对实验动物肝脏蛋白质、糖原及多种酶的代谢产生重要影响，飞行组大鼠与同期地面对照组大鼠的主要差异表现为肝微粒体蛋白、肝糖原含量、酪氨酸转氨酶、色氨酸加氧酶含量升高，鞘脂和血红素生物合成限速酶、δ-氨基乙酰丙酸合成酶含量降低。以上搭载实验数据均说明太空飞行中的微重力环境会显著影响肝脏的物质代谢功能。

细胞色素 P450 是一个很大的亚铁血红素蛋白家族，可自身氧化，在肝脏中参与内源性物质和外源性物质如药物、环境化合物的代谢。Baba 等以太空飞行了 9 天的 SD 大鼠为研究对象，以地面同龄 SD 大鼠为对照，通过 RT-qPCR 检测了 11 种亚型的 CYP450 的基因表达情况，包括 1A1、1A2、2A1、2A2、2B1、2C11、2C23、2D1、2E1、3A2、4A1，其中与地面对照组相比，飞行 9 天的大鼠肝脏中的 CYP2A1、CYP2C11、CYP4A1 的表达量显著下降。同时，免疫染色显示，几乎所有检测到的 CYP 蛋白在地面组中最集中地定位于小叶中心肝细胞，而在飞行组中染色程度显著减弱。Lu 等将 SD 大鼠通过尾悬吊 21 天建立模拟微重力模型，用 Western blot 检测肝中 CYP450 中几种亚型的蛋白含量，发现与对照组相比，模拟微重力大鼠干重 CYP2C11、CYP2E1、CYP4A1 的含量明显下调，而 CYP3A2 的表达量无明显变化，同时外排蛋白 P-糖蛋白的含量也显著降低。李玉娟等也研究发现，尾悬吊模拟微重力效应 3 天、7 天、14 天后大鼠肝脏中 CYP1A2 的基因及蛋白表达均显著上升。肝脏蛋白质组学测定结果显示，模拟微重力 3 天后，CYP3A2、4A11、2D1、2D3、2D10 和 2E1 的表达量均显著增加；模拟微重力 21 天后，除 CYP3A2 仍显著高于对照组外，其余五种亚型的 CYP450 与对照组无显著差异。航天药物中的大部分药物的代谢均有 CYP450 的参与，如对乙酰氨基酚（CYP2E11）、奥美拉唑（CYP2C19）、维拉帕米（CYP3A4）、咖啡因（CYP1A2）等。在微重力条件下，肝脏中 CYP450 表达与活性的变化均有可能影响药物在肝脏中的代谢，从而影响药物的效果与毒性。

6. 肝脏血流动力

关于肝脏血流动力学的文献报道较少。Putcha 等通过吲哚菁绿（Indocyanine green，ICG）的清除率间接估计肝脏血流，发现 10 名 -6°头低位卧床的志愿者在卧床 1 小时、24 小时后 ICG 的血浆清除率与各自正常活动时相比无明显变化，说明其肝血流量无显著变化。Saivin 等通过 8 名志愿者头低位卧床 4 天建立模拟微重力模型，用超声多普勒技术测量肝动脉的血流速度，并通过静脉注射利多卡因的消除率间接反映肝脏血流量，结果显示头低位卧床 1 天后，肝动脉血流速度显著加快，利多卡因的消除率也显著升高，且后几天逐渐恢复至正常水平。进入肝脏的血流由肝动脉和门静脉共同提供，肝动脉血流占肝脏总血流的 1/4，门静脉血流占 3/4。因此，门静脉血流是影响肝脏血流变化的主要因素。周环宇等利用彩色多普勒超声对人 -6°头低位卧床模拟微重力后门静脉血流动力学的改变进行了研究（图 6-21），分别于模拟微重力前 1 天、模拟微重力后 1 天、3 天、7 天、14 天测定门静脉血流动力学参数。模拟微重力后 1 天门静脉最大流速、血流量即显著下降,随着卧床时间延长,门静脉最大流速与血流量均逐渐降低,模拟微重力21天后分别降至微重力前的66.67%、73.99%,且在卧床结束后1天、7天逐渐恢复至模拟微重力前水平。模拟微重力条件下,肝脏处于相对供血不足的低动力状态,这种状态会随着微重力持续存在或进一步加重,表现出机体生理的不适应。因此临床有必要根据微重力时肝脏血流动力学的变化特点,加强对肝脏防护措施的研究,以确保航天员的航天训练和太空飞行安全。

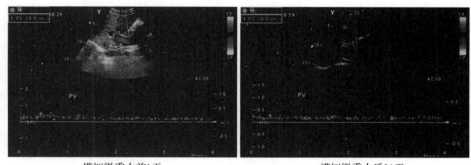

模拟微重力前1天　　　　　　　　　　模拟微重力后21天
图6-21　模拟微重力前后门静脉流速的彩色多普勒超声

6.5　微重力对胰脏的影响

胰脏(也称胰腺)作为人体消化系统主要的分泌腺,其功能主要包括分泌消化所需的胰液和调节体内生理环境稳态所需的各种激素。此外,胰腺移植在糖尿病患者的治疗中也越来越受到重视,但目前的治疗仅限于可以移植的胰岛组织。微重力在器官培养的促进中显示出良好的前景。如果在这个方向取得进展,胰岛移植治疗将为广大糖尿病患者带来福音。

6.5.1　胰脏的结构与功能

胰腺是贴附于腹后壁的一个狭长的腺体,其头部嵌在呈C字状的十二指肠内,尾部向左延伸到接近脾脏处,胰自身体右侧向左侧分为头、颈、体、尾四部分(图6-22)。胰脏主要由两部分组成:外分泌组织和内分泌组织。外分泌

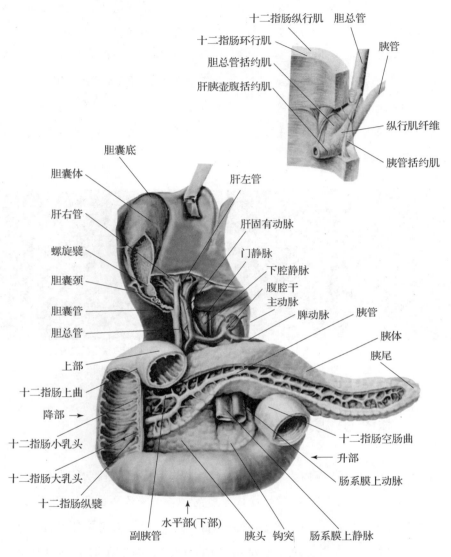

图 6-22 胆道、十二指肠和胰腺

组织由腺泡和导管组成,构成了胰脏的大部分,其中许多小的管道汇集成较大的管道,这些管道又分为主胰管和副胰管,将含有消化酶的胰液输送到十二指肠,消化酶主要包括胰蛋白酶、淀粉酶和脂肪酶,可分解食物中的蛋白质、碳水化合物和脂肪。小肠黏膜分泌的促胰液素、缩胆囊素会刺激胰液的分泌,缩胆囊素舒张十二指肠大乳头开口部的括约肌,使胰液流入十二指肠内。内分泌组织由称为胰岛（islets of Langerhans）的小团组成，分布在胰脏的外分泌组织中。胰岛含有不同类型的细胞，β 细胞分泌胰岛素，这是一种可降低血糖水平的激素，它将血液中的葡萄糖帮助输送进入细胞，用于提供能量或储存；α 细胞分泌胰高血糖素，这是一种提高血糖水平的激素，它通过刺激肝脏释放葡萄糖来起作用。胰脏的这些功能对于维持能量平衡和营养吸收至关重要。胰脏功能障碍，如糖尿病是由于胰岛素分泌或作用受损导致血糖水平异常，而胰腺炎是胰脏发炎，可能会破坏其外分泌和内分泌功能。

6.5.2 微重力对腺体状态和功能的变化的影响

胰腺的主要功能是分泌含有多种消化酶的胰液和调节血糖水平的胰岛素。Miyake 等研究发现，搭载哥伦比亚号飞船飞行的 SD 大鼠的胰腺缩小。此外，Macho 等发现，搭载 Cosmos 2044 太空飞行的 Wistar 大鼠的血糖水平显著升高，同时血浆胰岛素水平也升高。Liu 等发现，在为期 7 天的实验中，悬尾大鼠的血糖水平出现波动，胰岛素水平在早期阶段升高，在 6 小时达到峰值，然后在 3 天时随着 C 肽（C-peptide）水平一同降至低谷，与此同时，胰高血糖素水平仍然很高。这些发现表明微重力可以影响胰腺的状态和葡萄糖代谢。

6.5.3 微重力对胰岛移植治疗的影响

胰岛移植疗法作为长期缓解糖尿病症状的有效方法而受到广泛关注。目前遇到的主要问题是供体数量不足、受体排斥、移植后功能的实现等。如果消除这些障碍，胰岛移植治疗将大大提高糖尿病患者的治愈率。

胰岛细胞的体外静止培养中，细胞仅沿水平面单层生长，细胞密度低，并且没有分化。研究表明，微重力可以诱导细胞 3D 团块的形成。Song 等证实模拟微重力环境可以提高大鼠胰岛体外培养的存活率，增加细胞数量，增强胰岛细胞的分泌功能。Rutzky 等证明，微重力可以通过消除表达主要组织相容性复合体（major histocompatibility complex，MHC）Ⅱ类蛋白的树突状细胞来降低胰岛的免疫原性。Han 等利用旋转壁血管生物反应器，在微重力条件下获得了由支持细胞和胰岛细胞共培养形成的组织样 Sertoli-islet 细胞聚集体（SICA）。在该生物反应器中进行 SICA 的共培养降低了胰岛的免疫原性并增强了胰岛与支持细胞的附着，从而改善胰岛在体外和体内的生物学功能。值得注意的是，这些聚集体在胰岛素分泌方面更活跃，并且具有更高的移植物存活率。

众所周知，胰岛内的细胞间相互作用对其功能具有重要影响。Tanaka 等使用回转器优化培养条件，根据细胞密度诱导生产了大量特定大小的胰腺 β 细胞球体，且适合胰岛移植（图 6-23、图 6-24）。这种在模拟微重力环境中的培养系统可以最大化实现细胞的自组装和随后的球体形成，这也为未来胰岛细胞的来源提供了更多的选择。除了找到更多的细胞来源之外，改善目前的细胞培养条件也可以弥补供体的短缺。聚乙醇酸支架（PGA）被认为可以赋予细胞培养某些方面的优势，Song 等报道，与静态、模拟微重力或 PGA 条件下单独培养的胰岛相比，PGA-SMG 条件下培养的胰岛纯度≥85%，存活率更高，分泌胰岛素的能力更强。

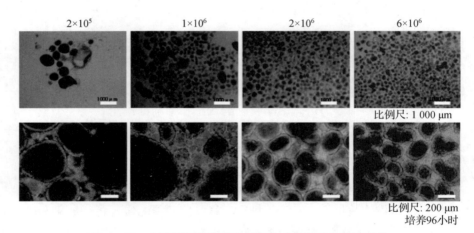

图 6-23 在不同细胞密度条件下生成的胰腺 β 细胞球体

微重力环境下血糖水平的波动以及胰岛素和胰高血糖素水平的不规律可能是身体在压力环境下自我调节活动的最终结果。微重力条件下生物体的具体调控机制和能量利用状态有待进一步研究。微重力下胰岛的共培养可以降低胰岛的免疫原性和胰岛移植的难度。另外，微重力环境可以为胰岛细胞的培养提供更多的模式，并确保这些细胞的特定分泌活动。针对胰岛移植供体不足的问题，目前的研究成果可能为胰岛移植提供一些有前景的方法，但具体机制还需进一步探讨，同时也为其他器官移植提供新的思路。

第 6 章 微重力对消化系统的影响 221

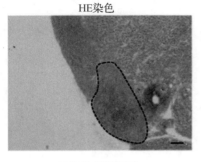

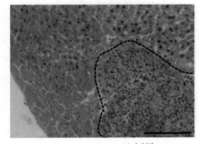

比例尺: 200 μm
虚线: 移植区域
(a)

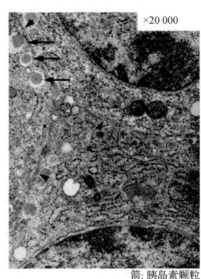

箭: 胰岛素颗粒
箭头: 细胞连接
(b)

图 6-24　β 细胞球体的治疗应用

(a) β 细胞球体移植的组织学分析（与受体肝脏一同提取）；(b) β 细胞球体移植的透射电子显微镜图像，在 β 细胞的细胞质中观察到胰岛素颗粒，相邻细胞之间也发现了胞间紧密连接

■ 小结

综上所述，一方面，微重力可能对人体的消化系统产生不利影响。首先，口腔、胃、肠、肝脏和胰腺的异常分泌活动可能是身体处于应激状态时相关荷尔蒙水平上升的补偿性反应。这可能是造成航天员体内生物节律紊乱的部分原因。其次，胃肠蠕动能力的减弱是微重力条件下血流动力学紊乱的直接后果。同时，肠道微生态失衡、肠道屏障功能减弱，可能导致炎症加重、血流动力学紊乱，甚至直接造成肝脏损害。此外，作为人体最大的与代谢和解毒相关的器官，肝细胞增殖能力的降低、细胞凋亡的增加以及代谢相关酶表达水平的变化也对航天员的能

量生成和利用产生了显著影响。另一方面，微重力环境也为生命科学研究提供了新的思路。微重力下诱导干细胞分化能力的增强可能为干细胞研究以及移植过程中最常见问题——供体短缺提供新的思路和解决方案。同样，近年来，胰岛移植被视为糖尿病治疗的新思路。值得注意的是，微重力下的联合培养也能在一定程度上解决免疫排斥相关的问题。

第 7 章
微重力对循环系统的影响

机体循环系统是分布于全身各部的连续封闭管道系统,除运输功能外还对机体发挥着重要的保护作用。微重力或模拟微重力所引起的体液头向分布对机体的心血管调节系统和血液循环系统具有显著的影响,可引起机体心血管调节系统紊乱及血液流变性、微循环的改变,出现血流速度减慢、血液黏度增加、红细胞变形能力下降、红细胞聚集、血浆纤维蛋白原含量增加等表现。同时微重力引起的许多其他生理变化也可归因于心血管调节系统和血液循环系统的紊乱。

7.1 微重力对血流量的影响

血量是指循环系统内部所含有的血液总量,一般来说,正常人体血液占体重的 7%~8%,即正常人体血量为 70~80 mL/kg。血液由血浆和血细胞两部分组成,血量即两部分容量之和,其中血浆容量约占血量的 55%,血细胞容量则约占血量的 45%。人体血细胞主要包含三个种类:红细胞、白细胞和血小板,其中,红细胞是人体含量最高的血细胞,约占血量的 40%。因此,血量的变化主要取决于血浆容量和红细胞容量。图 7-1 展示了美国早期载人航天"双子星计划"(Project Gemini)、"阿波罗计划"(Apollo Program)、"天空实验室"及航天飞机飞行前后(pre-and post-flight)航天员血量检测结果,从图中可以看出微重力能够造成人体血量减少,并且有报道指出微重力导致的血量减少与微重力周期无关。

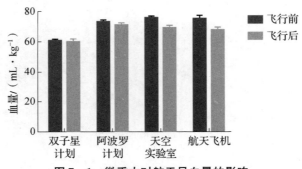

图 7-1 微重力对航天员血量的影响

7.1.1 微重力对血浆容量的影响

研究表明，太空飞行中航天员的血浆容量（plasma volume，PV）减少，但全身水分保持不变。30 名航天员飞行后血浆容量减少 2%~21%，地面卧床实验可见随着时间的延长，血浆容量下降更多。对 SLS-1 任务的 3 名航天员的研究显示，在太空飞行的第 1 天，血浆容量下降，并得出结论，在太空飞行期间，PV 的快速变化导致最初的血量减少。由于含有白蛋白的液体从血管间隙流出，PV 迅速降低。6 名航天员在太空中仅飞行 22 小时后，SLS-1 和 SLS-2 的 PV 平均下降了 17%。地面模拟微重力实验也取得了相同的结果，血浆容量的减少随着模拟微重力周期的延长明显加重，如人卧床模型中血浆容量减少量可从第 1 周的 10% 逐步增加到 20% 以上。

图 7-2 是美国几次航天任务的航天员在飞行前后血浆容量的变化。作为血液的主要组成部分，血浆在微重力状态下会明显减少。

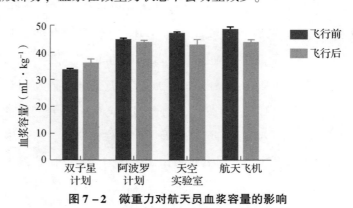

图 7-2 微重力对航天员血浆容量的影响

图 7-3 显示了 6 名航天员（SLS-1 和 SLS-2）的平均 PV 值，统计分析发现，第 1 天飞行明显减少 17%。当在飞行后期和着陆日测量时，平均 PV 仍然明显低于飞行前的值。到飞行后 6 天，这些值已经恢复到接近飞行前的水平。

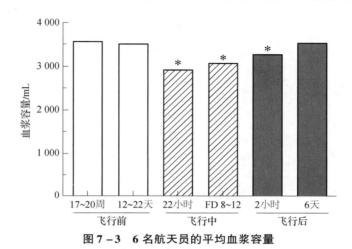

图 7-3　6 名航天员的平均血浆容量

注：飞行日（FD）8 PV 是在 9 天 SLS-1 任务着陆前两天测量的，FD 12 PV 在着陆前 3 天执行 14 天任务。采用方差分析和 Tukey's t 检验，在 $P<0.05$ 水平上进行统计学处理。＊明显低于飞行前和飞行后 6 天的平均值。

7.1.2　血浆容量减少机理

研究人员曾基于微重力状态下体液头向分布这一基本事实，对血浆容量减少的机制进行了一些推测，如图 7-4 所示：①静脉回心血量的增加刺激心房感受器，这一传入冲动作用于神经中枢，减少垂体抗利尿激素（antidiuretic hormone，ADH）的分泌，使肾脏远曲小管和集合管对水的重吸收减弱，尿量增加；②肾脏血流的增加刺激入球小动脉牵张感受器，使近球细胞生成肾素减少，减弱肾素—血管紧张素—醛固酮系统的活性，使肾脏远曲小管与集合管对水和钠的重吸收减弱，尿量增加；③体液头向分布还能作用于神经中枢，减弱口渴感，使人摄入水分减少；④静脉回心血量的增加使心房扩张，刺激心肌细胞合成更多的心钠素（atrial natriuretic peptide，ANP），促进水钠外排，导致尿量增加。水分摄入的减少和尿量的增加导致人体进入"负水平衡"状态，而水正是血浆最主要的化学成分（占血浆 90%~92%），因此，航天员便出现血浆容量减少的现象。

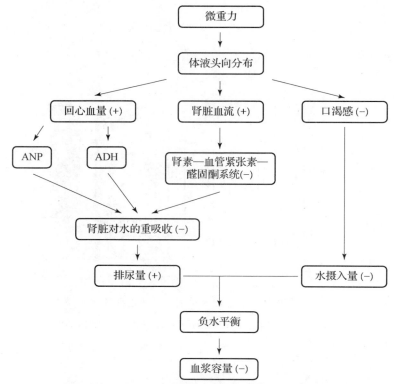

图 7-4 微重力导致航天员血浆容量减少的机制推测

然而,对航天员生理和生化指标的监测并不支持上述推测。例如,尽管在人卧床模型中确实发现实验对象尿量增加,但在微重力飞行过程中并没有观察到这一现象,甚至有报道称航天员的尿量是减少的;航天员体内并没有 ANP 水平的升高,而是在微重力飞行早期航天员体内 ADH 的水平升高;航天员盐水负荷实验表明微重力状态下人体肾素—血管紧张素—醛固酮系统功能失调,以及出现中心循环血量减少的现象。因此,研究人员又提出了一个以"血浆向组织渗透增加"为中心的假说来解释微重力状态下血浆容量的减少,如图 7-5 所示:①微重力状态下组织液静水压消失,从"血浆有效过滤压 = 毛细血管血压 + 组织液胶体渗透压 - 血浆胶体渗透压 - 组织液静水压"这一原理推断,血浆会更多地向组织液滤过;②微重力状态下肌肉张力降低,血浆会更多地向肌肉组织间隙滤过;③微重力直接作用于神经中枢减弱口渴感,使人摄入水分减少。以上三个原因导致航天员血浆容量降低。

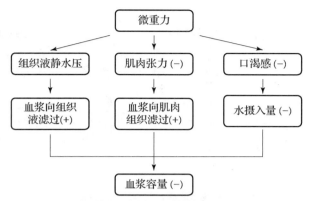

图 7-5　微重力导致航天员血浆容量减少机制的新假说

7.1.3　微重力对红细胞的影响

作为血液的另一种主要成分，红细胞在微重力状态下的变化规律也在载人航天早期开始研究。微重力会引起红细胞质量（red blood cell mass，RBCM）下降、红细胞数目下降、血红蛋白浓度变化和质量下降、红细胞压积变化、平均细胞体积（mean cell volume，MCV）减小、网织红细胞（reticulocyte，Ret）数量变化、红细胞形态改变和红细胞寿命的变化等。

1. 红细胞质量下降

航天员在太空飞行几天或更长时间后返回地球时，红细胞质量持续下降。如 SLS-1 任务的 3 名航天员在太空飞行的第 1 天，一些预计从骨髓释放的红细胞没有出现在循环血液中，在 9 天的任务期间，由于几乎没有新的红细胞从骨髓中释放出来，RBCM 逐渐减少。

图 7-6 是美国几次航天任务的航天员在飞行前后红细胞质量的变化。从图中可以看出，微重力也会造成红细胞质量的下降。有研究人员统计过红细胞质量与微重力周期之间的关系，发现在微重力飞行 1 周内红细胞质量即开始下降，在 21~50 天下降最为明显，之后又出现缓解的趋势。

图 7-7 显示了 4 次航天飞行任务后 RBCM 的百分比下降。这意味着 14 天 SLS-2 任务平均减少 261 mL，9 天 SLS-1 任务减少 210 mL，10 天 SL-1 任务减少 247 mL。这表明，在航天飞行的最初几天，RBCM 的变化必须更快，如图中虚线所示。

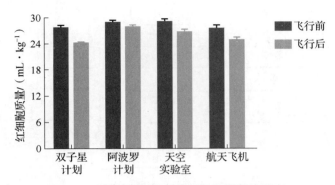

图7-6 微重力对航天员红细胞质量的影响

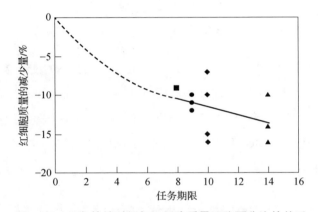

图7-7 任务持续时间与红细胞质量下降百分比的关系

图7-7中显示了4次不同飞行任务的数据,SLS-2(三角形)、Spacelab-1(SL-1,圆形)、SLS-1(菱形)和 Space Transport System 41-B(STS 41-B,正方形)。实线,最适合这些数据点;虚线,预示着在航天飞行的最初几天会有更快的变化。

2. 红细胞数目下降

微重力状态对红细胞数目也会有影响。在红细胞数目方面,短期微重力和长期微重力会造成截然不同的结果。图7-8是执行短期飞行任务的航天员红细胞数目检测结果,可以看出短期微重力后人体红细胞数目整体上是明显增加的;而执行长期飞行任务的航天员,其红细胞数目明显下降,飞行6天后,红细胞计数低于飞行前平均值[图7-9(a)],下降比例为2.4%~15.6%。

第 7 章 微重力对循环系统的影响 229

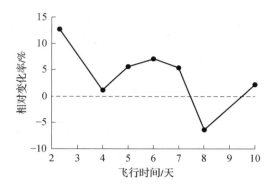

图 7-8 微重力对航天员红细胞数目的影响

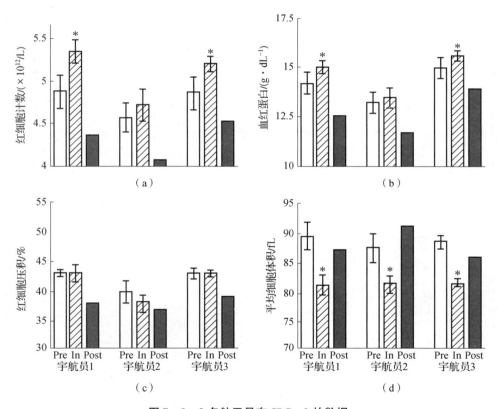

图 7-9 3 名航天员在 SLS-2 的数据

(a) 红细胞计数；(b) 血红蛋白；(c) 红细胞压积；(d) 平均细胞体积

注：显示每个机组成员的飞行前 (pre)、飞行中 (in) 平均值、SD ($n=6$) 和 6 天飞行后 (post) 值。采用非参数 Mann-Whit-ney U-test，$P < 0.05$，*与飞行前显著差异，有统计学意义。

3. 血红蛋白浓度变化和质量下降

在飞行过程中，由于 PV 相对于 RBCM 的快速下降，血红蛋白浓度在飞行早期升高。飞行 6 天后，血红蛋白浓度低于飞行前平均值。图 7-9（b）显示的是 SLS-2 上 3 名航天员的血红蛋白浓度。

航天员返回地面后，血红蛋白的质量是降低的。苏联采用一氧化碳方法测量了飞行前后航天员全身总血红蛋白质量的变化（表 7-1）。由此可见，血红蛋白质量下降的程度与飞行时间有关：飞行时间在 1~3 个月的航天员，返回后血红蛋白的质量下降最多；飞行时间再长，没有进一步下降的趋势。苏联两名飞行 1 年的航天员在飞行后，血红蛋白浓度仅下降 11% 和 12%，少于短期飞行航天员的下降值。

表 7-1 苏联航天员飞行后血红蛋白质量下降的程度

任务	飞行时间/天	平均下降的百分比/%
"联盟" 13	8	3
"礼炮" 3	16	14
"礼炮" 5	18	14
"礼炮" 4	30	16
"礼炮" 5	49	31
"礼炮" 4	63	20
"礼炮" 6	96	26
"礼炮" 6	140	14
"礼炮" 6	175	18

4. 红细胞压积变化

在太空飞行的第 1 天，血浆容量迅速下降，血浆蛋白增加，红细胞压积升高，这可能是由于胸腔上重力压缩减少、组织间压降低、毛细血管液体渗入上体组织室增加所致。SLS-1 受试者外周静脉血红细胞压积的变化与 PV 的变化不一致，在

FD2 时，3 名受试者的总红细胞压积（由 PV 和红细胞质量计算）均升高。而 SLS-2 上 3 名航天员在飞行前平均红细胞压积为 40.8%，飞行 22 小时后平均红细胞压积为 41.0%。飞行 6 天后，红细胞压积低于飞行前平均值[图 7-9（c）]。

5. 平均细胞体积减小

SLS-2 上 3 名航天员的平均细胞体积在飞行过程中比飞行前或飞行后都要小［图 7-9（d）］。较小的 MCV，即红细胞大小，可能使红细胞压积保持不变。红细胞大小的减小可能是因为年轻细胞（较大）的数量减少。

6. 网织红细胞数量变化

网织红细胞是未成熟的红细胞。在正常情况下，骨髓中有核红细胞并不释放至血循环，只有网织红细胞和成熟红细胞才释入血中。因此，检查末梢血中网织红细胞数，可以推知骨髓生红细胞的情况。

在测量了所有美国和苏联/俄罗斯航天员飞行后血液中网织红细胞所占的百分比后，研究人员发现飞行后网织红细胞的变化可分为两个时期：①着陆后即刻到 4 天，血液中网织红细胞所占的比例减小，比飞行前减小 14%~55%，该时期的变化反映微重力对网织红细胞的影响；②一般从着陆后 5~7 天开始，有的航天员从飞行后第 1 天就出现网织红细胞的增加，甚至增加到飞行前的 5~6 倍，该时期的变化与航天员返回后的再适应有关。

7. 红细胞形态改变

航天医学研究表明，航天员和动物在微重力飞行后红细胞形态发生改变，正常的盘形红细胞比例降低，红细胞生成抑制。

飞行中航天员异形红细胞增加，尤其是棘形红细胞增加明显，并且随着飞行时间的延长，棘形红细胞所占的比例逐渐增大。研究人员通过观察头低位兔血液红细胞形态变化，发现头低位组实验后兔红细胞形态发生明显改变，实验后 4 只兔血中畸形红细胞明显增加，其主要表现为出现大小不一、形态各异的红细胞及有小突起、乌龟状的棘形细胞，如图 7-10 所示。在宇宙号生物卫星上的研究也发现大白鼠在飞行 18~21 天后，棘形红细胞明显增加，平均占血球的 5.6%。

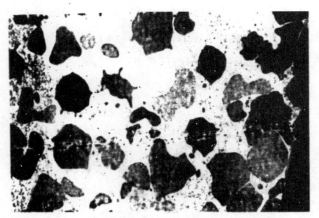

图7-10 兔(悬吊后)血中红细胞畸形红细胞明显增加

8. 红细胞寿命的变化

在许多对大鼠进行的尾吊实验中,发现其红细胞的变形性降低,这说明红细胞的寿命将会缩短。究其原因,可能是由于红细胞脂膜的物理状态改变、脂质的各种运动减少、黏性增强、膜的流动性降低造成的。

7.1.4 微重力时红细胞减少的机理

1. 促红细胞生成素下降

促红细胞生成素是贫血时红细胞质量的主要调节因子,能增加血清中红细胞的含量,从而增加红细胞的产量。微重力状态下,血浆容量的减少会使红细胞压积升高,中心红细胞压积升高会导致促红细胞生成素分泌迅速、可再生且显著下降。在红细胞量过剩的时候,促红细胞生成素仍然是红细胞量的主要调节器,当水平低于阈值最低点时,促红细胞生成素可以使最年轻的红细胞有针对性地溶血。研究证明,促红细胞生成素通过控制原始红细胞形成单位(BFU-e)的分裂数决定原红细胞的数目,从而决定红细胞的产生数目。

对6名SLS航天员的数据分析显示,在太空飞行的最初几天,机体的促红细胞生成素水平显著下降,飞行后的水平都有所上升。飞行最初4天的平均值小于飞行前的平均值,飞行后两天和6天的平均值大于其他任何一个平均值(图7-11)。

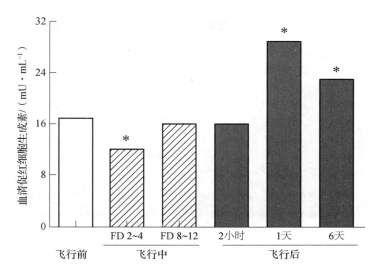

图 7-11　6 名航天员的平均血清促红细胞生成素水平

注：当分析所有数据时，发现了飞行后的意义；当将飞行中的平均值与飞行前的平均值进行比较时，发现了飞行中的变化。经方差分析和 Tukey's t 检验，差异有统计学意义（$P < 0.05$）。* 与飞行前平均水平有显著差异。

2. 新细胞溶解

在航天飞行期间，有相当一部分年轻的红细胞发生了选择性溶血。L. Rice 将术语"新细胞溶解"应用到这种生理过程中，这种生理过程在红细胞过量的时候选择性地破坏最年轻的红细胞。新细胞溶解是一个生理过程，可以在急性过多的情况下快速适应，使得红细胞团在新环境下高效而快速地适应。

年轻的红细胞与位于脾脏的网状内皮吞噬细胞（RE 细胞）发生密切的相互作用，富含促红细胞生成素受体的脾内皮细胞则对促红细胞生成素信号作出反应。内皮细胞可能反过来向 RE 细胞发出信号，使其吞噬或允许相互作用的新生细胞存活。这种新细胞 - 巨噬细胞相互作用很可能与表面黏附分子有关（图 7-12）。当缺乏细胞因子或生长因子（可能是促红细胞生成素）时，网状内皮细胞上的受体和/或新产生的红细胞上的细胞黏附分子可能会导致细胞彼此黏附并被分解。红细胞从骨髓中释放后可能继续隔离，直到 RBCM 或血红蛋白浓度下降到对环境最适宜的值。

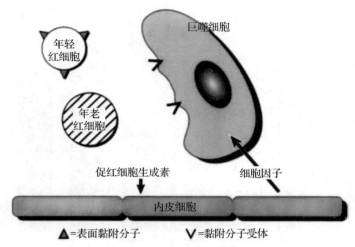

图 7-12 新细胞溶解模型

注：促红细胞生成素水平向内皮细胞发出信号，而内皮细胞又向网状内皮细胞发出信号。这影响了新生细胞上黏附分子受体的表达。

3. 网织红细胞减少

网织红细胞是成熟红细胞的前身，少量网织红细胞可进入血液，故成为外周血中反映骨髓红细胞生成状态的最常用指标。在微重力或模拟微重力过程中，均可见到人和动物血中网织红细胞数减少。参加 SL-1 飞行的航天员，在发射后 24 小时即出现网织红细胞减少，并且整个飞行中均低于飞行前水平。苏联两名航天员在飞行第 233 天测得网织红细胞数较飞行前平均减少 71.4%。网织红细胞的减少说明微重力导致了红细胞生成减少。

4. 微重力状态对红系细胞本身的影响

在微重力飞行过程中，造血干细胞和红系祖细胞增殖与分化的能力均会受到影响。其中，$CD34^+$ 细胞在微重力飞行约 10 天后增殖数目与地面对照组相比减少了 57%~84%；红系祖细胞的增殖数目可减少 83% 以上。这些数据说明微重力状态不仅会减少体内促红细胞生成素含量，而且能够直接作用于红系细胞本身，抑制其增殖。

7.2 微重力对血液流变性的影响

微重力环境对机体血液系统产生持久影响，主要表现为造血机能下降、血细胞破坏增加，进而引起以红细胞质量下降为核心的"航天贫血症"。这种变化随飞行时间的延长而持续存在，并有逐渐加重的趋势，对航天员空间环境下的机能状态及着陆后再适应过程产生不良影响。微重力飞行中出现的血液学改变是多种因素综合作用的结果，低动力状态下对血氧的需求减少及体液丢失导致的血液流变学和血流动力学变化在其中起重要作用。研究表明，模拟微重力人或动物血循环状态可出现类似中医理论中"血瘀症"的表现，出现血流速度减慢、血液黏度增加、红细胞变形能力下降、红细胞聚集、血浆纤维蛋白原含量增加等表现。这种血流状态直接影响血细胞的生成、破坏及组织器官的血液供应。

7.2.1 血黏度增加

模拟微重力可以使人体内血黏度增加，在模拟微重力（头低位 -6°卧床）期间观测血液流变学指标，发现卧床第 3 天已出现全血黏度的升高，随着卧床时间的延长，全血黏度进一步升高，如图 7 - 13 所示。大鼠对照组与 30 天悬吊组的血黏度和血细胞聚集指数变化同样出现血黏度增加（表 7 - 2）。研究显示，微重力或模拟微重力时，血细胞压积增加、红细胞聚集增加、纤维蛋白原增高、血管壁内皮细胞改变等都能够引起血黏度的改变。

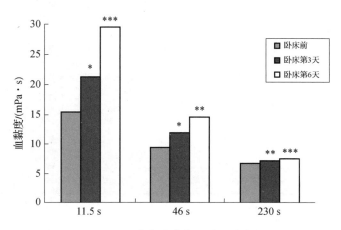

图 7 - 13　卧床受试者血黏度的变化

注：与卧床前相比，＊$P<0.05$，＊＊$P<0.01$，＊＊＊$P<0.001$。

表 7-2 两组大鼠的血黏度和血细胞聚集指数变化（$\bar{x} \pm s$, $n=15$）

组别	高切血黏度/（mPa·s）	中切血黏度/（mPa·s）	低切血黏度/（mPa·s）	血细胞聚集指数
对照组	3.49 ± 0.16	4.51 ± 0.22	6.56 ± 0.22	1.89 ± 0.16
悬吊组	3.72 ± 0.28*	5.03 ± 0.44**	7.55 ± 1.18**	2.04 ± 0.28

注：与对照组相比，*$P<0.05$，**$P<0.01$。

7.2.2 红细胞变形能力

红细胞变形能力是指红细胞在流动过程中利用自身的变形通过狭窄的血管通道的能力，是红细胞顺利通过毛细血管、保持微循环正常灌注的必要条件。正常红细胞的双凹圆盘形的表面积超过它所包裹内容物的 60%～70%，故变形能力很大。微重力时，红细胞数量与质量下降、异形红细胞数量增加会导致红细胞变形能力下降。

红细胞变形性是决定高切变率血黏度的主要因素。红细胞膜流动性和血红蛋白浓度是影响红细胞变形能力的重要内在因素。例如，对 6 名受试者在卧床第 3 天和第 5 天时的检测结果证明红细胞膜流动性下降，血红蛋白浓度增高引起红细胞变形能力的下降。动物实验中，30 天模拟微重力大鼠悬吊组与对照组红细胞变形能力和异形红细胞比例，与对照组相比，悬吊组红细胞变形能力（DImax、IDI）明显下降，悬吊组异形红细胞比例明显高于对照组（表 7-3）。

表 7-3 两组大鼠的红细胞变形能力及异形红细胞比例（$\bar{x} \pm s$）

组别	最大变形指数 DImax（$n=15$）	积分变形指数 IDI（$n=15$）	异形红细胞比例（$n=5$）
对照组	57.81 ± 3.70	38.75 ± 3.15	1.01 ± 0.63
悬吊组	51.60 ± 5.09**	34.87 ± 3.71**	2.38 ± 0.61*

注：与对照组相比，*$P<0.05$，**$P<0.01$。

对兔头低位前后进行红细胞激光衍射（图 7-14），可见头低后红细胞衍射图长轴变短，周围边界不清，说明红细胞变形能力下降及异形红细胞增多。

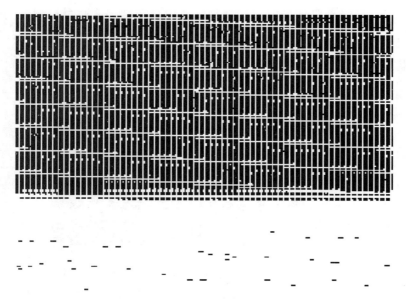

图 7-14 模拟微重力前后兔红细胞衍射图的变化

红细胞膜物理特性的正常是维持红细胞变形性的关键，模拟微重力会导致红细胞膜流动性下降。研究人员对模拟微重力大鼠红细胞膜流动性进行了测定（表 7-4），由红细胞膜荧光偏振度计算膜相对流动系数，细胞氧化损伤越严重，则膜相对流动系数越小、流动性越差。与地面对照组相比较，悬吊组的膜相对流动系数（MFU）显著减小，达 64.7%，显示模拟微重力条件会造成显著的膜流动性降低。长期模拟微重力使大鼠红细胞膜的流动性降低，红细胞膜受损，不利于红细胞功能的维持。

表 7-4 红细胞膜流动性测定结果

组别	红细胞膜偏振度（P）	膜相对流动系数（MFU）	过氧化脂（LPO）
地面对照组	0.17 ± 0.01	10.67 ± 2.32	0.287 ± 0.016
悬吊组	0.23 ± 0.04	5.99 ± 1.07	0.352 ± 0.021

红细胞骨架也是决定红细胞变形的一个主要因素。细胞骨架包括微丝、微管和中等纤维，在红细胞中其主要聚集在红细胞内表面，在胞质含量较少。通过激光共聚焦扫描显微镜观察（图 7-15），发现悬吊组大鼠红细胞纤维型肌动蛋白

呈解聚状态，纤维型肌动蛋白在红细胞胞质中分布增多；通过检测荧光强度发现，在悬吊组大鼠红细胞中纤维型肌动蛋白的含量显著降低（$P<0.05$）。这说明悬吊状态下对红细胞骨架结构也具有一定的影响。

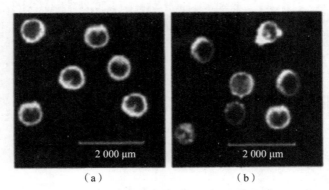

图7-15　大鼠红细胞骨架激光共聚焦扫描图像（×400）

(a) 对照组；(b) 悬吊组

7.3　微重力对心血管调节功能的影响

微重力环境使人体内部流体静压梯度消失，导致人体心血管系统功能出现不同程度的改变，进而使人体产生一系列重要变化。例如，下肢血量减少、上部血量增加，下肢静脉顺应度增高、容积增大，心脏的外形、质量及收缩功能改变，以及心律失常与立位耐力降低等现象。因此，研究长期微重力环境对人体的不利影响，探索心血管系统在微重力后变化的规律和机制，对寻找微重力不良影响的防护对抗措施具有十分重要的意义。

7.3.1　微重力对心脏的影响

1. 心率

航天飞行中，不同的对抗措施（特别是运动）的类型、负荷量和对抗的效果影响静息心率，测量静息心率的时间不同，生物节律、运动、座舱环境和情绪等因素都会对航天员的心率产生影响。大量的研究结论表明在长期的航天飞行中，心率总体来说要低于地面立姿时的值。如测量11名男性航天员在国际空间站上 6 个月内的心率变化，结果表明心率与地面卧位时的值相等，但是要低于地面立位姿势时的心率。

一般认为，在刚进入微重力环境时，由于较高的兴奋度及发射过程中重力加速度的变化，人体心率会出现一定程度的升高，但之后在飞行的前 4 天内心率持续降低。然而，近年来越来越多学者的研究结果与上述结论相反。如在 Skylab 及 "礼炮号"空间站上长期飞行时，卧姿航天员的心率记录证实平均心率上升了 5%~25%。这种分歧可以归因于早期与近期航天员活动空间的差异：早期的航天员活动空间有限，所能进行的活动十分有限，因此新陈代谢降低、血液需求量减少；而近年来宇宙飞行器空间较大，并且航天员还必须进行大量的工作，因此不可避免地提升了现代航天员的心率来保证足够的心输出量。

2. 心律

研究证实，人在微重力或模拟微重力条件下心律失常的发生率明显上升，严重影响着航天任务的完成。联盟 TM2 - 和平号航天员拉维金就因心律失常问题而被迫中止任务，提前返回地面。

微重力时常见的心律失常有心室期前收缩（PVCs）、心房期前收缩（PACs）、QT 间期延长等。如在水星号飞行任务中航天员就曾出现比较明显的窦性心律紊乱（PACs、PVCs、融合性期前收缩各 1 例）；在航天飞机飞行中，航天员进行舱外活动时曾出现 PACs 与 PVCs、持续的室性二联律、P 波传导阻滞等心律失常。在微重力飞行中，有学者对心律失常的具体表现进行了记录，如微重力飞行的数据记录了在 Skylab 上进行下体负压测试时，1 名航天员出现了心跳加速的现象（每分钟加速 5 次）；Shuttle 号重新进入轨道时 1 名航天员出现每分钟 4 次的心室提前收缩的现象。

对于微重力时 PVCs 与 PACs 的产生，有不少学者将其归因于微重力所引起的心理因素，而非微重力本身。如在 1964—1985 年进行的 42 次宇宙飞行中，Romanov 将其中 9 名航天员出现心室期前收缩的原因归于微重力引起的心理压力与工作负荷。但之后的研究却表明，工作负荷及体内低钾也可能是导致 PVCs 与 PACs 的原因之一。如阿波罗 15 号 2 名登月航天员在月球表面活动时，在血钾过低以及高工作负荷下均出现室性期前收缩、结性二联律和房性期前收缩。其中 1 名航天员在返回地球 21 个月后出现心肌梗死。此外，心血管系统对微重力的适应性改变可能也是引起房性、室性心律失常的重要诱因：8 名男性航天员在国际空间站上长达 162~196 天的飞行数据证实，长期航天飞行时重力的缺失会导致心脏与血管的结构改变，以及神经体液控制回路的适应性改变，这些改变会提高心律失常的产生概率，并降低返回地面后心血管系统处理重力应力的能力。

除了影响 PVCs、PACs 外，长期微重力时人体心脏还会产生 QT 间期延长的现象。研究发现，在 5~10 天的短期航天飞行中，11 名航天员的 QT 间期并未发生显著变化，在 9~30 天内才出现 QT 间期延长的现象。

有研究证明，心肌电传导性的改变与心律失常有一定关系。在模拟微重力两周后，大鼠心肌细胞的超微结构会出现较明显的变化，并使心肌细胞结构产生非均质性的重构，心肌组织中缝隙连接蛋白表达下调及空间分布特性发生改变，使心肌电兴奋传导速度及方向发生改变，易于形成微折返现象，从而产生折返性心律失常。

3. 对心脏结构的影响

在长期宇宙飞行中心脏的体积会减小，心脏的形状及结构均会产生较大的变化。研究发现微重力时左心室的几何长宽比较 $1g$ 条件下低 3.65%，即微重力可能会使心脏的曲率半径产生变化。在航天飞行中的 4 名航天员心脏的平均圆度指数增大 4.1，而平均几何长宽比降低 5.3%。这说明在微重力条件下心脏的外形变得更圆、更接近球形（图 7-16）。

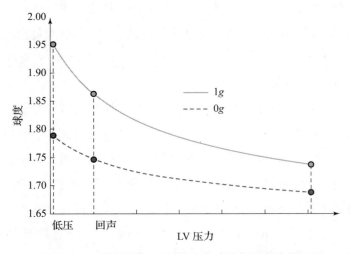

图 7-16　微重力与 $1g$ 时左心室球度与压力的关系

除外形变化外，微重力或模拟微重力时心脏质量会下降。如在卧床 6 周后左心室质量减少 8.0% ±2.2%、左心室壁厚减少 4% ±2.5%，右心室质量减少 10% ±2.7%。航天员在航天飞行 114 天结束后，左心室质量减少 12% ±6.9%，并且在恢复 3 天后可达到飞行前的质量。

美国和苏联的航天员在飞行后 X 线检查均观察到心影变小，D-2 航天飞行后的航天员出现心肌质量减少，并在地面模拟微重力环境下也观察到相同的变化，以及出现心肌细胞凋亡增加。总体来说，引起心肌萎缩是由于微重力/模拟微重力促使体液头向分布、血量减少、中心静脉压升高，引起血流动力负荷下降、代谢需求降低和神经内分泌改变。这些改变导致心肌细胞产生适应性变化，包括胚胎基因启动、代谢水平下降和心肌重构相关信号通路激活等，从而导致蛋白质合成/降解平衡朝蛋白质降解方向偏移，最终引起心肌萎缩、心脏功能下降。

4. 对心脏功能的影响

在中、长期航天飞行中，机体维持低动力状态，心脏也适应性地处于低动力水平，久之心肌结构发生退变，收缩机能下降，泵血能力也随之降低。这种改变是引起心血管脱适应产生的重要原因之一。

"天空实验室"和"联盟 6 号"航天员在飞行后均出现明显的心肌收缩功能降低，表现为心脏射血期缩短、等容收缩期延长、左心室舒张期缩短、射血前期/射血期值增大等变化。58 天模拟微重力可致人体出现心肌萎缩、心输出量及左室舒张末容积下降。

在动物实验中已证实，长时间模拟微重力可使大鼠心肌形态学及生化学检查指标改变，导致大鼠心肌收缩功能降低。空间环境下心脏收缩功能减弱主要与心肌细胞肌浆网 Ca^{2+} 转运功能降低、心肌收缩蛋白结构改变、心肌内皮细胞调节功能减弱等因素有关。如大鼠在航天飞行 12.5 天后心肌细胞出现收缩蛋白减少、脂滴增多和糖原聚积等变化，航天飞行 14 天的大鼠心肌乳头肌细胞的横截面积明显减小，而航天飞行 21 天大鼠心肌发生萎缩和线粒体受损、嵴断裂等超微结构的变化，提示在航天微重力后大鼠心肌出现损伤和萎缩。

在微重力条件下，心输出量会出现轻微增加，而心脏的收缩压及舒张压降低。在 STS-107 航天任务中飞行 8 天后，4 名航天员的平均心输出量从 5.1 ± 0.3 L/min 升高到 6.1 ± 0.1 L/min（$P = 0.021$）。另外，研究人员还分析了 6 名男性航天员在国际空间站 6 个月内的心率、平均动脉压、收缩压、舒张压等数据，发现心输出量随着飞行时间的延长而持续增加、收缩压与舒张压随着飞行时间的延长而持续降低（表 7 – 5）。

表 7 – 5　航天飞行前、飞行中与飞行后的坐姿时心血管参数

心血管参数	飞行前 30 天内	航天飞行第 2 周	飞行结束前的第 2 周	着陆的 48 小时内
R – R/ms	1 125 ± 221.1	1 078 ± 160.2	1 086 ± 257.6	1 021 ± 165.6
心率/bpm	54.91 ± 9.60	56.75 ± 8.70	57.59 ± 11.88	60.01 ± 9.35
收缩压/mmHg	140.9 ± 10.77	138.7 ± 22.02	128.6 ± 19.13	138.6 ± 14.01
平均动脉压/mmHg	105.7 ± 11.64	105.2 ± 14.73	99.02 ± 17.90	100.3 ± 13.94
舒张压/mmHg	83.90 ± 11.82	82.82 ± 11.11	79.54 ± 15.11	79.02 ± 12.43
左心室射血指数/ms	413.8 ± 9.9	430.9 ± 15.7	440.8 ± 16.3	410.9 ± 19.1
每搏量/mL	91.14 ± 11.78	92.91 ± 10.96	96.74 ± 14.17	94.32 ± 8.87
心输出量/(L·min^{-1})	4.98 ± 0.99	5.24 ± 0.83	5.45 ± 0.74	5.62 ± 0.76
系统血管阻力/(dyn·s·cm^{-5})	1 763 ± 391	1 638 ± 306	1 484 ± 318	1 466 ± 216

应用定量组织速度成像（QTVI）技术评价模拟微重力对左心功能的影响，发现头低位 –6°卧床模拟微重力环境主要影响左心室舒张功能，表现为舒张早期房室平面运动速度降低，且随模拟微重力时间的延长下降更加显著，虽造成左心室主动舒张功能受损，但对左心室整体收缩功能无显著影响。

7.3.2　微重力对血管的影响

血管功能状态可直接影响心脏的泵血功能及改变血管外周阻力，在机体血压的稳定及调节中具有重要作用。微重力或模拟微重力时，由于重力的消失导致血液分布发生改变，同时血管活性物质等分泌异常，将会使机体心血管系统进行一系列调整，以适应新的力学环境。研究证实，不论是在人体实验中还是在动物实验中，微重力或模拟微重力均可导致血管系统出现结构及功能的变化。

1. 身体下肢血管调节

1）动脉血管阻力的变化

下肢血管运动是人体对微重力的动态调节机制之一。下肢动脉血管在长期（最长达 438 天）的航天飞行中会产生较大变化。如下肢动脉阻力下降、收缩性下降。另外，其调节能力随着航天飞行时间的延长也会受到一定破坏，从而导致 LBNP 测试时头部供血不足。6 名航天员在和平号空间站上 6 个月的航天飞行中，股动脉阻力降低 5%~11%（$P<0.01$），下肢血管阻力降低幅度为 5%~18%（$P<0.05$），同时股动脉截面面积增幅达 15%~35%（$P<0.05$）。但是，也有部分研究人员持不同观点，他们认为在长期微重力环境中人体下肢血管阻力上升。如在 7 天内对 3 名航天员的大腿动脉血管阻力进行了测量，发现相对于飞行前 1g 仰卧状态，血管阻力上升了 5%~25%。而对 3 名 SLS-1 航天员的下肢血流量测试结果与之相似，即在 6 天的飞行中，其中两名航天员下肢血量分别降低 31% 与 38%、下肢血管阻力分别上升 63% 与 85%。

尽管研究结论存在较大分歧，但是大多数的数据表明，在微重力环境中处于静息状态的人体，与 1g 仰卧状态比较，下肢血管出现收缩，尤其是在飞行的前 10 余天。

2）动脉血管紧张度的变化

大多数的研究表明，在长期的微重力环境中，人下肢大血管的收缩能力降低、血管调节能力受损，并最终导致了立位稳定性的降低。在国际空间站上工作 6 个月后，航天员的动脉紧张度普遍下降。在模拟微重力后，大鼠腹主动脉及股动脉等对受体介导型和非受体介导型收缩剂的收缩反应均显著降低。如尾吊 14 天的大鼠腹主动脉、肠系膜前动脉及股动脉的收缩反应性均已显著降低，并随着尾吊时间的延长，反应性下降，至尾吊 8 周后不再加重。学者认为，尾吊大鼠模拟微重力导致股动脉的紧张性收缩反应降低可能与细胞骨架解聚有关，或是肌钙蛋白、肌动蛋白及肌球蛋白等血管收缩的调节蛋白表达异常有关。关于下肢动脉紧张度随微重力时间的变化规律，多数研究结果认为，在微重力时间较短时较低，随着时间延长而升高。若微重力导致下肢动脉血管紧张度上升，人在受到负荷刺激时，其血管紧张度的变化范围缩小，从而造成微重力后立位时血管的调节能力下降。

3）静脉血管充盈度的变化

微重力对下肢静脉系统的影响要甚于动脉。对于静脉充盈度，多数学者认为微重力引起的血液重分布，导致下肢静脉血液减少、充盈度降低。采用静脉阻断描计法测量了 7 名航天员在航天飞行前、中、后的小腿血流量，结果发现，航天员小腿血流量在航天飞行时比地面卧位时减少了 41%。苏联宇宙飞船礼炮号及和平号的大量测试数据均证实，微重力时小腿内的血量持续降低，同时还伴随着下肢小动脉顺应性的提高。

4）静脉血管顺应性的变化

静脉顺应性即静脉系统的可扩展性，是反映静脉弹性和功能的重要指标。血管的顺应性越大，表明血管的可扩张度越大，血管的弹性越好；相反，血管的顺应性越小，则血管的弹性越差，血管阻力也就越大。在航天飞行初期，下肢静脉顺应性明显增高，之后下降并稳定在一定水平，但仍然高于飞行前，飞行结束后迅速恢复。8 名航天员在长达 6 个月的航天飞行中股静脉趋于扩张，并且从飞行初期（1~2 周）开始出现腿部静脉扩张与顺应性增高。这些变化在航天飞行的 2~3 个月仍然显著，在第 6 个月趋于稳定。航天飞行中下肢静脉顺应性增大的原因除了与血管本身的结构功能的改变有关外，还有赖于微重力前所引起的肌肉张力下降。但是也有航天飞行及模拟微重力实验得出了相反的结论，即航天员在飞行中下肢静脉顺应性没有变化，只是在返回地面 1 周后有增大。解放军第四军医大学的学者认为，这种差异是由静脉顺应性的确定方法引起的。在卧床实验及航天飞行中多以下肢容积变化来反映静脉顺应性的变化，但下肢容积的变化是由多种因素决定的，不仅有静脉系统，还有肌肉和组织液等，因此无法真实反映静脉顺应性的变化。

2. 身体上部血管调节

微重力状态下关于人体上部血管调节的研究主要集中于脑循环。针对微重力条件，脑循环具有比较完善的自主调节能力，保证人体脑部供血及血压处于正常范围。微重力时血液由下肢转移至身体上部，因此脑血管的血流速度、血液充盈度及血管阻力等均会产生变化。对血流速度的研究主要针对脑中动脉，目前的研究结果存在分歧。在微重力时，静息状态下脑中动脉的血流速度与正常重力情况比较可能无明显差异，也可能降低。此外，王忠波还发现右侧大脑中动脉的收缩期血流速度及平均血流速度较卧床前显著降低，左侧大脑中动脉的收缩期血流速度在卧床早期略升高，随后下降（表7-6）。

表7-6 长期微重力和模拟微重力对脑循环的影响

测试对象	试验状态及时间	方法	脑循环变化结果
1名航天员	航天飞行25天	TCD	脑血管阻力下降12%
3名航天员	航天飞行14个月	TCD	脑中动脉血流速度降低10%~30%，脑血管阻力升高5%~8%
2名航天员	航天飞行21天	TCD	脑中动脉血流速度增加不到10%，脑血管阻力不变
3名航天员	航天飞行237天	TCD	颈总动脉血量：两名增加，1名不变
6名受试者	头低位-6°卧床30天	TDH	脑血管阻力下降

微重力除了影响脑血流速度与充盈度外，对血压与血管阻力也存在影响。通过计算机仿真发现微重力条件下人体脑血流量增加10%，颈动脉血压比正常重力状态时增加10 mmHg。在微重力或模拟微重力条件下，由于头部血液和体液移位，静水压梯度消失，头部脑脊液压力升高会立即增加颅内压。10名航天员经过6个月的太空飞行，头部静脉扩张容积增加，并出现静脉血淤积。此外，在航天飞行时的血流图中常出现静脉波，它和心电图的房性综合波同时出现，这也证明脑血流流出受阻。关于长期微重力对脑血管阻力的影响，大多数研究结果均表明微重力时脑血管阻力会升高。在"礼炮号"长达237天的宇宙飞行中，3名航天员中有两名出现脑血管阻力增大，但是在一次25天宇宙飞行中，同一组研究人员却观察到1名航天员的脑血管阻力下降。用导纳式脑血流自动检测仪测量双侧脑血流量，结果表明，21天头低位卧床模拟微重力时脑血管阻力增加、脑血流量降低。大多数的生物阻抗技术的研究数据表明脑血管在长期微重力时发生膨胀、阻力上升。

肺循环由于其低压、低阻、高容量的特点，可以作为生理性血液储存场所而起到调节左心前负荷的作用，参与心输出量的调节。研究发现，航天员在完成96天、140天、175天飞行任务后，出现室间隔矛盾运动，可能是部分血液残留于肺循环的表现。动物模拟实验显示，微重力时，大鼠肺中静脉和毛细血管充盈增加，肺毛细血管舒张弯曲，形成像腔隙一样的贮血池，充满红细胞，并有较明显的溶血现象；肺血管壁的内皮细胞水肿、线粒体异常，血管壁通透性增强。

大量研究表明，微重力或模拟微重力环境对机体动脉系统的影响主要表现为动脉血管的区域分化性改变，即在机体的上半身/前半身，动脉血管发生肥厚性改变和反应性升高；而机体下半身/后半身则出现相反的变化，表现为动脉萎缩性改变和收缩反应性降低。同样，模拟微重力可使大鼠不同部位大、中动脉血管发生结构性重塑。大鼠后半身动脉血管为"萎缩性改变"，主要表现为血管管径与中膜面积减小，平滑肌层数及细胞内肌丝减少；大鼠前半身血管为"肥厚性改变"，即管径与中膜面积增大，平滑肌层数增加，平滑肌细胞向合成表型转化，并向内皮下迁移。

7.3.3　心血管调节功能

航天飞行时，微重力环境可引起人体心血管功能失调，从而危害航天员的身体健康和安全。微重力时流体静压消失，体液头向分布引起人体生理系统的一系列适应性变化，也称"空间适应综合征"，其中最主要的生理功能失调表现之一就是立位耐力和运动耐力下降。微重力也会导致人体超重耐力的下降。

1. 心血管功能失调的表现

1）超重耐力下降

超重是载人航天飞行的重要因素之一，航天员对超重的耐受能力是载人航天圆满成功的关键。超重耐力不仅取决于超重作用负荷，也取决于返回时航天员的机能状态。微重力时人体的骨骼肌肉等系统会发生改变，机体衰弱，随着飞行时间的延长，机体会渐渐达到与微重力状态相适应的稳定水平。航天员的机能状态发生改变，因而对超重的耐力明显降低，出现了机体生理代偿机能的衰竭、心律失常等症状，导致航天员的工作能力降低，影响航天员的安全和身体健康。

大量研究表明，模拟微重力或微重力均可显著影响超重作用引起的生理反应和病理损伤的程度。早在苏联的东方号飞行中，从事航天医学研究的科学家就已注意到短期的微重力可引起航天员超重耐力的明显下降。东方号的大多数航天员在重返大气承受超重作用时，都感到比飞行前在离心机上耐受同样负荷超重作用时更难受。1 名航天员在返回过程中曾出现灰视，该航天员在飞行前离心机上模拟下降段超重（+10Gx）时并没有出现过此现象，长期飞行后也出现了相似的变化。一位研究者观察了参加 225 天、237 天、241 天和 366 天飞行的航天员飞行后期的超重耐力，这些航天员中，除参加 237 天飞行的航天员没有穿抗荷服外，其余都穿着抗荷服。虽然这些航天员返回时在超重作用下没有出现严重的病理问题，但他们都有胸部受压、呼吸受阻、窦性心动过速、呼吸加快等症状，1 名航天员出现了视觉障碍和期外收缩，证明超重耐力是下降的。

模拟微重力后，人的超重耐力虽然没有航天后下降得多，但也出现明显的降低。苏联的一位科学家的研究表明，7 天以上的卧床，超重（+Gx）出现了逐渐下降的趋势，15~24 天后，平均降低 $2.4g$，伴随着超重耐力的下降，出现了心血管调节功能的高度紧张和调节功能不良。比较头低位（-2°）卧床实验，卧床 17 天前、后健康男性青年对模拟飞船应急返回 +Gx 曲线的反应，+Gx 耐力最大下降了 $5g$，平均下降了 $1.3g$，且出现了"黑视"和心电图频发期前收缩、ST-T 改变等卧床前未有的现象，心率显著加大，心脏射血时间更加缩短。受试者在头低位卧床模拟微重力后承受 +Gx 作用与在此之前承受 +Gx 作用相比，表现出了更多的焦虑和恐惧，以及更大的呼吸困难，较早地出现心动过缓和视觉障碍（模拟微重力前，在 $13.6g$ 附近出现；模拟微重力后，在 $11.6g$ 附近出现）；超重作用结束后，受试者表现出了面色苍白和手指发绀，持续约 10 min，而在模拟微重力前的超重检查中，这些症状仅持续 1.5~2.5 min；超重作用结束后，脉压减小，一般在 30~60 min 恢复正常，也有些人在作用后 90~120 min 或更长的时间仍未恢复正常，而在模拟微重力前的超重检查中，恢复时间为 10~15 min。

2）立位耐力下降

航天飞行后返回地面 $1g$ 重力环境时，航天员在立位应激（如站立、头高位倾斜、下体负压）作用下，普遍出现立位耐力下降，也称为心血管脱适应（cardiovascular deconditioning，CVD）。其主要表现为心慌、头晕、立位性低血压甚至晕厥。航天飞行数月后，需数日才能独自站立和行走，其严重程度和恢复时间大致与飞行时间成正比。航天实践表明，短期飞行至少有 20% 的航天员出现立位耐力不良，长期飞行则可上升到 83%。典型事件是 2006 年美国女航天员皮佩随亚特兰蒂斯号航天飞机在环球轨道上飞行12天返回地面后，在新闻发布现场两次摔倒在麦克风前。

几乎所有的航天员在飞行中和飞行后都出现明显的立位耐力下降。立位耐力下降的主要表现是在进行与飞行前相同的立位负荷检查（立位和下体负压）时，出现更明显的心率、外周阻力增加，血压、每搏量和脑血管充盈度的下降，晕厥的人数增加。飞行后进行立位检查时，有40%~50%的航天员不能完成实验。地面模拟微重力也会导致立位耐力下降。如在观察6名志愿者进行21天头低位对立位耐力影响的实验（对照组6名受试者）中发现，卧床前，受试者均顺利通过75°/20 min立位耐力检查；卧床第10、21天，6名受试者均未通过立位耐力检查，平均耐受时间分别为 13.9±5.8 min 和 15.0±3.2 min，较卧床前显著降低（$P<0.05$）（表7-7）。

表7-7 21天头低位卧床期间受试者立位耐力检查时耐受时间的变化（$\bar{x}\pm s, n=6$）

时间	通过	未通过	耐受时间/min
头低位卧床前	6	0	20.0±0
D10	0	6	13.9±5.8*
D21	0	6	15.0±3.2*

注：*$P<0.05$，与头低位卧床前比较。

飞行实践表明，女性同样可以适应航天飞行特殊环境，女性航天员的加入，将有益于航天飞行任务的实施与完成。但由于男、女在生理特点上的不同，因此男性、女性航天员在航天飞行中或返回地面后在生理、心理上的表现也有差异。航天实践及地面模拟实验均证明，女性航天员的立位耐力明显低于男性航天员。如5名女性航天员和30名男性航天员在飞行后的立位耐力测试中表明，5名女性航天员飞行后均出现立位耐力不良（orthostatic intolerance, OI），而30名男性中只有6名出现OI。统计分析参加过5~16天航天飞行的25名女性航天员和140名男性航天员的数据，发现女性航天员在飞行后的立位耐力测试中出现晕厥前症状的概率为28%，男性航天员则仅有7%。

3）运动耐力下降

观察和比较30天头低位-6°卧床期间下肢肌力训练和自行车功量计训练对运

动耐力的影响,发现卧床前,对照组(仅-6°HDBR 30 天,不进行任何处理)的最长运动时间为(1 015±90)s,下肢肌力组的最长运动时间为(1 153±92)s,自行车组的最长运动时间为(1 065±158)s。卧床第 30 天,对照组的最长运动时间为(836±82)s,较卧床前显著降低($P<0.05$);下肢肌力组的最长运动时间为(900±102)s,较卧床前显著降低($P<0.01$);自行车组的最大运动时间为(1 079±124)s,较卧床前水平无明显变化(图 7-17),表明模拟微重力会导致运动耐力下降。

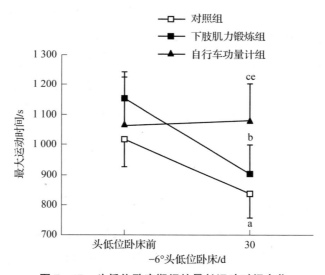

图 7-17　头低位卧床期间的最长运动时间变化

($n=5$。与本组实验前比较,$^aP<0.05$,$^bP<0.01$。与对照组同期比较,$^cP<0.05$;与下肢肌力组同期比较,$^eP<0.05$。)

运动耐力的下降主要表现为飞行后运动实验时运动量和耐受时间明显减少,运动中心率、耗氧量、心输出量等心血管指标的变化更差。如 SLS-1、SLS-2 飞行的结果表明,飞行中运动时的最大心率和 VO_{2max} 无明显改变,着陆后数小时内 VO_{2max} 减少 22%,24~48 小时内仍明显减少,6~9 天才恢复正常。

2. 心血管功能失调的机理

引起微重力飞行后心血管功能失调的机理是复杂的、多方面的,归结起来可能与以下几种因素有关:血浆容量减少、肌肉萎缩、心脏泵血和收缩功能降低、脑血流速度降低、压力感受器反射功能下降等。

1）血浆容量减少

血浆容量是循环血量的重要组成部分，通过测定航天员飞行后的血浆容量，发现它是减少的，同时伴有红细胞数量、血红蛋白、血小板的减少。众所周知，红细胞是氧的携带者，血浆容量又是维持正常循环血量和脑循环的重要因素，血浆容量、红细胞等在飞行后的降低直接影响超重耐力。航天实践证明，不论是短期飞行还是长期飞行，体液容量均明显减少。体液量的减少不仅是引起飞行后立位耐力不良的重要原因之一，而且直接影响心血管系统的功能。

2）肌肉萎缩

微重力时肌肉负荷减轻，出现了肌肉萎缩、功能下降。动物实验证明，大鼠在7~9天的微重力飞行后已出现明显的肌肉萎缩。肌肉萎缩必定造成肌肉泵作用的降低。天空实验室3号和4号航天员下肢屈肌肌肉的力量分别下降18%和13%。卧床实验也证明，卧床20天后，前胫骨肌的肌肉紧张度由100~106相对单位降至81~92相对单位。在对抗超重作用时，肌肉作用是十分重要的，它的降低必然影响超重耐力。肌肉萎缩也会造成心血管功能下降、中枢神经系统调节紊乱和脏器组织结构的变化，从而影响心血管系统的调节功能。

3）心脏泵血和收缩功能降低

心脏是心血管活动中的主要效应器之一。心输出量对血压的稳定具有决定性的作用，心脏功能状态直接影响机体的立位耐力。孙喜庆等系统地观察了21天头低位卧床期间心脏泵血和收缩功能的改变，结果表明，21天头低位卧床期间，受试者每搏量、心输出量和心指数较卧床前显著降低，总外周阻力、射血前期、射血前期/左室射血时间则显著增加，起床后第2天上述指标均基本恢复，提示头低位卧床可引起心脏泵血和收缩功能显著降低，这种变化是可逆性的，心脏泵血和收缩功能降低可能是微重力致立位耐力降低的重要原因之一。

4）脑血流速度降低

关于微重力时脑血流变化的资料较少，近年来地面模拟微重力实验研究取得了一定进展，多数研究认为脑循环阻力增加，但对脑血流量的变化仍存在争议。有学者提出"脑血管晕厥始动机制"假说，认为微重力时脑血管结构和功能的变化是引起心血管功能与压力反射感受器功能改变的始动因素，是导致立位耐力不良的原因之一，但仍有待进一步实验证实。

5）压力感受器反射功能下降

在探讨立位耐力下降机理时，最初认为微重力引起的血浆容量减少和下肢静脉顺应性增强是主要起因，可是实验证明航天员飞行后立位耐力下降的程度与这两项指标变化的幅度无明显的相关性。后来通过地面模拟微重力和航天中的实验，证明压力感受器反射功能变化是造成航天中立位耐力下降的主要原因。神经系统对心血管活动的调节是通过各种心血管反射来实现的。大量实验证明，压力感受器的反射性调节是机体适应重力环境、维持血液循环、保证正常生理功能的重要条件，尤其在立位性调节中起着十分重要的作用。

3. 微重力环境对心血管系统影响的对抗防护措施

1）运动锻炼

运动锻炼是对抗微重力环境不利影响的主要措施，其目的是调节血液循环、增强心肺功能、防止肌肉萎缩、保持运动协调、增强免疫功能等。在国际空间站上推荐跑台锻炼每周 4~6 次，每次 30~45 min；自行车功量计锻炼每周 2~3 次，每次 30~45 min；同时进行 6 次以上的抗阻力运动锻炼。每天 1 小时交替 +1.0 Gz 和 +2.0 Gz 的人工重力负荷加上运动训练可以成功消除因模拟微重力引起的心率变化，改善心脏泵血和心脏收缩功能。运动锻炼在长期飞行中对微重力导致的负面影响可以进行有力防护，但需要与其他的对抗措施联合应用，才能使身体各组织血管功能恢复到与地面重力相同的状态。

2）下体或四肢负压装置

空间飞行期间，航天员进行下体或四肢负压锻炼可以防止体液重新分布，通过使血液在身体下部聚集而减少静脉回流到心脏，改善脑部充血状态。10 名健康受试者穿加压服或不穿加压服各随机进行 1 次下体负压耐力检测，结果显示穿加压服时的耐受时间和总外周阻力较不穿加压服时均显著升高（$P < 0.05$）。总体而言，下体或四肢负压可以改善微重力时心脑血管系统状态，维持血容量，增强外周血管的紧张性，减轻血液的头向转移，对立位耐力不良有明显的改善作用。

3）人工重力

人工重力可以防止人类因长期处于微重力环境引起的健康问题。常用方法：一种是通过航天器整体或局部不断旋转产生离心力，实现全时性人工重力；另一种通过在航天器内安装的载人离心机设备不停旋转产生间断性人工重力，对抗微重力的不利影响。在 Neurolab（STS-90）飞行中，4 名暴露于人工重力的航天员在着陆当天表现出正常的血流动力学反应，而两名未暴露于人工重力的航天员中，有 1 名表现出立位不耐受症状，提示人工重力对维持飞行后立位血流动力学反应有一定的效果。9 周龄雄性 C57BL/6 小鼠乘坐 SpaceX 火箭发射到国际空间站，经过 35 天的飞行后，飞行组小鼠视网膜血管内皮细胞凋亡显著升高 64%，人工重力可以为视网膜血管内皮细胞凋亡、细胞结构、免疫反应和代谢功能有关的变化提供保护作用。在头低位卧床 4 天期间，受试者每天进行 1 小时的间歇性人工重力联合运动锻炼，结果显示受试者立位耐力、运动耐力和下肢静脉顺应性基本保持不变，人工重力联合运动还可以在短期模拟微重力期间有效对抗心血管功能改变。

4）药物防护

药物防护在飞行后立位耐力下降、防治静脉血栓和促进血管新生方面具有较大的潜在效应。执行国际空间站任务两个月后，1 名航天员在超声波检查中发现患有阻塞性左颈内静脉血栓。航天员每日服用 1 次抗血栓药依诺肝素（enoxaparin）进行治疗，并在肝素储备不足情况下，结合阿哌沙班（apixaban）进行治疗。结束 6 个月飞行任务返回后，超声检查发现残留血栓扁平化至血管壁。中药对抗微重力状态下血管的不利影响有巨大的应用潜力。太空养心方对卧床 38 天导致的下肢静脉顺应性下降有明显的防护效果。

第 8 章
航天生理损伤的药物防护

航天飞行会引起机体多系统损伤或功能紊乱，除采用物理锻炼的方式对抗这些不适之外，还可以用相关药物进行防护或者治疗。在航天生理损伤中，除了西药外，中国的传统中医药因其多成分、多靶点、综合调节等优势，在我国载人航天实践中也发挥了重大的健康保障作用。本章主要从航天微重力骨丢失、肌肉萎缩、心血管功能紊乱、消化道损伤、神经系统的药物防护等角度进行论述，同时，对微重力机体的药物动力学（Pharmacokinetics，PK）过程变化的相关研究进行总结，以期揭示微重力机体与地面机体的药物动力学差异，分析微重力药物动力学差异潜在的影响因素，为安全有效指导航天用药奠定科学基础。航天生理损伤防护药物研究中，除了有限的在轨航天员用药数据外，由于空间站目前动物实验条件相对有限，航天生理损伤药物效应评价研究常采用多种地面模拟模型，包括大鼠尾悬吊模型、兔头低位模型、人头低位卧床模型、回旋加速细胞培养模型等来模拟微重力效应，开展相关的药物效应评价及药物动力学研究。

8.1 微重力骨丢失防护药物

长时间的太空飞行会引起骨丢失，造成骨质疏松，并且会影响骨骼功能，包括降低机械负荷、改变钙稳态、减弱造血功能等，且随着微重力时间的延长，骨丢失严重程度或会增加。近年来，微重力导致的骨丢失已经成为航天医学领域的热点研究问题之一，除采用物理锻炼的方法对抗微重力骨丢失外，使用药物来治疗骨丢失也是一个有效的手段。有研究报道补充维生素 D 和钙剂、维生素 K 等或会预防微重力性骨丢失。临床常用的抗骨质疏松药物双磷酸盐，也可用于防治微重力性骨丢失，有报道显示航天员在太空飞行前或飞行期间服用双磷酸盐药物——阿仑膦酸钠，并配合高级抗阻力锻炼装置，可以改善微重力下的各种骨骼相关生理指标。在部分男性为期17周的卧床实验中观察到阿仑膦酸钠可以有效改善骨密度。有研究报道雷奈酸锶与促进骨骼健康的营养补充剂——胶原肽联合使用，可以有效增强尾悬吊7天大鼠股骨骨小梁的完整性，改善股骨微结构，能够抑制尾悬吊导致的骨胶原纤维减少及骨密度下降。

近年来也有中医药用于防护微重力骨丢失的相关报道，涉及的药物有复方中药、单味中药、中药提取物、不同结构类型的中药单体成分等。中国航天员科研训练中心研制的强骨抗萎方，是由熟地、骨碎补、龟板、怀牛膝等多种药材制备而成的复方中药，已被证实在28天尾悬吊大鼠中能抑制股骨细胞凋亡，还可以通过抑制骨组织内质网应激相关因子葡萄糖调节蛋白78（GRP78）、蛋白激酶R样内质网激酶（PERK）、活化转录因子6（ATF6）及C/EBP同源蛋白（CHOP）等因子的基因及蛋白表达来抑制微重力导致的骨丢失。补肾健脾方由生晒参、生黄芪、鹿茸、淫羊藿等药材组成，对于尾悬吊大鼠，连续灌胃21天。结果显示其能升高21天尾悬吊大鼠的股骨密度、骨小梁面积百分率、骨小梁厚度和骨小梁数量，证实了该复方中药能潜在对抗微重力骨丢失。

有报道指出红松果球提取物富含多酚类物质，其对回转模拟微重力下成骨细胞中的碱性磷酸酶活性下降、细胞凋亡有一定程度抑制作用。有研究学者建立28天大鼠尾悬吊模型来模拟微重力效应，大鼠灌胃给予淫羊藿苷（30 mg/kg），共计6周（尾悬吊处理前给药两周），发现淫羊藿苷可以显著升高股骨密度、改善股骨微结构、增强股骨的生物力学性能。通过检测骨吸收标志物及骨形成标志物，发现淫羊藿苷可显著改善尾悬吊导致的骨丢失，或会降低骨折风险，同时显示作用机制可能与调控OPG/RANK/RANKL通路有关。单海玲的研究表明，来自白术的菊粉型果聚糖可以通过调节免疫来预防大鼠微重力性骨丢失。通过28天尾吊模型来模拟微重力效应，连续灌胃给予28天3个剂量白术多糖（20 mg/kg，60 mg/kg，100 mg/kg），结合免疫器官的变化、免疫因子的检测、相关骨力学指标等，推测白术多糖能够通过调节免疫功能来对抗大鼠的微重力性骨丢失。

D-甘露糖是D-葡萄糖的天然C-2差向异构体，富含在蔓越莓中，曾有

D-甘露糖通过调节T细胞增殖和抗炎作用来介导骨保护的报道。研究学者将新鲜蔓越莓、蓝莓和树莓制成冻干粉后，加水溶解并过滤除掉不溶性颗粒，连续28天灌胃给予尾悬吊大鼠，剂量为500 mg/kg。研究采用显微计算机断层扫描、生物力学评估、骨组织学、骨血清标志物测定等多种方法，评价了新鲜蔓越莓、蓝莓和树莓对模拟微重力大鼠骨丢失的影响，发现蔓越莓的保护效果最佳，同时测定了D-甘露糖含量，显示蔓越莓中D-甘露糖含量最高。单独灌胃给予D-甘露糖的结果表明，D-甘露糖可改善尾悬吊大鼠的骨密度，体外抑制破骨细胞增殖和融合，对成骨细胞没有明显影响。RNA-seq转录组学分析显示，D-甘露糖显著抑制细胞融合分子树突状细胞特异性跨膜蛋白（DC-STAMP）和两种不可或缺的转录破骨细胞融合的因子［c-Fos和活化T细胞的核因子1（NFATc1）］，D-甘露糖是通过抑制破骨细胞融合来发挥骨保护作用的。

8.2 微重力下肌肉萎缩防护药物

长期的太空飞行会使肌肉出现退行性改变，如肌肉萎缩等，其中抗重力肌萎缩程度大于非抗重力肌，慢肌的萎缩大于快肌，这是一个多因素相互作用的结果。微重力导致的血液循环状态紊乱所引起的血供应异常，会使肌肉发生退行性病变。中药在防治微重力肌萎缩方面有部分报道，有研究学者采用14天尾悬吊大鼠建立模拟微重力效应模型，考察了由人参、白术、茯苓、甘草组成的四君子汤对大鼠比目鱼肌萎缩的影响。研究结果表明高剂量四君子汤（30 g/kg）可显著增加模拟微重力导致的大鼠比目鱼肌湿重质量下降，尾吊大鼠比目鱼肌中Ⅰ型肌纤维比例显著增加，Ⅰ型肌纤维及Ⅱ型肌纤维的横截面积也有所增加。四君子汤对模拟微重力引起的大鼠比目鱼肌萎缩有明显的对抗作用，可有效抑制模拟微重力引起的肌纤维由Ⅰ型向Ⅱ型的转化。有研究认为可以用活血化瘀类药物改善萎缩肌肉的血供来对抗微重力肌萎缩，采用血府逐瘀胶囊研究该复方中药对微重力肌萎缩的保护作用，血府逐瘀胶囊是中药复合剂，其主要由当归、川芎、赤芍、红花等药味组成。大鼠尾悬吊30天来模拟微重力效应，每天以25 mg/kg剂量灌胃给予大鼠血府逐瘀胶囊，连续灌胃30天。结果表明血府逐瘀胶囊组可提高大鼠比目鱼肌湿重，增加比目鱼肌组织横截面积，对肌纤维细胞凋亡有抑制效果。研究表明肌梭是骨骼肌内的一种重要的牵张感受器，在微重力肌萎缩中起到重要作用，兴奋肌梭、增加肌梭传入放电的药物或会预防或治疗微重力肌萎缩。研究学者将能兴奋肌梭的活血类中药黄芪与川芎、当归类药材中的有效成分阿魏酸钠制成中药复方制剂，对于尾悬吊的模拟微重力大鼠，连续灌胃给药 14 天，观察了复方制剂对比目鱼肌微重力、肌纤维横截面积、比目鱼肌 mATP 酶活性及肌纤维类型的影响。结果表明该复方制剂通过改善上述指标，表现出对抗微重力肌萎缩的防护效果。中药红景天也被用于预防和治疗微重力骨骼肌萎缩，采用健康受试者建立人体 -6°头低位卧床模型，卧床 45 天来模拟微重力效应，每天给予红景天制成的红益胶囊，测定了受试者小腿围径、肌肉横截面积、下肢肌肉体积的变化，结果表明红益胶囊均能有效对抗模拟微重力导致的上述指标的下降。补中益气汤由八种中草药组成，包含黄芪、人参、当归、甘草、升麻、柴胡、陈皮、白术，其配伍比例为 5∶5∶5∶5∶2∶4∶2∶3。采用小鼠尾悬吊 14 天来模拟微重力效应，补中益气汤提前 7 天给药，模拟微重力效应期间也持续给药，剂量为 5.93 mg/g，每天灌胃 1 次，结果表明补中益气汤可以显著保护小鼠肌肉免受模拟微重力效应引起的萎缩。为了阐明补中益气汤的潜在作用机制，作者采用药物 CIPHER - CS 方法来预测补中益气汤的潜在靶点、分析富集到的通路和生物过程，发现补中益气汤影响钙信号通路、柠檬酸循环、生物合成、脂质代谢过程。在这些靶标中核受体辅压因子 1（NCoR1）是参与肌发生和代谢的重要蛋白质，补中益气汤能明显下调 NCoR1 的表达，并通过调节 NCoR1 相关基因表达来诱导肌肉分化和代谢。加减药味的补中益气汤显著提高尾吊小鼠腓肠肌肌肉指数和纤维横截面积，对微重力性肌萎缩有一定干预作用，通过体外细胞培养的方法，证明加减补中益气汤促进成肌细胞体外增殖分化；并在疾病模型中验证了加减补中益气汤能提高尾吊小鼠肌肉分化和再生能力。

有学者采用联合疗法研究对微重力肌萎缩的保护作用，大鼠尾悬吊 14 天来建立模拟微重力模型，给予大鼠右下肢比目鱼肌肌腹部位"短时多次的间歇式"高频正弦波振动，同时每日 1 次腹腔注射黄芪注射液（5 mL/kg），观察该联合疗法对抗模拟微重力大鼠比目鱼肌萎缩的效果。结果表明，振动与黄芪结合能有效提高模拟微重力组比目鱼肌的湿重、增加肌纤维横截面积、提高 Ⅰ 型肌纤维所占比例。

左旋肉碱主要贮存在肌肉中，是维持组织功能的重要因子，补充 L-肉碱可对抗大鼠后肢悬吊引起的肌萎缩。大鼠后肢悬吊 2 周，左旋肉碱溶于水中以 1.25 g/kg 剂量每天灌胃给药，能增加后肢悬吊大鼠的比目鱼肌质量和减小纤维的大小，还可抑制在肌肉萎缩中有重要作用的 atrogin-1mRNA 的表达。左旋肉碱可保护大鼠后肢悬吊引起的肌肉萎缩，降低 E3 连接酶 mRNA 表达，表明左旋肉碱可能至少部分通过泛素-蛋白酶体途径抑制肌肉萎缩。研究者推测，左旋肉碱对后肢悬吊引起的比目鱼肌萎缩具有保护作用，但并没有激活 PI3K/Akt/mTOR 信号通路增加蛋白质合成，而可能是通过抑制肌肉特异性 E3 连接酶转录因子减少了肌肉萎缩，左旋肉碱可能通过抑制泛素-蛋白酶体来发挥作用。

8.3 微重力心血管功能紊乱防护药物

航天员长期处于微重力环境中，可能出现不同程度的心血管功能失调和组织结构的变化，如细胞变形性、脆性、红细胞膜流动性变化、血液流变性和心脏形态功能的改变（参见第 4 章内容）。目前对微重力状态下心血管功能发生失调的机制仍不十分清楚。为保证航天员的健康与工作效率，各国都在积极研究对抗措施，对抗心脏功能失调的有效措施包含下体负压、体育锻炼、人工重力、套带、补充盐水等。诸多研究学者也在积极研究心血管功能失调防护药物。

传统中医辨证认为微重力或模拟微重力时血液流变学变化类似于中医"血瘀证"表现，即浓、黏、凝、聚倾向。结合这些生理表现，中国航天员科研训练中心联合相关研究单位，研制了航天员用药太空养心丸，太空养心丸自"神舟八号"执行太空任务开始，用于我国航天员太空飞行中的心血管功能调节，已经取得显著的效果。太空养心丸由人参、黄芪、当归、麦冬、五味子、熟地、骨碎补、茯苓、远志、地榆、川芎等 20 多种中草药组成，此复方中药含有的化学成分能促进儿茶酚胺分泌、抑制心肌细胞膜 Na^+-K^+-ATP 酶活性、增强细胞内 Ca^{2+} 内流等多种生理作用。采用健康志愿者头低位 -6°卧床 60 天模拟微重力效应，连续给予太空养心丸后，能够明显改善 60 天模拟微重力引起的志愿者心脏收缩和泵血功能下降，其能维持心肺功能储备和运动能力，有效地维持心输出量而不显著增加心率。也有学者在太空舱环境内采用大鼠尾悬吊 28 天模拟微重力效应,连续给予大鼠3.0 g/kg太空养心丸28天,测定谷丙转氨酶、乳酸脱氢酶、超氧化物歧化酶、尿素等多项肝肾功能指标,以及左心室舒张末期容积、左心室收缩末期容积、每搏输出量、心输出量、肌酸激酶、肌酸激酶同工酶等心功能指标,结果表明太空养心丸给药能够有效改善模型大鼠心血管功能异常,并保护肝、肾功能。

其他研究学者也致力于开发防护微重力导致的心血管功能失调的药物。龙血竭是一味珍稀傣药,富含查尔酮类、黄酮类等化学成分,临床常用于治疗妇科出血、活血化瘀等症状。通过大鼠尾悬吊21天模拟微重力效应,连续灌胃给予龙血竭(2 g/kg)21天后,龙血竭能抑制模拟微重力引起的红细胞压积升高、降低全血黏度,改善红细胞变形能力,同时对模拟微重力引起的心肌氧化损伤具有保护作用。西洋参皂苷已被中国国家食品药品监督管理局批准为治疗冠心病的中草药专利药(国药准字Z20030073),研究表明西洋参皂苷可以减轻模拟微重力引起的大鼠心脏重塑,改善大鼠心脏功能和结构的改变,降低血清心肌损伤标志物水平,抑制心肌细胞凋亡,提高心肌细胞ATP浓度。刺五加 [*Acanthopanax senticosus*(*Rupr. Maxim.*)*Harms*] 是临床用于扩张血管、增加冠脉血流量、缓解冠脉痉挛,改善缺血心肌代谢的一味重要的中药,其富含皂苷、黄酮类等多种化学成分。研究学者采用大鼠尾悬吊4周模拟微重力效应,研究了刺五加注射液对模拟微重力大鼠心功能的影响,以及与钙调神经磷酸酶(Calcineurin,CaN)相关信号通路调节心肌收缩的机制。结果表明,刺五加注射液可改善心脏长轴/短轴指标来对抗微重力心血管功能紊乱,通过调节血清心肌酶水平缓解了微重力导致的心血管损伤,刺五加注射液还可以调控Ca^{2+}/CaN/NFAT 3信号通路的相关基因和蛋白表达发挥保护作用。

8.4 微重力及空间辐射消化道损伤防护药物

小肠是人体的重要器官。肠黏膜结构除了具有吸收、运输、代谢和免疫等功能外,还在外部环境和内部环境之间形成一道必不可少的屏障,限制有害物质、传染源和微生物进入人体循环。有研究显示,微重力或模拟微重力条件下小肠上皮屏障功能破坏,或容易引发航天员消化道疾病,近年来也有针对航天消化道损伤防护药物的研究报道，但较为少见。龙血竭是一味珍稀傣药，临床上可与西药合用治疗溃疡性结肠炎，取得较好的效果。研究学者建立大鼠尾悬吊模型模拟微重力效应，尾悬吊21天的同时每天灌胃给予大鼠龙血竭（2 g/kg），收集大鼠回肠组织进行相关检测，结果表明，龙血竭能有效改善21天模拟微重力引起的小肠微绒毛断裂、炎性浸润，改善小肠上皮细胞间隙及线粒体形态，降低了由模拟微重力引起的小肠屏障通透性增高，同时可以升高小肠上皮细胞紧密连接蛋白的表达来保护模拟微重力效应导致的小肠上皮屏障破坏。结合蛋白组学研究发现，龙血竭对抗微重力肠上皮屏障损伤主要与改善小肠上皮细胞迁移、黏附、增殖、调控细胞骨架有关，证实了龙血竭能提高 Rac1 – WAVE2 – Arp2/3 通路相关蛋白的表达，提高肌丝蛋白与肌球蛋白的比值，抑制肌丝蛋白解聚，从而促进肠上皮细胞的迁移与屏障修复。

太空环境还存在强电离强辐射，包括电磁辐射（如 X 射线、γ 射线）和粒子辐射（α 粒子、β 粒子、质子、中子、重离子等），对机体也有损伤效应。有研究学者探讨了龙血竭对空间辐射损伤大鼠消化道的保护作用，建立了 Co60 – γ 射线（全身辐射，剂量为 5 Gy）、中子（全身辐射，剂量为 5 Gy）、重离子（头部辐射，剂量为 2.5 Gy）大鼠辐射损伤模型，龙血竭（2 g/kg）在辐射前灌胃预防给药5天，在辐射后24小时、3天、7天、9天、15天观察龙血竭对以上辐射致大鼠消化道损伤的保护作用。结果表明龙血竭能够改善辐射损伤大鼠胃肠糜烂、胃及小肠黏膜绒毛坏死、炎性浸润等，同时能够改善辐射损伤大鼠的肝脏点状坏死、灶状坏死和炎细胞浸润等症状。

8.5 微重力及辐射神经系统损伤防护药物

微重力能引起航天员神经系统功能紊乱，包含认知能力下降、记忆力减退、焦虑抑郁样行为等，其会威胁航天员在轨身心健康及工作效率，长期空间飞行采用适当的药物防护神经功能紊乱是非常必要的。国际空间站曾采用异丙嗪治疗空间运动病，采用对乙酰氨基酚（Acetaminophen，AP）对抗头痛等症状。我国诸多研究学者结合太空环境下出现的神经系统功能紊乱的相关症状，积极将中药用于航天微重力神经功能紊乱调节研究。传统中药人参等具有延缓衰老、抗疲劳、促进学习记忆等作用。利用大鼠尾悬吊 4 周模拟微重力效应，连续灌胃给予模拟微重力大鼠人参中有效成分人参皂苷 Rg1（30、60 μmol/kg）、人参皂苷 Rb1（30、60 μmol/kg），结果表明以上两种人参皂苷成分可以改善模拟微重力引起的学习记忆能力下降，其作用机制与调控 BDNF - TrkB/PI3k - AKT 信号通路有关。龙血竭也被用于微重力导致的神经功能紊乱研究，微重力导致的神经功能紊乱与血脑屏障的功能紊乱有密切的关联，研究学者从血脑屏障防护角度出发，研究了龙血竭对微重力血脑屏障紊乱的保护作用。大鼠尾悬吊 21 天模拟微重力效应，灌胃给予大鼠龙血竭（2 g/kg）连续 21 天，收集鼠脑进行相关检测，结果表明，龙血竭能有效改善 21 天模拟微重力引起的鼠脑炎性浸润，升高脑微管内皮细胞上的紧密连接与黏附连接蛋白表达，降低了鼠脑血脑屏障的通透性。龙血竭保护微重力血脑屏障损伤的机制与稳定脑微血管内皮细胞骨架有关。

有研究学者也考察龙血竭对重离子、中子和 Co60 - γ ray 辐射损伤大鼠中枢神经系统的影响，包括：观察脑组织的病理变化，脑组织氧化应激水平和炎性细胞因子的变化。实验结果表明：龙血竭能够缓解辐射损伤引起的脑组织血管扩张症状；能够调节辐射损伤大鼠脑组织中氧化应激 SOD、MDA、GSH、H_2O_2 的变化水平，变化趋势基本同血浆检测水平；能够对辐射损伤大鼠脑组织中炎性细胞因子 TNF - α、IFN - γ、IL - 6 水平的异常升高具有抑制作用，从辐射后 3 天开始，能够显著抑制这些炎性细胞因子的释放，抑制程度在 20% 以上。

8.6 微重力机体中的药物动力学研究

航天微重力状态引起了机体多系统的变化（详见第 2~7 章），包括血液循环、骨骼肌肉系统、免疫系统等，这些变化可能对药物的吸收、分布、代谢和排泄产生复杂而重要的影响。为了防护机体多系统损伤，航天员必要时使用药物进行防护或调节。NASA 曾经报道过空间飞行中存在治疗处置失败的现象，由于空间飞行中机体发生多系统的生理改变，或会引起所服用药物的效应发生改变，飞行期间航天员用药的体内动态过程、作用机制可能与地面的用药过程有所不同，微重力药物动力学的研究就变得尤为关键。药物动力学不仅关乎药物在体内动态变化过程，还涉及药物与人体各个系统的相互作用。微重力条件下生理系统变化可能使微重力机体与地面机体中药物动力学行为存在差异，而这些差异带来的后果对航天员在太空用药安全至关重要。然而目前NASA仍然以地面的用药规律指导航天用药，在太空飞行期间药物使用的吸收、分布、代谢、排泄、效应、机制等诸多问题依旧未得到回答，这些问题或会影响航天员在轨工作效率或身体健康。尽管目前有在太空飞行期间个别药物的动力学证据，但相关知识非常有限，对微重力机体的用药规律认识非常不充分，很难保证航天员最佳用药方案。显然，应该结合微重力机体中药物动力过程、药物剂型、药物效应、作用机制等科学制订空间飞行用药方案。近年来，研究学者逐步深入开展微重力对药物在机体内的动力学过程的研究，研究角度包括：药物在胃肠道吸收过程与微重力的关系，微重力机体体液的改变是否引起药物在体内动态过程的改变，微重力如何影响肝脏、肾脏等器官的功能来影响药物代谢或者排泄的过程等。虽然空间飞行中的药物或许会经历环境引起的稳定性改变，但本节主要讨论药物在微重力机体中动力学过程的表现，或为航天用药方案的设计提供可借鉴的依据。

8.6.1 微重力条件下的药物吸收

吸收是药物离开给药部位转运进入血液循环的过程。在微重力环境下，药物进入航天员体内后，其吸收速度及程度可能受到多种因素的影响，包括机体生理状态、太空环境因素、药物理化性质、剂型及给药途径等。其中，给药途径包含口服（PO）、静脉注射（IV）、肌内注射（IM）、皮下注射（SC）、经皮给药（TD）、直肠给药（PR）以及经鼻腔给药（IN）等多种。目前，航天给药途径以口服为主，药物经过胃肠道吸收后进入血液循环。太空飞行及地面模拟微重力实验研究表明，由于缺乏重力刺激，胃肠道蠕动速度减慢，胃肠道运动以及血流速度等发生改变，从而影响口服药物的吸收过程，或会导致口服药物吸收效率降低。微重力条件下可能出现胃排空减慢的情况，可能会延长药物在胃肠道中停留时间，增加了药物与胃液和其他消化液的接触时间，影响了药物的溶出速率，进而影响药物在胃肠道中释放和吸收。此外，微重力机体肠道菌群紊乱也或是影响药物吸收的重要因素，在微重力条件下可能会导致人体内防御性菌种减少，破坏了正常肠道防御机制，增加了病原微生物侵入风险，还可能导致肠道内微生物菌群移位，改变原有微生态平衡，可能会对肠道功能和药物吸收产生负面影响。微重力条件下或有菌种发生遗传变异、出现条件致病菌种，导致肠道菌群多样性和组成发生改变，甚至会破坏机体的胃肠黏膜屏障，这些因素既对肠道屏障造成生理损伤，也可干扰药物在肠道的正常吸收过程。

对乙酰氨基酚（AP）是航天飞行中常用的解热镇痛药物，也是测定药物动力学吸收的一个公认标准药物。Saivin 等通过航天员唾液采样进行 AP 的药物动力学研究，通过分析唾液中药物浓度的变化来评估给大鼠口服 100 mg/kg AP 后的吸收率（K_a）、药物浓度达峰时间（T_{max}）等。结果显示尾吊大鼠对 AP 的 K_a 与模拟微重力前相比显著降低，降低了 125%，T_{max} 显著增加。Gandia 等利用 -6°头低位卧床模拟航天员在太空中微重力效应，对 18 名健康志愿者经口服给予 1 g AP 胶囊，分别收集志愿者卧床前、卧床 1 天、18 天以及 80 天的血浆和唾液样本，随着卧床时间延长，与卧床前相比，发现志愿者血浆和唾液中 AP 的达峰浓度（C_{max}）大约增加两倍，T_{max} 约降低 1 倍。C_{max} 和 T_{max} 的变化表明药物吸收速率可能受到胃排空速度的影响。Kovachevich 等曾以国际空间站中的 5 名长时间飞行的航天员为研究对象，令航天员口服 AP 片剂后，通过分析航天员的唾液来观察其在太空飞行中 AP 吸收情况。与地面组相比，航天员体内 T_{max} 减小了 60%，但药时曲线下面积（AUC）即吸收药物总量并无显著变化。但当把 AP 片剂换成 AP 胶囊时，与服用 AP 片剂相比，服用 AP 胶囊的航天员体内 AP 的 T_{max} 加大了 30%，AUC 仍然没有发生显著变化。研究者分析 T_{max} 变化可能受到药物剂型的影响，在地面上 AP 片剂受到地球重力的影响会沉向幽门，胶囊内因含有少量空气，可以漂浮在胃液体内容物上。而在太空中胶囊不受地球重力的影响，药物在航天员胃中排空情况不同，进而或影响 T_{max}。Somody 等使用 Morey - Holton 模型模拟微重力效应，结果发现尾吊 14 天大鼠体内 AP 的 K_a 显著增加。研究者推测大鼠在尾吊 14 天后，其体内血管总外周阻力降低 37%，导致肠道血流量增加，影响了 AP 吸收率。此外，研究还发现在微重力环境下，一些体内酶的表达可能会增加，这对于 AP 代谢可能产生影响，因此在制订 AP 用药方案时，需要根据微重力机体的肠道血流变化、胃排空速率、体内代谢酶等变化进行调整，以确保其药效与安全。微重力环境对 AP 吸收影响的研究，提示航天员在轨用药时或应全面考虑微重力引起的生理变化对药物吸收过程的影响，以确保药物发挥预期治疗效果，同时降低潜在的毒副作用等。

  Putcha 等回顾在航天飞行任务中的航天员药物使用情况时发现，在太空飞行期间治疗疼痛时，有 46% 的航天员选择治疗疼痛最常见的药物对乙酰氨基酚，有 33% 的航天员选择使用阿司匹林，有 14% 的航天员选择使用布洛芬。Idkaidek 等对 6 名健康志愿者进行人头低位卧床模拟微重力研究，模拟失重时间是 1 天，让每名志愿者口服 600 mg 布洛芬，给药后 8 小时内采集志愿者的血浆样本测定各个时间点血浆中布洛芬浓度，发现布洛芬在模拟微重力志愿者体内的吸收率大约增加了 3 倍。研究者分析这是由于缺乏重力导致机体体液向上半身分布，造成胃排空和肠道蠕动减缓，进而延长了布洛芬在微重力胃肠道内停留的时间，从而提高了药物的溶解和吸收速率，但是与对照组相比，布洛芬消除速度和生物利用度并未发生显著变化。

  甘琳等使用异丙嗪麻黄碱合剂进行药物动力学研究。给尾吊 3 天、7 天、21 天以及地面组的大鼠按 4.46 mg/kg 剂量分别单次肌内注射异丙嗪麻黄碱合剂，与对照组相比较，尾吊 3 天和 7 天的大鼠体内的异丙嗪的 AUC 和 C_{max} 增加。这可能是由于微重力环境下导致血浆容量减少，影响了药物与血浆蛋白的结合，从而改变了药物的吸收。而在尾吊 7 天和 21 天的大鼠体内 AUC 和 C_{max} 增加。这表明同一药物在不同模拟微重力时间下的吸收程度也可能存在差异。Liang 等研究模拟微重力条件下莫西沙星在大鼠体内代谢过程。结果表明，给大鼠口服莫西沙星后，与对照组相比，微重力组的 AUC 降低了 46.7%。抗抑郁药物阿姆西汀在地面组与模拟微重力组的大鼠体内药物动力学特征也有明显差异，刘倩等采用 Morey – Holton 尾吊大鼠研究阿姆西汀在微重力大鼠体内的药物动力学过程，模拟周期为 10 天。发现相比较地面对照组，微重力组的阿姆西汀的 C_{max} 增加了 8 倍，AUC 增加了 4 倍，相对生物利用度为 398.2%，研究者推测这可能是微重力引起的胃排空减慢，导致延长了阿姆西汀在胃内的滞留时间，增加了其在胃内的吸收。

  近年来，随着中药在载人航天领域应用越来越广泛，学者们也开展了中药有效成分的微重力药物动力学研究。文献报道了龙血竭的四种有效成分，包括龙血素 A、龙血素 C、7,4′二羟基黄酮和紫檀芪（pterostilbene，PTS），在模拟微重力 21 天大鼠体内的药物动力学过程中，大鼠尾吊 21 天后，一次性灌胃给予大鼠龙血竭（2 g/kg）后采集大鼠血浆样本，与对照组相比，发现模拟微重力大鼠体内龙血素 A、龙血素 C 和 7,4′二羟基黄酮的 C_{max} 和 AUC 显著下降，紫檀芪则显著增加。研究者分析在相同模拟微重力条件下，以上四种有效成分的吸收规律不同可能与其化学结构的差异有关。陈博等利用大鼠尾吊模型模拟微重力效应下大鼠口服龙血素 B 的药物动力学，模拟周期为 21 天。灌胃给予大鼠 25 mg/kg 龙血素 B，采集血浆样本分析发现，与对照组相比较，模拟微重力大鼠体内的 C_{max} 显著降低为对照组的 81%。T_{max} 也显著降低至对照组的 38%，这些现象可能与在模拟微重力效应下进入机体循环的药物总量减少有关。

总体而言，太空飞行中的多种生理变化都可能对药物吸收产生影响，或进而影响药物的疗效和安全性。为了更深入地了解太空飞行中药物的疗效和安全性，并寻求优化航天员的药物治疗方案，有必要展开更多的研究。

8.6.2 微重力条件下的药物分布

药物分布是指药物经吸收后随血液循环进入机体内各组织间隙和细胞内液的过程。药物在进入血液后一般都会与血浆蛋白进行不同程度的可逆性结合，如与人血白蛋白（HSA）和 α1 - 酸性糖蛋白（AGP）等重要的药物结合蛋白进行结合，并在血液中进行运输，在到达特定的位置后再转变为游离态，进行跨膜转运。药物通过血液循环被运输到皮肤、肝脏、肾脏、脑、心脏、肺等多个器官并到达相应的药物靶点。药物的分布受多种因素的影响，包括药物本身理化特性、药物血浆蛋白结合率、药物与特定组织的亲和力、药物转运体相关基因的表达水平、血管通透性、血浆蛋白的表达水平、机体的血液循环、药物的代谢和消除途径等。在微重力条件下，机体的体液进行了重分布，各器官血流量也随之发生改变，进而影响药物在机体中的分布。此外，有研究表明微重力也会影响血浆白蛋白等这些与药物结合蛋白的表达，影响药物和血浆蛋白的结合率，进而影响药物的分布情况。

药物的分布容积（V_d）是反映机体内药物总量和血药浓度之间相互关系的比例常数，它能够表征药物的分布情况。药物向组织和器官转运越多，血药浓度越低，V_d 值就越大。1995 年，Udden 等通过对执行为期 9 天的 NASA STS - 40 航天飞机任务的 3 名航天员进行血液样本的采集和检测，发现航天员的血浆容量在飞行第 2 天较未执行任务前减少了 23%，在飞行任务结束时血浆容量较未执行任务前减少了12%。机体的血浆容量减少，可能会引起血药浓度的改变，最终影响药物的分布。

对乙酰氨基酚是一种镇痛解热类药物，其可用于治疗航天员头痛、偏头痛等症状。高建义等对15名健康男性进行为期19天的头低位-6°的卧床实验，来模拟微重力效应。在卧床0、4、12、19天时，分别让志愿者每人口服1 g的对乙酰氨基酚片剂，并于给药前5 min和给药后15、30、45、60、75、90 min和2、3、4、8、12小时分别采集受试者的唾液进行检测。经计算得，卧床19天后受试者的AP血药峰浓度较卧床前平均下降了23.9%。Leach等总结了美国1973—1974年在Skylab中分别执行为期28天、59天和84天空间作业任务的三批航天员的各项生理指标的变化，其中包括对航天员血浆中白蛋白水平进行评估。他们发现在起飞后15天左右，航天员血浆白蛋白水平较起飞之前下降了20%左右，之后有所回升但仍低于飞行前水平。胡燕萍等对18名健康男性进行为期28天的-6°头低位卧床实验，在卧床开始前3天及卧床后1天、11天和21天采集受试者的空腹静脉血，并对其总蛋白和白蛋白含量进行检测。经检测得知，在卧床期间受试者的血浆白蛋白水平没有明显变化，而血浆的总蛋白水平在卧床11天时较未卧床时下降了6.4%，在卧床21天时较未卧床时上升了1.3%。崔伟等将40只SD大鼠按体重配对分为对照组和尾吊组，进行为期15天和30天的模拟微重力实验，在实验结束后收集大鼠的血液进行检测。与对照组相比，经过15天尾吊的大鼠血浆白蛋白水平下降了22%，经过30天尾吊的大鼠的血浆白蛋白水平升高了32.6%。综上所述，微重力或能够通过影响血浆白蛋白的水平，影响药物和血浆蛋白的结合率，进而影响药物的分布情况。

Parimal等将若干只SD大鼠分为对照组和模拟微重力组，并对模拟微重力组大鼠进行为期两周的尾吊实验。在尾吊饲养结束后，其向大鼠注射0.4 mL的3H-尼古丁生理盐水溶液，平衡90 min后将大鼠放血处死，并收集大鼠的血液及脑、肾脏、肝脏、心脏、胰脏和脾等器官，将采集到的样本经过处理后进行放射性检测，结果发现和对照组相比，模拟微重力组大鼠脑、心脏、脾脏、气管、食道、主动脉等部位的尼古丁含量有所下降，而肝脏、肺、肌肉、血液等部位的尼古丁含量有所升高。这表明微重力能够影响尼古丁在各组织中的分布情况。

此外，在微重力条件下与药物转运相关的蛋白水平及其基因表达发生变化，也会对药物分布产生影响。P-糖蛋白（P-glycoprotein，P-gp）是一种跨膜糖蛋白，属于ATP结合转运载体蛋白。它广泛分布于人体与和药物转运相关的器官，如肾脏、肝脏和小肠等，以及组织的上皮细胞的表面、腔道面及黏膜等部位。它能够通过ATP依赖的方式将细胞内的自身代谢产物或者外源性底物类药物排到细胞外，从而影响药物在细胞中的蓄积，进而影响药物的分布。郑志芬将SD大鼠分为模拟微重力组和对照组，并对模拟微重力组大鼠分别进行了为期3天和7天的短期尾悬吊实验，以及为期14天和21天的中长期尾悬吊实验。其在尾吊饲养结束后检测了大鼠脑组织中P-gp表达量的变化。经检测发现，经过3天和7天模拟微重力大鼠的P-gp表达量较对照组无显著差异，经过14天模拟微重力大鼠的P-gp表达量较对照组增加了24%，经过21天模拟微重力大鼠的P-gp表达量较对照组增加了25%。因此，微重力可能通过影响各组织中药物转运相关蛋白的表达水平，进而影响药物在组织中的分布情况。

综上，微重力条件导致的机体血浆容量的变化、血药浓度的改变、血浆中白蛋白水平的变化以及各组织中药物转运蛋白水平的变化等因素的改变均会对药物的分布产生影响，进而影响药物的疗效。但目前的研究对药动学相关参数的关注较多，微重力环境影响药物分布的具体相关机制仍需进行更深一步的探索。

8.6.3 微重力条件下的药物代谢

药物代谢是指药物在机体内药物代谢酶及微生物的作用下改变化学结构的过程，人体的肝脏和肠道是药物代谢的重要部位。微重力条件下药物代谢的情况或与微重力条件下药物的药效、副作用等密切相关，因此微重力机体内药物代谢是值得关注的研究内容之一。

细胞色素P450代表可自身氧化的亚铁血红素蛋白家族，CYP450酶在药物代谢中起关键作用。许多研究者曾研究微重力对细胞色素P450的影响。Moskaleva等检查了"Bion-M1"生物卫星上暴露于微重力30天的小鼠中肝脏中部分P450酶的含量，发现飞行组小鼠的药物代谢酶如CYP2C29、CYP1A2和CYP2E1含量有显著变化，CYP2C29、CYP1A2和CYP2E1的蛋白浓度分别升至地面组的1.8倍、1.4倍和1.9倍，经过7天的恢复期后，CYP2C29的含量下降至初始值，

CYP2D9 与对照水平相比有所下降，而 CYP2E1 的水平仍然显著上升。在 Cosmos 1887 飞行中，大鼠的糖原含量和羟甲基戊二酰辅酶 A 还原酶活性升高，而肝微粒体细胞色素 P450 含量以及细胞色素 P450 依赖酶苯胺羟化酶和乙基吗啡 N–去甲基化酶活性降低。Rabot 等发现，7~18 天的太空飞行已被证明会引起肝脏代谢功能障碍和肠黏膜结构改变。在肝脏中，微重力环境会损害谷胱甘肽储备；降低胆固醇、微粒体蛋白和 CYP450 的浓度；并下调抗氧化剂和 CYP450 依赖性酶的含量。CYP2E1 的蛋白表达量变化与地面模拟的结果有显著不同，体现了地面模拟与真实太空环境肝脏 CYP450 酶含量的差异，也说明了实际太空环境对药物代谢产生的影响是与地面模拟的结果有区别的。

然而，即使同样是太空搭载大鼠实验，其肝脏中 CYP450 含量研究可能也会有相互矛盾的结果。例如在天空实验室 3 任务中，飞行 7 天的大鼠 CYP450 含量较对照组下降 50%。Cosmos 1887 任务中，大鼠经 14 天飞行后，肝 CYP450 蛋白含量也显著减少。然而在 Cosmos 2044 任务中，大鼠经 14 天飞行后，无论是总 CYP450 蛋白含量，还是两种同工酶 CYP2C11 和 CYP2E1 的蛋白含量，飞行组和对照组均无差别。

由于缺乏太空实验数据，地面模拟微重力实验仍然是研究微重力环境对生理影响的最经济和最容易获得的方法。张昀探究了尾悬吊模拟微重力对小鼠肝脏组织中叶酸代谢酶的影响，5，10 - 亚甲基四氢叶酸还原酶（MTHFR）、胱硫醚合成酶（CBS）和甲硫氨酸合成酶（MS）是叶酸代谢酶，除了 MTHFR 以外，CBS 和 MS 在模拟微重力 1~4 周小鼠体内的蛋白表达水平与 mRNA 表达水平均显著高于或低于正常组大鼠。而在空肠和回肠中，三种酶的蛋白表达水平与 mRNA 表达水平与正常组大鼠相比具有显著差异，说明模拟微重力可以通过影响肝脏和肠道的药物代谢酶的表达量来影响药物代谢。

Lu 等进行了尾吊大鼠模拟微重力实验，其在研究中分析了同一批大鼠肝脏中 CYP3A2、CYP4A1、CYP2C11、CYP2E1 的变化，与第 0 天相比，肝脏中 CYP3A2 的蛋白表达水平与 mRNA 表达水平无明显差异，而 CYP4A1、CYP2C11、CYP2E1 的蛋白表达水平与 mRNA 表达水平在实验进行的 10 天内表现为显著上升、显著下降和显著下降，但都在 14 天后恢复到第 0 天的水平，即与第 0 天相比无显著差异。赵军的研究将吊尾模拟微重力大鼠分为 1、2、3、4 周的微重力组，分别与正常大鼠做对照，发现在微重力组肝脏的 CYP1A2、CYP2E1、CYP3A1 的蛋白表达水平与 mRNA 表达水平均显著升高，虽然在第 4 周出现下降趋势，但仍显著高于对照组。梁力的方法与赵军的类似，其将大鼠分为模拟微重力组与对照组，发现肝药酶 CYP2D6 的蛋白表达水平与 mRNA 表达水平在尾吊模拟微重力 7 天时达到峰值后，随着尾吊时间的增加开始减少，在尾吊 15 天和 30 天表现出下降的趋势，但是仍然显著高于对照组。李玉娟等将正常重力下大鼠分为 3、7、14、21 天组，分别与尾吊模拟微重力 3、7、14、21 天的大鼠对比，发现模拟微重力 14 天鼠肝中的 CYP1A2 蛋白表达水平与 mRNA 表达水平及蛋白活性显著上升，但 21 天各指标有恢复到正常组的趋势。Chen 等将模拟微重力的尾吊大鼠分为 3、7、14、21 天组，发现与对照组相比，模拟微重力 3 天组 CYP1A2 和 CYP2E1 均显著下调，CYP3A2 升高，14 天后，五种蛋白 CYP1A2、CYP2E1、CYP3A2、CYP2C11、CYP2D1 均有上升。长期模拟微重力仅抑制 CYP2C11 的表达。总体来看，各个实验的结果各不相同，但在短期模拟微重力效应时，肝脏药物代谢酶表达有一个显著变化期，后随大鼠对微重力效应的适应，代谢酶水平或趋近于正常水平。

空间飞行会显著影响肝内代谢酶的活性和含量，使药物在体内的代谢过程发生变化；也会影响动物肝血流量的改变，从而影响到药物的代谢和清除率。周环宇等选择 16 位男性健康志愿者进行头低位卧床实验模拟微重力环境下门静脉血流动力学的研究，发现模拟微重力状态下，肝脏门静脉血流量变化曲线第一天即有显著下降，第 3、7、15 天仍继续下降，第 21 天下降为实验前 74% 的水平。然而，Putcha 等在研究抗立卧床（Antiorthostatic bed rest）对人肝血流量的影响时，通过吲哚菁绿清除率测量，没有观察到模拟微重力下肝血流改变的证据。总的来说，空间飞行对肝血流量及药物代谢影响是一个复杂问题，可能因个体差异和实验条件不同而有所变化，还需要更多实际飞行研究以明确药物代谢的规律。

肠道微生物的变化也会影响药物代谢。NASA 在 1 年时间内对同卵双胞胎之一的航天员进行了监测，将另一名作为地面对照。从粪便拭子中检测的结果看，地面受试者的微生物群丰富度始终高于太空飞行受试者。从厚壁菌门与拟杆菌门的比值（F/B）来看，飞行中样本的 F/B 比率更高（F/B 比率中位数为 3.21 对

1.45）。这些因空间环境而变化的微生物丰富度以及微生物种类或会改变与微生物相关的药物代谢。

8.6.4 微重力条件下的药物排泄

药物排泄是指药物及其代谢产物以尿液、胆汁、乳汁、唾液等途径排出体外的过程。其中药物主要经肾以尿液形式排出体外，其次经胆汁、粪便途径排出体外。微重力条件下，肝肾血流、肝微粒体 P450 及其依赖性酶的含量及活性改变，对药物排泄将产生显著的影响。

紫檀芪属二苯乙烯类化合物，具有多种药理作用，如抗氧化、降血脂、抗炎、抗真菌、抗辐射等。邓力等研究发现尾吊 21 天模拟微重力可能会对紫檀芪的尿液排泄造成显著影响，或会导致紫檀芪在尿液中的排泄量增加约 2 倍。陈博等研究模拟微重力效应下龙血素 B 在大鼠体内的药物动力学及排泄，发现正常重力组龙血素 B 半衰期为 6.10 小时，消除速率常数为 0.12 每小时，而模拟重力组分别为 9.92 小时、0.07 每小时，这些变化说明模拟微重力效应导致龙血素 B 在大鼠体内的消除速率降低，存留时间延长。Saivin 等给予进行头低位卧床实验的 8 名志愿者局麻药利多卡因，卧床 1 天后肝血流速度加快，在 4 天后利多卡因的清除率增加了 30%。Shao 等建立大鼠尾部悬吊微重力模型，分别在第 1、2、5 天给大鼠灌胃红景天苷，与对照组相比，尾悬吊 5 天的大鼠灌胃给药后，红景天苷的药物清除率减少 24.81%。Wei 等发现在雄性大鼠中，模拟微重力组的安替比林的平均全身清除率明显降低了 44.7%，安替比林的平均停留时间增加了 58.3%，而模拟微重力对雌性大鼠中安替比林的上述过程无显著影响。Putcha 等在针对两名航天员的研究中，以安替比林作为肝脏代谢标记物，经历 48 小时航天飞行后两位航天员肝脏中安替比林清除速率较地面分别提高 30% 和降低 20%；但在飞行结束后，两位航天员体内的安替比林清除速率均比太空中降低约 20%，或说明太空环境极易对药物排泄产生影响。

P-糖蛋白是一种作为多药转运蛋白的膜结合 ATP 依赖性蛋白。肾脏中 P-gp 定位于近端肾小管顶端的刷状缘膜上，其与药物在肾脏中的排泄有关，P-gp 在微重力条件下表达及功能的改变，或会影响微重力机体内药物经肾脏的排泄过程。郑志芬采用 21 天大鼠尾吊模型探究大鼠脑中 P-gp 活性及其基因转录量，发现与正常地面组相比，模拟微重力组的 P-gp 活性显著下降，但是其 mdr 1 基因转录量上升。在尾悬吊 3 天和 14 天后，肝脏中 P-gp 水平显著降低。Liu 等发现模拟微重力处理 7 天和 21 天的大鼠肠、脑以及模拟失重处理 72 小时的人结肠腺癌细胞和人脑微血管内皮细胞中 P-gp 的外排功能受到抑制。上述模拟微重力条件持续下调大鼠肠道中的 P-gp 蛋白和基因表达水平。

药物的排泄主要靠肾脏产生尿液或肝脏产生胆汁，会受到肾脏血流以及 P-gp 等转运蛋白的影响。微重力条件下，有些药物的清除率增加，排泄加快，如利多卡因；而有些药物则相反，如红景天苷。动物与人体在生理上存在差异，地面模拟微重力与实际航天飞行的药物排泄结果也存在区别，因此在航天实践中要根据药物种类、个体差异、航天飞行时间等多个因素，来制订航天员在轨个体化用药方案。

8.6.5 展望

太空探索是人类向未知边界发展的重要手段之一。随着科学技术的不断进步，人类的太空探索活动也日趋频繁，越来越多的航天员需要长期驻留在空间站中完成飞行作业任务。太空中特殊的环境条件会对航天员的健康造成一定的影响，为了保证航天员的安全以及飞行作业任务的圆满完成，需要通过使用药物来预防或治疗不适症状。因此，需要了解航天微重力环境对药物吸收、分布、代谢和排泄等过程的影响，帮助医护人员选择和调整药物剂量及给药途径，优化药物治疗效果，更准确而有效地保障航天员的在轨健康。但目前由于实验条件的限制，关于空间飞行中实际药物动力学数据较少，地面上基于人体和动物开展的关于模拟微重力的实验也不能完全复制在轨飞行环境，因此后续进行更多实际在轨飞行的相关药物动力学研究是非常必要的，也需要在国际合作和共享研究成果的基础上建立更加完善的在轨航天微重力药物动力学研究平台，推动这一领域研究，为航天员在轨安全用药提供更多科学依据。

参考文献

[1] 李德宏. 航天任务中的失重现象 [J]. 科教文汇, 2009 (21): 269, 282.

[2] 任晓宇. 失重状态下的人体生理 [J]. 生物学教学, 2000, 25 (4): 40-41.

[3] 魏金河. 失重状态与航天员生理 [J]. 科学, 1993 (2): 21-25.

[4] 徐冲, 吴大蔚. 国外头低位人体卧床实验回顾与启示 [J]. 载人航天信息, 2014, 16: 19-23.

[5] 王晓平, 陆明, 马培, 等. 模拟失重对恒河猴腰椎运动单元生物力学的影响 [J]. 中国组织工程研究, 2016, 20 (26): 3843-3848.

[6] ZHANG X, CHU X, CHEN L, et al. Simulated weightlessness procedure, head-down bed rest impairs adult neurogenesis in the hippocampus of rhesus macaque [J]. Molecular brain, 2019, 12 (1): 46.

[7] YAO Y J, SUN H P, YUE Y, et al. Changes of loading tensile force-stretch relationships of rabbit mesenteric vein after 21 days of head-down rest [J]. Acta astronautica, 2008, 63 (7-10): 959-967.

[8] 陈杰, 马进, 丁兆平, 等. 一种模拟长期失重影响的大鼠尾部悬吊模型 [J]. 空间科学学报, 1993, 13 (2): 159-162.

[9] 林晶晶, 张倍宁, 姜楠, 等. 模拟失重对 HaCaT 细胞增殖及细胞骨架的影响 [J]. 中华急诊医学杂志, 2018, 27 (10): 1107-1111.

[10] 申晋斌, 郭慧慧, 周天, 等. 氯离子通道 5 在模拟失重下磷代谢异常致骨丧失中作用的初步研究 [J]. 骨科, 2017 (1): 52-56.

[11] WEST J B. Historical perspective: physiology in mic – rogravity [J]. Journal of applied physiology, 2000, 89: 379 – 384.

[12] 沈羡云. 21 世纪失重生理学研究的展望 [J]. 航天医学与医学工程, 2003 (S1): 573 – 576.

[13] 沈羡云, 薛月英. 航天重力生理学与医学 [M]. 北京: 国防工业出版社, 2001.

[14] DEHART R L, DAVIS J R. Fundamentals of aerospace medicine [M]. 3rd ed. Philadelphia: Lippincott Williams & Wilkins, 2002.

[15] 顾定, 李士婉, 于喜海, 等. 航天医学与生理学 [M]. 北京: 人民军医出版社, 1989.

[16] 任维, 魏金河. 空间生命科学发展的回顾、动态和展望 [J]. 空间科学学报, 2000 (S1): 48 – 55.

[17] 张立藩, 孟庆军. 展望新世纪的重力生理学 [J]. 生理科学进展, 2002 (3): 276 – 284.

[18] PAVY – LE T A, HEER M, NARICI M V, et al. From space to Earth: advances in human physiology from 20 years of bed rest studies (1986 – 2006) [J]. European journal of applied physiology, 2007, 101 (2): 143 – 194.

[19] HUGHSON R L. Recent findings in cardiovascular physiology with space travel [J]. Respiratory physiology & neurobiology, 2009, 169 (S1): S38 – S41.

[20] LEE S M, MOORE A D, EVERETT M E, et al. Aerobic exercise deconditioning and countermeasures during bed rest [J]. Aviation, space, and environmental medicine, 2010, 81 (1): 52 – 63.

[21] BAISDEN D L, BEVEN G E, CAMPBELL M R, et al. Human health and performance for long – duration spaceflight [J]. Aviation, space, and environmental medicine, 2008, 79 (6): 629 – 635.

[22] WATENPAUGH D E, HARGENS A. The cardiovascular system in microgravity [M] //FREGLY M J, BLATTEIS C M. Handbook of physiology: environmental physiology. New York: Oxford University Press, 1996: 631 – 674.

[23] HARGENS A R, RICHARDSON S. Cardiovascular adaptations, fluid shifts,

and countermeasures related to space flight [J]. Respiratory physiology & neurobiology, 2009, 169 (S1): S30 – S33.

[24] COUPE M, YUAN M, DEMIOT C, et al. Low – magnitude whole body vibration with resistive exercise as a countermeasure against cardiovascular deconditioning after 60 days of head – down bed rest [J]. American journal of physiology: regulatory, integrative and comparative physiology, 2011, 301 (6): R1748 – R1754.

[25] YAO Y, ZHU Y, YANG C, et al. Artificial gravity with ergometric exercise can prevent enhancement of popliteal vein compliance due to 4 – day head – down bed rest [J]. European journal of applied physiology, 2012, 112 (4): 1295 – 1305.

[26] KIRSCH K A, BAARTZ F J, GUNGA H C, et al. Fluid shifts into and out of superficial tissues under microgravity and terrestrial conditions [J]. Journal of molecular medicine, 1993, 71 (9): 687 – 689.

[27] PARAZYNSKI S E, HARGENS A R, TUCKER B, et al. Transcapillary fluid shifts in tissues of the head and neck during and after simulated microgravity [J]. Journal of applied physiology, 1991, 71 (6): 2469.

[28] RICE L, ALFREY C P. The negative regulation of red cell mass by neocytolysis: physiologic and pathophysiologic manifestations [J]. Cellular physiology and biochemistry: international journal of experimental cellular physiology, biochemistry and pharmacology, 2005, 15 (6): 245 – 250.

[29] 詹皓. 航天失重环境中机体的氧化应激损伤与防护措施研究进展 [J]. 中国航空航天医学杂志, 2015, 26 (4): 295 – 301.

[30] 李小涛. 基于短臂离心机的人工重力联合运动锻炼对抗失重生理效应的研究 [D]. 西安: 第四军医大学, 2015.

[31] 沈羡云. 失重生理学基础与进展 [M]. 北京: 国防工业出版社, 2007.

[32] 刘芳, 吴斌, 白延强, 等. 航天员心理调适能力训练方法研究 [J]. 航天医学与医学工程, 2008, 21 (3): 245 – 251.

[33] 钱景康, 张洪志, 杨光华, 等. 大花红景天对悬吊大鼠和职业运动员的防

护作用（英文）[J]. 航天医学与医学工程, 1993, 6 (1): 6-10.

[34] 高云芳, 樊小力, 何志仙, 等. 川芎嗪和黄芪对尾部悬吊大鼠比目鱼肌肌球蛋白 ATP 酶活性及肌萎缩的影响 [J]. 航天医学与医学工程, 2005, 18 (4): 262-266.

[35] 张林, 谢鸣. 失重生理适应的中医药研究思路探析 [J]. 中医药学刊, 2005, 23 (4): 616-617.

[36] 石志宏. 李勇枝, 沈羡云, 等. 中药复方对模拟失重兔血流变特性及循环系统的调节作用 [J]. 航天医学与医学工程, 2005, 18 (4): 251-254.

[37] 米涛, 李勇枝, 范全春, 等. 太空养心方对尾吊大鼠心脏功能的影响 [J]. 航天医学与医学工程, 2008, 21 (1): 22-25.

[38] 任虎君, 耿捷, 袁明, 等. 振动锻炼和太空养心丸对 60 d 头低位卧床脑血流的影响 [J]. 中华航空航天医学杂志, 2009, 20 (1): 1-5.

[39] 张海祥, 何志仙, 高云芳. 一种复方制剂对尾部悬吊大鼠比目鱼肌 mATP 酶活性升高及肌萎缩的对抗效应观察 [J]. 中国应用生理学杂志, 2008, 24 (3): 367-368.

[40] 马永烈, 孙亚志, 杨鸿慧. 人参复方和丹黄合剂对悬吊大鼠肌肉萎缩的防护效应 [J]. 航天医学与医学工程, 1999, 12 (4): 281-283.

[41] 沈羡云. 失重生理学的研究与展望 [J]. Aerospace China, 2001 (9): 30-35, 40.

[42] 徐冲, 吴斌, 刘尚昕, 等. 航天飞行人体生理变化与医学问题 [J]. 生物学通报, 2017, 52 (5): 1-5.

[43] 王林杰, 李志利, 刘炳坤. 长期航天飞行失重生理效应防护策略分析 [J]. 航天医学与医学工程, 2012, 25 (6): 442-448.

[44] 张立藩. 本世纪末重力生理学面临的挑战 [J]. 航天医学与医学工程, 1996 (3): 68-73.

[45] 韩娜. 航天育种不是转基因 [J]. 粮食科技与经济, 2019, 44 (2): 9-10.

[46] 李淑姮. 中国长征系列运载火箭实现 300 次发射 [J]. 太空探索, 2019 (4): 7.

[47] 秦楠译. 失重的影响 [J]. 现代科技译丛 (哈尔滨), 2000 (4): 32-34.

[48] 吴彩琴. 内淋巴积水豚鼠前庭器的形态变化及外膜半规管力学建模与分析 [D]. 上海：复旦大学，2012.

[49] KASSEMI M, DESERRANNO D, OAS J G. Fluid-structural interactions in the inner ear [J]. Computers & structures, 2005, 83 (2-3)：181-189.

[50] BROWNELL W, BADER C R, BERTRAND D, et al. Evoked mechanical responses of isolated cochlear outer hair cells [J]. Science, 1985, 227 (4683)：194-196.

[51] BOYLE R. Otolith adaptive responses to altered gravity [J]. Neuroscience & biobehavioral reviews, 2021, 122：218-228.

[52] 翁天祥, 徐明, 王书合, 等. 体液头向转移对豚鼠前庭器官超微结构的影响 [J]. 航天医学与医学工程，1990 (4)：245-249, 303-304.

[53] 李璐旸. 解密太空病 [J]. 首都医药，2008，15 (23)：42-44.

[54] 孙静静. 视神经和脉络膜上腔电刺激诱发视觉皮层响应的特性研究 [D]. 上海：上海交通大学，2012.

[55] 方兴. 眼科常识 [J]. 中国眼镜科技杂志，2002，6：15.

[56] 孙庆艳, 梅斌, 王海涛, 等. 猫视网膜年龄相关的形态学变化 [J]. 动物学研究，2004, 25 (6)：538-542.

[57] 蔡超峰. 视网膜神经节细胞放电活动非线性分析及模型研究 [D]. 上海：上海交通大学，2011.

[58] 李传宝, 张传坤. 视网膜病 (1) [J]. 中华诊断学电子杂志，2014，2 (1)：75-76.

[59] 方肖云. 视网膜假体的研究进展 [J]. 国外医学·眼科学分册，2003 (4)：197-201.

[60] 寿天德. 神经生物学 [M]. 北京：高等教育出版社，2001.

[61] 许欣, 徐志明, 刘国印, 等. 头低位卧床对眼内压、近视力、视野的影响及其中药防护 [J]. 航天医学与医学工程，2002 (6)：419-422.

[62] HAYREH S S. Pathogenesis of optic disc edema in raised intracranial pressure [J]. Progress in retinal and eye research, 2016, 50：108-144.

[63] MATHIEU E, GUPTA N, AHARI A F, et al. Evidence for cerebrospinal fluid

entry into the optic nerve via a glymphatic pathway [J]. Investigative opthalmology & visual science, 2017, 58 (11): 4784-4791.

[64] QUIGLEY H A, ADDICKS E M, GREEN W R, et al. Optic nerve damage in human glaucoma. II. The site of injury and susceptibility to damage [J]. Archives of ophthalmology, 1981, 99 (4): 635-649.

[65] NICKELLS R W, HOWELL G R, SOTO I, et al. Under pressure: cellular and molecular responses during glaucoma, a common neurodegeneration with axonopathy [J]. Annual review of neuroscience, 2012, 35: 153-179.

[66] ANDERSON D R, HENDRICKSON A. Effect of intraocular pressure on rapid axoplasmic transport in monkey optic nerve [J]. Investigative ophthalmology & visual science, 1974, 13 (10): 771-783.

[67] QUIGLEY H, ANDERSON D R. The dynamics and location of axonal transport blockade by acute intraocular pressure elevation in primate optic nerve [J]. Investigative ophthalmology, 1976, 15 (8): 606-616.

[68] MORGAN W H, YU D Y, ALDER V A, et al. The correlation between cerebrospinal fluid pressure and retrolaminar tissue pressure [J]. Investigative opthalmology & visual science, 1998, 39 (8): 1419-1428.

[69] SCHWARTZ R, DRAEGER J, GROENHOFF S, et al. Results of self-tonometry during the 1st German-Russian MIR mission 1992 [J]. Ophthalmologe, 1993, 90 (6): 640-642.

[70] DRAEGER J, SCHWARTZ R, GROENHOFF S, et al. Self-tonometry during the German 1993 Spacelab D2 mission [J]. Ophthalmologe, 1994, 91 (5): 697-699.

[71] MADER T H, GIBSON C R, PASS A F, et al. Optic disc edema, globe flattening, choroidal folds, and hyperopic shifts observed in astronauts after long-duration space flight [J]. Ophthalmology, 2011, 118 (10): 2058-2069.

[72] STERN C, YÜCEL Y H, ZU EULENBURG P, et al. Eye-brain axis in microgravity and its implications for Spaceflight Associated Neuro-ocular Syndrome [J]. NPJ microgravity, 2023, 9 (1): 56.

［73］朱定华. 头低位卧床模拟失重对人体眼压、视野、近视力的影响［J］. 深圳中西医结合杂志, 2015, 25（22）: 28 – 30.

［74］赵军, 胡莲娜, 梁会泽, 等. 模拟失重状态对正常人远视力、近视力、近点、立体视觉及眼压的影响［J］. 眼科新进展, 2011（7）: 642 – 644.

［75］赵军, 胡莲娜, 李志生, 等. 健康人视网膜电图在短期头低位卧床模拟失重后的变化［J］. 航天医学与医学工程, 2012, 25（5）: 350 – 353.

［76］魏亚明, 邹志杰, 刘鹏飞, 等. 青光眼的视网膜振荡电位分析［J］. 西北国防医学杂志, 2003（4）: 303 – 304.

［77］赵军, 胡莲娜, 李志生, 等. 头低位卧床对健康人视网膜电图的影响［J］. 眼科研究, 2010（2）: 172 – 174.

［78］姜山峰, 高云芳. 模拟失重对大鼠情绪影响的初步研究［J］. 中国应用生理学杂志, 2012, 28（3）: 205 – 208.

［79］ISHIZAKI Y, ISHIZAKI T, FUKUOKA H, et al. Changes in mood status and neurotic levels during a 20 – day bed rest［J］. Acta astronautica, 2002, 50（7）: 453 – 459.

［80］高慧, 陈善广, 安平, 等. 模拟航天环境下一种应激情绪的语音识别研究［J］. 航天医学与医学工程, 2010（4）: 248 – 252.

［81］陈怡西. 模拟航天特因环境所致大鼠抑郁及认知功能减退的研究［D］. 泸州: 西南医科大学, 2016.

［82］张健源. 基于典型相关分析的模拟失重环境下心理生理变化与脑电关联机制的研究［D］. 兰州: 兰州大学, 2014.

［83］陈思佚, 赵鑫, 周仁来, 等. 15d – 6°头低位卧床对女性个体情绪的影响［J］. 航天医学与医学工程, 2011, 24（4）: 253 – 258.

［84］刘刚, 李科, 曾亚伟, 等. 模拟失重状态对情绪稳定性影响的磁共振脑功能成像研究［J］. 解放军医学院学报, 2014, 35（7）: 747 – 750.

［85］唐焰. 下丘脑神经元在体活动参与摄食调控［D］. 上海: 华东师范大学, 2016.

［86］王利芳. 模拟失重对大鼠胃黏膜瘦素和其受体表达的影响及其意义［D］. 西安: 第四军医大学, 2007.

[87] 翁天祥, 于立身. 空间运动病的发病机制 [J]. 国外医学·耳鼻咽喉科学分册, 1993 (4): 215-219.

[88] 王林杰, 童伯伦. 抛物线飞行与航天运动病 [J]. 航天医学与医学工程, 1998 (3): 70-73.

[89] ADAMI R, PAGANO J, COLOMBO M, et al. Reduction of movement in neurological diseases: effects on neural stem cells characteristics [J]. Frontiers in neuroscience, 2018, 12: 336.

[90] HUPFELD K E, MCGREGOR H R, REUTER-LORENZ P A, et al. Microgravity effects on the human brain and behavior: dysfunction and adaptive plasticity [J]. Neuroscience & biobehavioral reviews, 2021, 122: 176-189.

[91] KOPPELMANS V, BLOOMBERG J J, DE DIOS Y E, et al. Brain plasticity and sensorimotor deterioration as a function of 70 days head down tilt bed rest [J]. Plos one, 2017, 12 (8): e0182236.

[92] ROBERTS D R, ZHU X, TABESH A, et al. Structural brain changes following long-term 6° head-down tilt bed rest as an analog for spaceflight [J]. American journal of neuroradiology, 2015, 36 (11): 2048-2054.

[93] KOPPELMANS V, PASTERNAK O, BLOOMBERG J J, et al. Intracranial fluid redistribution but no white matter microstructural changes during a spaceflight analog [J]. Scientific reports, 2017, 7 (1): 1-12.

[94] KOPPELMANS V, BLOOMBERG J J, MULAVARA A P, et al. Brain structural plasticity with spaceflight [J]. NPJ microgravity, 2016, 2: 2.

[95] ROBERTS D R, ALBRECHT M H, COLLINS H R, et al. Effects of spaceflight on astronaut brain structure as indicated on MRI [J]. The New-England medical review and journal, 2017, 377 (18): 1746-1753.

[96] COHEN H S, KIMBALL K T, MULAVARA A P, et al. Posturography and locomotor tests of dynamic balance after long-duration spaceflight [J]. Journal of vestibular research, 2012, 22 (4): 191-196.

[97] MILLER C A, PETERS B T, BRADY R R, et al. Changes in toe clearance during treadmill walking after long-duration spaceflight [J]. Aviation space

and environmental medicine, 2010, 81 (10): 919 - 928.

[98] BOCK O, WEIGELT C, BLOOMBERG J J. Cognitive demand of human sensorimotor performance during an extended space mission: a dual - task study [J]. Aviation space and environmental medicine, 2010, 81 (9): 819 - 824.

[99] DE SAEDELEER C, VIDAL M, LIPSHITS M, et al. Weightlessness alters up/down asymmetries in the perception of self - motion [J]. Experimental brain research, 2013, 226 (1): 95 - 106.

[100] 卢紫欣, 谢飞, 吕宝北, 等. 失重或模拟失重对大脑功能的影响研究进展 [J]. 生物技术进展, 2017, 7 (3): 193 - 197.

[101] 杨佳佳, 梁蓉, 万柏坤, 等. 微重力环境对脑认知功能的影响及机制研究进展 [J]. 中华航空航天医学杂志, 2019, 30 (1): 64 - 71.

[102] 王林杰, 张丹, 董卫军, 等. 航天前、中、后空间运动病研究 [J]. 航天医学与医学工程, 2003 (5): 382 - 386.

[103] HONDA Y, HONDA S, NARICI M, et al. Spaceflight and ageing: reflecting on caenorhabditis elegans in space [J]. Gerontology, 2014, 60 (2): 138 - 142.

[104] 杨炯炯, 沈政. 载人航天中微重力环境对认知功能的影响 [J]. 航天医学与医学工程, 2003 (6): 463 - 467.

[105] 吴大蔚, 沈羡云. 失重或模拟失重时脑学习记忆功能的改变 [J]. 航天医学与医学工程, 2000 (6): 459 - 463.

[106] HOMICK J L, KOHL R L, RESCHKE M F, et al. Transdermal scopolamine in the prevention of motion sickness: evaluation of the time course of efficacy [J]. Aviation space and environmental medicine, 1983, 54 (11): 994 - 1000.

[107] ATKOV O Y, BEDNENKO V S. Hypokinesia and weightlessness: clinical and physiologic aspects [M]. Madison Connecticut: International Universities Press INC, 1992: 14 - 24.

[108] GRINDELAND R E. Cosmos 1887: science overview [J]. The FASEB journal, 1990, 4 (1): 10 - 15.

[109] SCHIFLETT S G. Microgravity effects on standardized cognitive performance

measures [R] //SNYDER R S. Second International Microgravity Laboratory (lML-2) final report. Washington, DC: NASA Head Quarters, 1997: 186-187.

[110] 冯林音. 微重力对神经系统结构和机能的影响 [J]. 空间科学学报, 1997 (S1): 9-13.

[111] ZHAO L, WEI J H, YAN G D, et al. Changes of brain potentials related to selective mental arithmetic during simulated weightlessness [J]. Space medicine & medical engineering, 1998, 11 (3): 167-171.

[112] COHEN H, COHEN B, RAPHAN T, et al. Habituation and adaptation of the vestibuloocular reflex: a model of differential control by the vestibulocerebellum [J]. Experimental brain research, 1992, 90 (3): 526-538.

[113] CLÉMENT G, POPOV K E, BERTHOZ A, et al. Effects of prolonged weightlessness on human horizontal and vertical optokinetic nystagmus and optokinetic after-nystagmus [J]. Experimental brain research, 1993, 94 (3): 456-462.

[114] 宿长军, 林宏, 饶志仁. 实验性瞬时高血压诱发大鼠脑内 Fos 表达 [J]. 第四军医大学学报, 2000 (8): 1015-1019.

[115] 贾宏博, 于立身. 前庭系统对长期力场改变的适应 [J]. 国外医学·耳鼻咽喉科学分册, 2000 (4): 194-197.

[116] DAI M, RAPHAN T, KOZLOVSKAYA I, et al. Vestibular adaptation to space in monkeys [J]. Otolaryngology-head and neck surgery, 1998, 119 (1): 65-77.

[117] DAI M, RAPHAN T, COHEN B. Prolonged reduction of motion sickness sensitivity by visual-vestibular interaction [J]. Experimental brain research, 2011, 210 (3-4): 503-513.

[118] KOZLOVSKAYA I B, BABAEV M, BARMIN A, et al. The effect of weightlessness on motor and vestibular-motor reactions [J]. The physiologist, 1984, 27: 111-114.

[119] KOZLOVSKAYA I B, ILYIN E A, SIROTA M G, et al. Studies of space

adaptation syndrome in experiments on primates performed on board of Soviet biosatellite "Cosmos 1887" [J]. The physiologist, 1989, 32: 45 – 48.

[120] LYCHAKOV D V. Functional and adaptive changes in the vestibular apparatus in space flight [J]. The physiologist, 1991, 34 (suppl 1): S204 – S205.

[121] 贾宏傅. 持续高 G 对豚鼠前庭耳石器的影响及预习服防护措施的实验研究 [D]. 西安：第四军医大学, 2002.

[122] ROSS M D. Morphological changes in rat vestibular system following weightlessness [J]. Journal of vestibular research: equilibrium & orientation, 1993, 3 (3): 241 – 251.

[123] ROSS M D. A spaceflight study of synaptic plasticity in adult rat vestibular maculas [J]. Acta oto – laryngologica, 1994, 516 (suppl): 3 – 14.

[124] MORITA H, ABE C, TANAKA K. Long – term exposure to microgravity impairs vestibulo – cardiovascular reflex [J]. Scientific reports, 2016, 6: 33405.

[125] YATES B J, BOLTON P S, MACEFIELD V G. Vestibulo – sympathetic responses [J]. Comprehensive physiology, 2014, 4 (2): 851 – 887.

[126] GOTOH T M, FUJIKI N, MATSUDA T, et al. Roles of baroreflex and vestibulosympathetic reflex in controlling arterial blood pressure during gravitational stress in conscious rats [J]. American journal of physiology: regulatory, integrative and comparative physiology, 2004, 286 (1): R25 – R30.

[127] ABE C, TANAKA K, AWAZU C, et al. Strong galvanic vestibular stimulation obscures arterial pressure response to gravitational change in conscious rats [J]. Journal of applied physiology, 2008, 104 (1): 34 – 40.

[128] ABE C, KAWADA T, SUGIMACHI M, et al. Interaction between vestibulo – cardiovascular reflex and arterial baroreflex during postural change in rats [J]. Journal of applied physiology, 2011, 111 (6): 1614 – 1621.

[129] HALLGREN E, KORNILOVA L, FRANSEN E, et al. Decreased otolith – mediated vestibular response in 25 astronauts induced by long – duration spaceflight [J]. Journal of neurophysiology, 2016, 115 (6): 3045 – 3051.

[130] SUGITA – KITAJIMA A, KOIZUKA I. Somatosensory input influences the vestibulo – ocular reflex [J]. Neuroscience letters, 2009, 463 (3): 207 – 209.

[131] SCHUBERT M C, DELLA SANTINA C C, SHELHAMER M. Incremental angular vestibulo – ocular reflex adaptation to active head rotation [J]. Experimental brain research, 2008, 191 (4): 435 – 446.

[132] ARNAUD S B, SHERRARD D J, MALONEY N, et al. Effects of 1 – week head – down tilt bed rest on bone formation and the calcium endocrine system [J]. Aviation, space, and environmental medicine, 1992, 63 (1): 14 – 20.

[133] BERRY P, BERRY I, MANELFE C. Magnetic resonance imaging evaluation of lower limb muscles during bed rest – – a microgravity simulation model [J]. Aviation, space, and environmental medicine, 1993, 64 (3 Pt 1): 212 – 218.

[134] BETTIS T, KIM B J, HAMRICK M W. Impact of muscle atrophy on bone metabolism and bone strength: implications for muscle – bone crosstalk with aging and disuse [J]. Osteoporosis international, 2018, 29 (8): 1713 – 1720.

[135] BOLAND G M, PERKINS G, HALL D J, et al. Wnt 3a promotes proliferation and suppresses osteogenic differentiation of adult human mesenchymal stem cells [J]. Journal of cellular biochemistry, 2004, 93 (6): 1210 – 1230.

[136] CHATZIRAVDELI V, KATSARAS G N, LAMBROU G I. Gene expression in osteoblasts and osteoclasts under microgravity conditions: a systematic review [J]. Current genomics, 2019, 20 (3): 184 – 198.

[137] CONVERTINO V A, DOERR D F, MATHES K L, et al. Changes in volume, muscle compartment, and compliance of the lower extremities in man following 30 days of exposure to simulated microgravity [J]. Aviation, space, and environmental medicine, 1989, 60 (7): 653 – 658.

[138] CONVERTINO V A. Physiological adaptations to weightlessness: effects on exercise and work performance [J]. Exercise and sport sciences reviews,

1990, 18: 119 – 166.

[139] DE BOER J, WANG H J, VAN BLITTERSWIJK C. Effects of Wnt signaling on proliferation and differentiation of human mesenchymal stem cells [J]. Tissue engineering, 2004, 10 (3 – 4): 393 – 401.

[140] DIXON J B, CLARK T K. Sensorimotor impairment from a new analog of spaceflight – altered neurovestibular cues [J]. Journal of neurophysiology, 2020, 123 (1): 209 – 223.

[141] EDGERTON V R, ROY R R. Neuromuscular adaptation to actual and simulated weightlessness [J]. Advances in space biology and medicine, 1994, 4: 33 – 67.

[142] EIJKEN M, MEIJER I M, WESTBROEK I, et al. Wnt signaling acts and is regulated in a human osteoblast differentiation dependent manner [J]. Journal of cellular biochemistry, 2008, 104 (2): 568 – 579.

[143] GAZENBO O G, SAVINA E A, et al. Experiment on rat flown on Kosmos – 1667: chief objective experimental objective experimental conditions and results [J]. Kosmicheskaya I aviakosmicheskaya meditsina, 1987 (4): 9 – 16.

[144] GRIGORIEV A I, EGOROV A D. Long – term flight [M] //LEACH – HUNTOON C, ANTIPOV V V, GRIGORIEV A I. Space biology and medicine III: human in space flight book 2. Reston, VA: American Institute of Aeronautics and Astronautics, 1996: 485 – 532.

[145] GRIMM D, GROSSE J, WEHLAND M, et al. The impact of microgravity on bone in humans [J]. Bone, 2016, 87: 44 – 56.

[146] HARGENS A R, VICO L. Long – duration bed rest as an analog to microgravity [J]. Journal of applied physiology, 2016, 120 (8): 891 – 903.

[147] JAWEED M M. Muscle structure and function [M] //NICOGOSSIAN A E, HUNTOON C L, POOL S L. Space physiology and medicine. 3rd ed. Washington: Lea & Febiger, 1994: 317 – 326.

[148] JOHNSTON R S, DIETLEINL F. Biomedical results from Skylab: NASA SP – 377 [R]. Washington, DC: U. S. Government Printing Office, 1977.

[149] KORNILOVA L N, GRIGOROVA V, BODO G. Vestibular function and sensory interaction in space flight [J]. Journal of vestibular research, 1993, 3 (3): 219-230.

[150] LEBLANC A, LIN C, SHACKELFORD L, et al. Muscle volume, MRI relaxation times (T2), and body composition after spaceflight [J]. Journal of applied physiology, 2000, 89 (6): 2158-2164.

[151] LEBLANC A, MATSUMOTO T, JONES J, et al. Bisphosphonates as a supplement to exercise to protect bone during long-duration spaceflight [J]. Osteoporosis international, 2013, 24 (7): 2105-2114.

[152] LEBLANC A, SCHNEIDER V, SHACKELFORD L, et al. Bone mineral and lean tissue loss after long duration space flight [J]. Journal of musculoskeletal & neuronal interactions, 2000, 1 (2): 157-160.

[153] LEBLANC A D, SCHNEIDER V S, EVANS H J, et al. Regional changes in muscle mass following 17 weeks of bed rest [J]. Journal of applied physiology, 1992 (5): 2172-2178.

[154] MARTIN T P, EDGERTON V R, GRINDELAND R E. Influence of spaceflight on rat skeletal muscle [J]. Journal of applied physiology, 1988, 65 (5): 2318-2325.

[155] MARTIN T P. Protein and collagen content of rat skeletal muscle following space flight [J]. Cell and tissue research, 1988, 254 (1): 251-253.

[156] MEYERS V E, ZAYZAFOON M, GONDA S R, et al. Modeled microgravity disrupts collagen I/integrin signaling during Osteoblastic differentiation of human mesenchymal stem cells [J]. Journal of cellular biochemistry, 2004, 93 (4): 697-707.

[157] MUKAI C, OHSHIMA H. Space flight/bedrest immobilization and bone. In-flight exercise device to support a health of astronauts [J]. Clinical calcium, 2012, 22 (12): 1887-1893.

[158] NICOGOSSIAN A E, WILLIAMS R S, HUNTOON C L, et al. Space physiology and medicine - from evidence to practice [M]. 4th ed. Berlin:

Springer, 2016.

[159] OGANOV V S, RAKHMANOV A S, NOVIKOV V E, et al. The state of human bone tissue during space flight [J]. Acta astronautics, 1991, 23: 129-133.

[160] OGANOV V S, SCHNEIDER V S. Skeletal system [M] //LEACH-HUNTOON C, ANTIPOV VV, GRIGONIEV A I. Space biology and medicine III: humans in spaceflight book 2. Reston, VA: American Institute of Aeronautics and Astronautics, 1996: 247-266.

[161] OMINARI T, ICHIMARU R, TANIGUCHI K, et al. Hypergravity and microgravity exhibited reversal effects on the bone and muscle mass in mice [J]. Scientific reports, 2019, 9 (1): 6614.

[162] OZCIVICI E, LUU Y K, ADLER B, et al. Mechanical signals as anabolic agents in bone [J]. Nature reviews rheumatology, 2010, 6 (1): 50-59.

[163] RESCHKE M F, KOMILOVA N, HARM D L, et al. Neurosensory and sensory-motor function [M] //LEACH-HUNTOON C, ANTIPOV V V, GRIGORIEV A I. Space biology and medicine III: human in space flight book 1. Reston, VA: American Institute of Aeronautics and Astronautics, 1996: 135-193.

[164] SEE E Y, TOH S L, GOH J C. Multilineage potential of bone-marrow-derived mesenchymal stem cell sheets: implications for tissue engineering [J]. Tissue engineering part A, 2010, 16: 1421-1431.

[165] SHI D, MENG R, DENG W, et al. Effects of microgravity modeled by large gradient high magnetic field on the osteogenic initiation of human mesenchymal stem cells [J]. Stem cell reviews and reports, 2010, 6 (4): 567-578.

[166] SMITH R C, CRAMER M S, MITCHELL P J, et al. Inhibition of myostatin prevents microgravity-induced loss of skeletal muscle mass and strength [J]. Plos one, 2020, 15 (4): e0230818.

[167] SMITH S M, ABRAMS S A, DAVIS-STREET J E, et al. Fifty years of human space travel: implications for bone and calcium research [J]. Annual

review of nutrition, 2014, 34: 377-400.

[168] STAVNICHUK M, MIKOLAJEWICZ N, CORLETT T, et al. A systematic review and meta-analysis of bone loss in space travelers [J]. NPJ microgravity, 2020, 6: 13.

[169] STEFFEN J M, MUSACCHIA X J. Spaceflight effects on adult rat muscle protein, nucleic acids, and amino acids [J]. The American journal of physiology, 1986, 251 (6 Pt 2): R1059-R1063.

[170] STEIN T P. Weight, muscle and bone loss during space flight: another perspective [J]. European journal of applied physiology, 2013, 113 (9): 2171-2181.

[171] STUPAKOV G P, VOLOZHIN A I. The bone system and weightlessness [J]. Problemy kosmicheskoi biologii, 1989, 63: 1-184.

[172] SWAFFIELD T P, NEVIASER A S, LEHNHARDT K. Fracture risk in spaceflight and potential treatment options [J]. Aerospace medicine and human performance, 2018, 89 (12): 1060-1067.

[173] TAMMA R, COLAIANNI G, CAMERINO C, et al. Microgravity during spaceflight directly affects in vitro osteoclastogenesis and bone resorption [J]. The FASEB journal, 2009, 23 (8): 2549-2554.

[174] TANAKA K, NISHIMURA N, KAWAI Y. Adaptation to microgravity, deconditioning, and countermeasures [J]. The journal of physiological sciences, 2017, 67 (2): 271-281.

[175] THOMASON D B, BIGGS R B, BOOTH F W. Protein metabolism and beta-myosin heavy-chain mRNA in unweighted soleus muscle [J]. The American journal of physiology, 1989, 257 (2 Pt 2): R300-R305.

[176] THORNTON W E, RUMMEL J A. Muscle deconditioning and tis prevention in space flight [R]. Biomedical results from Skylab (NASA SP-377), 1977: 191-197.

[177] ULBRICH C, WEHLAND M, PIETSCH J, et al. The impact of simulated and real microgravity on bone cells and mesenchymal stem cells [J]. Biomed

research international, 2014, 2014: 928507.

[178] VICO L, ALEXANDRE C. Bone cell effects after weightlessness exposure: a hypothesis [J]. Physiologist, 1990 (1): 8-11.

[179] YAN M, WANG Y, YANG M, et al. The effects and mechanisms of clinorotation on proliferation and differentiation in bone marrow mesenchymal stem cells [J]. Biochemical and biophysical research communications, 2015, 460 (2): 327-332.

[180] YEGOROV A D. Results of medical research during the 175-day flight of the third prime crew the Salyut-6-Soyuz orbital complex: NASA TM-76450 [R]. Moscow: Academy of Sciences USSR, 1980.

[181] ZAYZAFOON M, GATHINGS W E, MCDONALD J M. Modeled microgravity inhibits osteogenic differentiation of human mesenchymal stem cells and increases adipogenesis [J]. Endocrinology, 2004, 145: 2421-2432.

[182] DRUMMER C, VALENTI G, CIRILLO M, et al. Vasopressin, hypercalciuria and aquaporin - the key elements for impaired renal water handling in astronauts? [J]. Nephron, 2002, 92 (3): 503-514.

[183] HENRY J P, GAUER O H, REEVES J L. Evidence of the atrial location of receptors influencing urine flow [J]. Circulation research, 1956, 4 (1): 85-90.

[184] PARASKEVI P, EVANGELIA D, STEFANOS R, et al. Oxidative stress and the kidney in the space environment [J]. International journal of molecular sciences, 2018, 19 (10): 3176.

[185] 虞学军, 杨天德, 庞诚. 失重与航天员高温应激 [J]. 航天医学与医学工程, 2000, 1: 70-73.

[186] MOORE T P, THORNTON W E. Space shuttle inflight and postflight fluid shifts measured by leg volume changes [J]. Aviation, space and environmental medicine, 1987, 58 (9): A91-A96.

[187] 王金华, 黄治平. 失重下水-电解质体内平衡与肾功能状态 [J]. 载人航天信息, 2001, 2: 1-5.

[188] 姚永杰,孙喜庆,王忠波,等. 21d 卧床期间血清碱性磷酸酶及电解质的变化 [J]. 航天医学与医学工程, 2002, 3: 178 – 181.

[189] DRUMMER C, GERZER R, BAISCH F, et al. Body fluid regulation in μ – gravity differs from that on Earth: an overview [J]. Pflügers Archiv – European journal of physiology, 2000, 441: R66 – R72.

[190] ASTABURUAGA R, BASTI A, LI Y, et al. Circadian regulation of physiology: relevance for space medicine [J]. Reach, 2019, 14 – 15: 100029.

[191] DRUMMER C, HESSE C, BAISCH F, et al. Water – and sodium – balances and their relation to body mass changes in microgravity [J]. European journal of clinical investigation, 2000, 30 (12): 1066 – 1075.

[192] LEACH C S, ALFREY C P, SUKI W N, et al. Regulation of body fluid compartments during short – term spaceflight [J]. Journal of applied physiology, 1996, 81 (1): 105 – 116.

[193] 庄祥昌, 裴静琛. 失重生理学 [M]. 北京: 人民军医出版社, 1990.

[194] JOHNSON P C. Fluid volumes changes induced by spaceflight [J]. Acta astronautica, 1979, 6 (10): 1335 – 1341.

[195] 汪德生, 任维, 向求鲁, 等. 微重力条件下人体体液调节模型的分析与改进思考 [J]. 航天医学与医学工程, 2000, 3: 226 – 230.

[196] 朱辉, 王汉青. 失重对人体心血管功能影响的研究进展 [J]. 航空航天医学杂志, 2014, 25 (9): 1285 – 1288.

[197] NOSKOV V B, LOBACHIK V I, CHEPUSHTANOV S A. The volume of extracellular fluid under conditions of long – term space flights [J]. Human physiology, 2000, 26 (5): 600 – 604.

[198] LEACH C S, LEONARD J I, RAMBAUT P C, et al. Evaporative water loss in man in a gravity – free environment [J]. Journal of applied physiology: respiratory, environmental and exercise physiology, 1978, 45 (3): 430 – 436.

[199] 朱辉, 王汉青, 刘志强. 模拟失重条件下人体出汗变化规律的实验研究 [J]. 湖南大学学报, 2017, 44 (9): 188 – 196.

[200] LEACH C S. A review of the consequences of fluid and electrolyte shifts in

weightlessness [J]. Acta astronautica, 1979, 6 (9): 1123 - 1135.

[201] GRIGORIEV A I. Ion regulatory function of the human kidney in prolonged space flights [J]. Acta astronautica, 1981, 8: 987 - 993.

[202] GRIGORIEV A I, BUGROV S A, BOGOMOLOV V V, et al. Preliminary medical results of the Mir year - long mission [J]. Acta astronautica, 1991, 23: 1 - 8.

[203] 宋艳. 不同时机介入电针对模拟失重大鼠肝肾组织形态、功能和氧化应激的影响 [D]. 北京: 北京中医药大学, 2015.

[204] 赵军, 李勇枝, 高建义, 等. 不同时长模拟失重对大鼠生理指标的影响 [J]. 中国医药导报, 2018, 15 (16): 4 - 7.

[205] 刘军莲, 钟悦, 易勇, 等. 刺五加皂苷对模拟失重 4 周大鼠血脂、血糖及免疫、肝、肾功能的影响 [J]. 中华中医药杂志, 2017, 32 (10): 4671 - 4674.

[206] 宋艳, 嵇波, 汪德生, 等. 不同时机针刺对模拟失重大鼠肾功能和肾脏氧自由基代谢的影响 [J]. 中国针灸, 2014, 34 (11): 1106 - 1110.

[207] FIBEL K H, HILLSTROM H J, HALPERN B C. State - of - the - art management of knee osteoarthritis [J]. World journal of clinical cases, 2015, 3 (2): 89 - 101.

[208] ZHANG L F. Region - specific vascular remodeling and its prevention by artificial gravity in weightless environment [J]. European journal of applied physiology, 2013, 113 (12): 2873 - 2895.

[209] 吕强, 李宝义, 王忠超, 等. Rho 激酶可能介导模拟失重所致大鼠肾动脉收缩功能的变化 [J]. 心脏杂志, 2016, 28 (5): 526 - 530.

[210] HE L, HUANG N, LI H, et al. AMPK/α - Ketoglutarate axis regulates intestinal water and ion homeostasis in young pigs [J]. Journal of agricultural and food chemistry, 2017, 65: 2287 - 2298.

[211] 刘永辉, 龙静, 何流琴, 等. 水通道蛋白对动物机体健康影响研究进展 [J]. 中国科学: 生命科学, 2020, 50 (4): 427 - 437.

[212] TAMMA G, PROCINO G, SVELTO M, et al. Cell culture models and animal

models for studying the patho‐physiological role of renal aquaporins [J]. Cellular and molecular life sciences, 2012, 69 (12): 1931‐1946.

[213] YU M J, MILLER R L, UAWITHYA P, et al. Systems‐level analysis of cell‐specific AQP2 gene expression in renal collecting duct [J]. Proceedings of the National Academy of Sciences of the United States of America, 2009, 106 (7): 2441‐2446.

[214] TAKATA K, MATSUZAKI T, TAJIKA Y, et al. Localization and trafficking of aquaporin 2 in the kidney [J]. Histochemistry and cell biology, 2008, 130 (2): 197‐209.

[215] 黄红, 那宇, 韦加美, 等. 模拟失重条件对大鼠肾小管水通道蛋白2表达影响的研究 [J]. 安徽医科大学学报, 2014, 49 (12): 1706‐1709.

[216] DELUCA C, DEEVA I, MARIANI S, et al. Monitoring antioxidant defenses and free radical production in space‐flight, aviation and railway engine operators, for the prevention and treatment of oxidative stress, immunological impairment, and pre‐mature cell aging [J]. Toxicology and industrial health, 2009, 25: 259‐267.

[217] 彭远开, 张静雪, 王承珉, 等. 模拟失重对大鼠血清丙二醛含量的影响 [J]. 航天医学与医学工程, 1996, 1: 54‐56.

[218] MICHEL O, LEVAN T D, STERN D, et al. Systemic responsiveness to lipopolysaccharide and polymorphisms in the toll‐like receptor 4 gene in human beings [J]. The journal of allergy and clinical immunology, 2003, 112 (5): 923‐929.

[219] 李敏. 模拟失重状态对大鼠肾盂肾炎及Toll样受体4表达影响的研究 [D]. 合肥: 安徽医科大学, 2015.

[220] YIN X L, HOU T W, LIU Y, et al. Association of toll‐like receptor 4 gene polymorphism and expression with urinary tract infection types in adults [J]. Plos one, 2010, 5 (2): 1‐7.

[221] GRIGORIEV A I, MORUKOV B V, VOROBIEV D V. Water and electrolyte studies during long‐term missions onboard the space stations SALYUT and MIR

[J]. The clinical investigator, 1994, 72 (3): 169-189.

[222] CIRILLO M, SANTO N G D, HEER M, et al. Urinary albumin in space missions [J]. Journal of gravitational physiology: a journal of the International Society for Gravitational Physiology, 2002, 9 (1): 193-194.

[223] CIRILLO M, SANTO N G D, HEER M, et al. Low urinary albumin excretion in astronauts during space missions [J]. Nephron physiology, 2003, 93 (4): 102-105.

[224] HUGHSON R L, MAILLET A, GAUQUELIN G, et al. Investigation of hormonal effects during 10-h head-down tilt on heart rate and blood pressure variability [J]. Journal of applied physiology, 1995, 78 (2): 583-596.

[225] TAJIMA F, SAGAWA S, CLAYBAUGH J R, et al. Renal, endocrine, and cardiovascular responses during head-out water immersion in legless men [J]. Aviation, space, and environmental medicine, 1999, 70 (5): 465-470.

[226] MAILLET A, FAGETTE S, ALLEVARD A M, et al. Cardiovascular and hormonal response during a 4-week head-down tilt with and without exercise and LBNP countermeasures [J]. Journal of gravitational physiology: a journal of the International Society for Gravitational Physiology, 1996, 3 (1): 37-48.

[227] GOLDSTEIN D S, VERNIKOS J, HOLMES C, et al. Catecholaminergic effects of prolonged head-down bed rest [J]. Journal of applied physiology, 1995, 78 (3): 1023-1029.

[228] HINGHOFER-SZALKAY H G, NOSKOV V B, RÖSSLER A, et al. Endocrine status and LBNP-induced hormone changes during a 438-day spaceflight: a case study [J]. Aviation, space, and environmental medicine, 1999, 70 (1): 1-5.

[229] 曹新生, 吴兴裕. 失重/模拟失重情况下几种体液相关激素的变化 [J]. 中华航空航天医学杂志, 1999, 4: 56-58.

[230] TIPTON C M, GREENLEAF J E, JACKSON C G R. Neuroendocrine and immune system responses with spaceflights [J]. Medicine & science in sports & exercise, 1996, 28 (8): 988-998.

[231] 宋锦苹,曹登超,钟国徽,等. 失重骨丢失对髓系细胞生成的影响及机制[C] //第十三届全国免疫学学术大会摘要汇编, 2018.

[232] KONSTANTINOVA I V, RYKOVA M, MESHKOV D, et al. Natural killer cells after ALTAIR mission [J]. Acta astronautica, 1995, 36 (8 – 12): 713 – 718.

[233] RYKOVA D M. The natural cytotoxicity in cosmonauts on board space stations [J]. Acta astronautica, 1995, 36: 719 – 726.

[234] RYKOVA M P, SONNENFELD G, LESNYAK A T, et al. Effect of spaceflight on natural killer cell activity [J]. Journal of applied physiology, 1992, 73 (2): 196S – 200S.

[235] CRUCIAN B, STOWE R, MEHTA S, et al. Immune system dysregulation occurs during short duration spaceflight on board the space shuttle [J]. Journal of clinical immunology, 2013, 33 (2): 456 – 465.

[236] CRUCIAN B, STOWE R P, MEHTA S, et al. Alterations in adaptive immunity persist during long – duration spaceflight [J]. NPJ microgravity, 2015, 1: 15013.

[237] BURAVKOVA L B, RYKOVA M P, GRIGORIEVA V, et al. Cell interactions in microgravity: cytotoxic effects of natural killer cells in vitro [J]. Journal of gravitational physiology: a journal of the International Society for Gravitational Physiology, 2004, 11 (2): P177 – P180.

[238] GAIGNIER F, SCHENTEN V, DE CARVALHO BITTENCOURT M, et al. Three weeks of murine hindlimb unloading induces shifts from B to T and from Th to Tc splenic lymphocytes in absence of stress and differentially reduces cell – specific mitogenic responses [J]. Plos one, 2014, 9 (3): e92664.

[239] KIM C H, PARK J, KIM M. Gut microbiota – derived short – chain fatty acids, T cells, and inflammation [J]. Immune network, 2014, 14 (6): 277 – 288.

[240] PESHEV D, VAN DEN ENDE W. Fructans: prebiotics and immunomodulators [J]. Journal of functional foods, 2014, 8: 348 – 357.

[241] AGHA N H, MEHTA S K, ROONEY B V, et al. Exercise as a countermeasure for latent viral reactivation during long duration space flight [J]. The FASEB journal, 2020, 34 (2): 2869-2881.

[242] VICO L, HARGENS A. Skeletal changes during and after spaceflight [J]. Nature reviews rheumatology, 2018, 14 (4): 229.

[243] GERSHOVICH P M, GERSHOVICH I G, BURAVKOVA L B. The effects of simulated microgravity on the pattern of gene expression in human bone marrow mesenchymal stem cells under osteogenic differentiation [J]. Fiziologiia cheloveka, 2013, 39 (5): 105-111.

[244] AKIYAMA T, HORIE K, HINOI E, et al. How does spaceflight affect the acquired immune system? [J]. NPJ microgravity, 2020, 6 (1): 1-7.

[245] 钱娟娟. 微重力对造血干/祖细胞增殖与分化的影响 [D]. 北京: 中国科学院大学, 2017.

[246] GRIDLEY D S, MAO X W, STODIECK L S, et al. Changes in mouse thymus and spleen after return from the STS-135 mission in space [J]. Plos one, 2013, 8 (9): e75097.

[247] NOVOSELOVA E G, LUNIN S M, KHRENOV M O, et al. Changes in immune cell signalling, apoptosis and stress response functions in mice returned from the BION-M1 mission in space [J]. Immunobiology, 2015, 220 (4): 500-509.

[248] 王睿, 李哲怡. 模拟微重力大鼠T淋巴细胞发育异常的初步研究 [J]. 北京理工大学学报, 2015, 35 (Suppl. 1): 55-58.

[249] BENJAMIN C L, STOWE R P, ST JOHN L, et al. Decreases in thymopoiesis of astronauts returning from space flight [J]. JCI insight, 2016, 1 (12): e88787.

[250] HORIE K, KATO T, KUDO T, et al. Impact of spaceflight on the murine thymus and mitigation by exposure to artificial gravity during spaceflight [J]. Scientific reports, 2019, 9 (1): 19866.

[251] 司少艳, 宋淑军, 化楠, 等. 模拟失重和噪声复合因素影响大鼠胸腺细

胞的细胞周期和亚群组成［J］. 细胞与分子免疫学杂志, 2016（3）: 304 - 307, 312.

［252］陈杨, 王萍, 许崇玉, 等. 模拟微重力对猕猴脾脏结构、脾脏免疫细胞及其细胞因子表达的影响［J］. 解放军医学杂志, 2016, 41（6）: 466 - 471.

［253］CHOI S Y, SARAVIA - BUTLER A, SHIRAZI - FARD Y, et al. Validation of a new rodent experimental system to investigate consequences of long duration space habitation［J］. Scientific reports, 2020, 10（1）: 2336.

［254］HOFF P, BELAVY D L, HUSCHER D, et al. Effects of 60 - day bed rest with and without exercise on cellular and humoral immunological parameters［J］. Cellular & molecular immunology, 2015, 12（4）: 483 - 492.

［255］STOWE R P, SAMS C F, PIERSON D L. Adrenocortical and immune responses following short - and long - duration spaceflight［J］. Aviation, space, and environmental medicine, 2011, 82（6）: 627 - 634.

［256］CRUCIAN B E, CUBBAGE M L, SAMS C F. Altered cytokine production by specific human peripheral blood cell subsets immediately following space flight［J］. Journal of interferon & cytokine research: the official journal of the International Society for Interferon and Cytokine Research, 2000, 20（6）: 547 - 556.

［257］ICHIKI A T, GIBSON L A, JAGO T L, et al. Effects of spaceflight on rat peripheral blood leukocytes and bone marrow progenitor cells［J］. Journal of leukocyte biology, 1996, 60（1）: 37 - 43.

［258］HATTON J P, GAUBERT F, LEWIS M L, et al. The kinetics of translocation and cellular quantity of protein kinase C in human leukocytes are modified during spaceflight［J］. The FASEB journal, 1999, 13（9001）: S23 - S33.

［259］THIEL C S, TAUBER S, LAUBER B, et al. Rapid morphological and cytoskeletal response to microgravity in human primary macrophages［J］. International journal of molecular sciences, 2019, 20（10）: 2402.

［260］PAULSEN K, TAUBER S, GOELZ N. Severe disruption of the cytoskeleton and immunologically relevant surface molecules in a human macrophageal cell line in microgravity—results of an in vitro experiment on board of the Shenzhou – 8 space mission [J]. Acta astronautica, 2014, 94: 277 – 292.

[261] TAUBER S, LAUBER B A, PAULSEN K, et al. Cytoskeletal stability and metabolic alterations in primary human macrophages in long – term microgravity [J]. Plos one, 2017, 12 (4): e0175599.

[262] KATRIN P, SVANTJE T, CLAUDIA D, et al. Regulation of ICAM – 1 in cells of the monocyte/macrophage system in microgravity [J]. Biomed research international, 2015, 2015 (6): 538786.

[263] CRUCIAN B, STOWE R, QUIRIARTE H, et al. Monocyte phenotype and cytokine production profiles are dysregulated by short – duration spaceflight [J]. Aviation, space, and environmental medicine, 2011, 82 (9): 857 – 862.

[264] KAUR I, SIMONS E R, KAPADIA A S, et al. Effect of spaceflight on ability of monocytes to respond to endotoxins of gram – negative bacteria [J]. Clinical and vaccine immunology, 2008, 15 (10): 1523 – 1528.

[265] KAUR I, SIMONS E R, CASTRO V A, et al. Changes in monocyte functions of astronauts [J]. Brain, behavior, and immunity, 2005, 19 (6): 547 – 554.

[266] CHAPES S K, MORRISON D R, GUIKEMA J A, et al. Cytokine secretion by immune cells in space [J]. Journal of leukocyte biology, 1992, 52 (1): 104 – 110.

[267] 裴雪枫, 张晓毅, 姚静, 等. 模拟微重力下小鼠巨噬细胞感染空间诱变大肠埃希菌对炎性因子分泌和核因子 κB 表达的影响 [J]. 解放军医学院学报, 2017, 38 (5): 459 – 462, 477.

[268] WANG C, LUO H, ZHU L, et al. Microgravity inhibition of lipopolysaccharide – induced tumor necrosis factor – α expression in macrophage cells [J]. Inflammation research, 2014, 63 (1): 91 – 98.

[269] KAUR I, SIMONS E R, CASTRO V A, et al. Changes in neutrophil functions in astronauts [J]. Brain, behavior, and immunity, 2004, 18 (5): 443 – 450.

[270] ADRIAN A, SCHOPPMANN K, SROMICKI J, et al. The oxidative burst reaction in mammalian cells depends on gravity [J]. Cell communication and signaling, 2013, 11 (9): 98.

[271] THIEL C S, DE ZÉLICOURT D, TAUBER S, et al. Rapid adaptation to microgravity in mammalian macrophage cells [J]. Scientific reports, 2017, 7 (33): 43.

[272] BRUNGS S, KOLANUS W, HEMMERSBACH R. Syk phosphorylation – a gravisensitive step in macrophage signalling [J]. Cell communication and signaling, 2015, 13 (1): 9

[273] MONICI M, FUSI F, PAGLIERANI M, et al. Modeled gravitational unloading triggers differentiation and apoptosis in preosteoclastic cells [J]. Journal of cellular biochemistry, 2006, 98 (1): 65 – 80.

[274] SAMBANDAM Y, BLANCHARD J J, DAUGHTRIDGE G A, et al. Microarray profile of gene expression during osteoclast differentiation in modelled microgravity [J]. Journal of cellular biochemistry, 2010, 111 (5): 1179 – 1187.

[275] SAMBANDAM Y, TOWNSEND M T, PIERCE J J, et al. Microgravity control of autophagy modulates osteoclastogenesis [J]. Bone, 2014, 61: 125 – 131.

[276] MILLS P J, MECK J V, WATERS W W, et al. Peripheral leukocyte subpopulations and catecholamine levels in astronauts as a function of mission duration [J]. Psychosomatic medicine, 2001, 63 (6): 886 – 890.

[277] MANN V, SUNDARESAN A, MEHTA S, et al. Effects of microgravity and other space stressors in immunosuppression and viral reactivation with potential nervous system involvement [J]. Neurology India, 2019, 67 (8): 198.

[278] KAUFMANN I, SCHACHTNER T, FEUERECKER M, et al. Parabolic flight primes cytotoxic capabilities of polymorphonuclear leucocytes in humans [J]. European journal of clinical investigation, 2010, 39 (8): 723 – 728.

[279] TRUDEL G, PAYNE M, MADLER B, et al. Bone marrow fat accumulation after 60 days of bed rest persisted 1 year after activities were resumed along with hemopoietic stimulation: the women international space simulation for exploration

study [J]. Journal of applied physiology, 2009, 107 (2): 540-548.

[280] LI Z. Hindlimb unloading depresses corneal epithelial wound healing in mice [J]. Journal of applied physiology, 2004, 97 (2): 641-647.

[281] CONGDON C C, ALLEBBAN Z, GIBSON L A, et al. Lymphatic tissue changes in rats flown on Spacelab Life Sciences-2 [J]. Journal of applied physiology, 1996, 81 (1): 172-177.

[282] HUFF W. Spacelab Life Sciences-2: early results are in [J]. Life support & biosphere science international journal of Earth space, 1994, 1 (1): 3-11.

[283] PAUL A M, MHATRE S D, CEKANAVICIUTE E, et al. Neutrophil-to-lymphocyte ratio: a biomarker to monitor the immune status of astronauts [J]. Frontiers in immunology, 2020, 11: 564950.

[284] 王哲哲, 张潇予, 张苏东, 等. 微重力培养条件对造血干祖细胞分化为功能成熟的中性粒细胞的影响简 [J]. 中国细胞生物学学报, 2017, 39 (7): 881-888.

[285] KELSEN J, BARTELS L E, DIGE A, et al. 21 days head-down bed rest induces weakening of cell-mediated immunity-some spaceflight findings confirmed in a ground-based analog [J]. Cytokine, 2012, 59 (2): 403-409.

[286] 黄庆生, 李琦, 黄勇, 等. 模拟失重对人自然杀伤细胞毒活性的影响 [J]. 航天医学与医学工程, 2009, 22 (5): 332-335.

[287] 刘文利, 朱霞, 赵莉, 等. 模拟失重对IL-2诱导的人NK细胞生物活性的影响 [J]. 细胞与分子免疫学杂志, 2015 (10): 1297-1300, 1305.

[288] HUYAN T, LI Q, YANG H, et al. Protective effect of polysaccharides on simulated microgravity-induced functional inhibition of human NK cells [J]. Carbohydrate polymers, 2014, 101: 819-827.

[289] HWANG S A, CRUCIAN B, SAMS C, et al. Post-Spaceflight (STS-135) mouse splenocytes demonstrate altered activation properties and surface molecule expression [J]. Plos one, 2015, 10 (5): e0124380.

[290] SASTRY K J, NEHETE P N, SAVARY C A. Impairment of antigen-

specific cellular immune responses under simulated microgravity conditions [J]. In vitro cellular & developmental biology – animal, 2001, 37 (4): 203 – 208.

[291] SAVARY C A, GRAZZIUTTI M L, PRZEPIORKA D, et al. Characteristics of human dendritic cells generated in a microgravity analog culture system [J]. In vitro cellular & developmental biology – animal, 2001, 37 (4): 216 – 222.

[292] TACKETT N, BRADLEY J H, MOORE E K, et al. Prolonged exposure to simulated microgravity diminishes dendritic cell immunogenicity [J]. Scientific reports, 2019, 9 (1): 13825.

[293] CRUCIAN B E, STOWE R P, PIERSON D L, et al. Immune system dysregulation following short – vs long – duration spaceflight [J]. Aviation, space, and environmental medicine, 2008, 79 (9): 835 – 843.

[294] PIERSON D L, SAMS C F, STOWE R P. Effects of mission duration on neuroimmune responses in astronauts [J]. Aviation space & environmental medicine, 2003, 74 (12): 1281 – 1284.

[295] STERVBO U, ROCH T, KORNPROBST T, et al. Gravitational stress during parabolic flights reduces the number of circulating innate and adaptive leukocyte subsets in human blood [J]. Plos one, 2018, 13 (11): e0206272.

[296] MEHTA S K, STOWE R P, FEIVESON A H, et al. Reactivation and shedding of cytomegalovirus in astronauts during spaceflight [J]. Journal of infectious diseases, 2000, 182 (6): 1761 – 1764.

[297] TAYLOR G R, KONSTANTINOVA I, SONNENFELD G, et al. Changes in the immune system during and after spaceflight [J]. Advances in space biology & medicine, 1997, 6: 1 – 32.

[298] TAUBER S, HAUSCHILD S, PAULSEN K, et al. Signal transduction in primary human T lymphocytes in altered gravity during parabolic flight and clinostat experiments [J]. Cellular physiology and biochemistry, 2015, 35 (3): 1034 – 1051.

[299] 宋锦苹，李英贤，姜丽君，等. 模拟失重对小鼠胸腺调节性 T 细胞的影

响［C］//第九届全国免疫学学术大会论文集，2014.

［300］宋锦苹，曹登超，靳小艳，等. 模拟失重对小鼠调节性 T 细胞功能和 miRNA 表达的影响［C］//第十一届全国免疫学学术大会摘要汇编，2016.

［301］BRADLEY J H，STEIN R，RANDOLPH B，et al. T cell resistance to activation by dendritic cells requires long - term culture in simulated microgravity［J］. Life sciences in space research，2017，15：55 - 61.

［302］BRADLEY J H，BARWICK S，HORN G Q，et al. Simulated microgravity - mediated reversion of murine lymphoma immune evasion［J］. Scientific reports，2019，9（1）：14623.

［303］TASCHER G，GERBAIX M，MAES P，et al. Analysis of femurs from mice embarked on board BION - M1 biosatellite reveals a decrease in immune cell development，including B cells，after 1 Wk of recovery on Earth［J］. The FASEB journal：official publication of the Federation of American Societies for Experimental Biology，2019，33（3）：3772 - 3783.

［304］曹登超，牛帅帅，宋锦苹，等. 失重性骨丢失对 B 细胞发育的影响及其机制研究［C］//第十一届全国免疫学学术大会. 中国免疫学会，2016：1.

［305］VOSS E W. Prolonged weightlessness and humoral immunity［J］. Science，1984，225（4658）：214 - 215.

［306］KONSTANTINOVA I V，FUCHS B B. The immune system in space and other extreme conditions［M］. Oxford：Taylor & Francis，1991.

［307］RYKOVA M P，ANTROPOVA E N，LARINA I M，et al. Humoral and cellular immunity in cosmonauts after the ISS missions［J］. Acta astronautica，2008，63（7）：697 - 705.

［308］BUCHHEIM J I，GHISLIN S，OUZREN N，et al. Plasticity of the human IgM repertoire in response to long - term spaceflight［J］. The FASEB journal，2020，34（12）：16144 - 16162.

［309］WARD C，RETTIG T A，HLAVACEK S，et al. Effects of spaceflight on the immunoglobulin repertoire of unimmunized C57BL/6 mice [J]. Life sciences in space research, 2018, 16: 63 – 75.

[310] BOXIO R, DOURNON C, FRIPPIAT J P. Effects of a long – term spaceflight on immunoglobulin heavy chains of the urodele amphibian pleurodeles waltl [J]. Journal of applied physiology, 2005, 98 (3): 905 – 910.

[311] BASCOVE M, HUIN – SCHOHN C, GUÉGUINOU N, et al. Spaceflight – associated changes in immunoglobulin VH gene expression in the amphibian pleurodeles waltl [J]. The FASEB journal, 2009, 23 (5): 1607 – 1615.

[312] BASCOVE M, GUÉGUINOU N, SCHAERLINGER B, et al. Decrease in antibody somatic hypermutation frequency under extreme, extended spaceflight conditions [J]. The FASEB journal, 2011, 25 (9): 2947 – 2955.

[313] RETTIG T A, NISHIYAMA N C, PECAUT M J, et al. Effects of skeletal unloading on the bone marrow antibody repertoire of tetanus toxoid and/or CpG treated C57BL/6J mice [J]. Life sciences in space research, 2019, 22: 16 – 28.

[314] RETTIG T A, BYE B A, NISHIYAMA N C, et al. Effects of skeletal unloading on the antibody repertoire of tetanus toxoid and/or CpG treated C57BL/6J mice [J]. Plos one, 2019, 14 (1): e0210284.

[315] CHEN Z, LUO Q, LIN C, et al. Simulated microgravity inhibits osteogenic differentiation of mesenchymal stem cells via depolymerizing F – actin to impede TAZ nuclear translocation [J]. Scientific reports, 2016, 6 (1): 30322.

[316] 张卫光. 奈特人体解剖学彩色图谱 [M]. 8 版. 北京: 人民卫生出版社, 2023.

[317] RAI B, KAUR J. Salivary stress markers and psychological stress in simulated microgravity: 21 days in 6° head – down tilt [J]. Journal of oral science, 2011, 53 (1): 103 – 107.

[318] ZHANG B, CORY E, BHATTACHARYA R, et al. Fifteen days of microgravity causes growth in calvaria of mice [J]. Bone, 2013, 56 (2): 290 – 295.

[319] MEDNIEKS M, KHATRI A, RUBENSTEIN R, et al. Microgravity alters the

expression of salivary proteins [J]. Oral health and dental management, 2014, 13 (2): 211-216.

[320] HUAI X, SHEN S, SHI N, et al. The effect of simulated weightlessness status on the secretary rate of salivary secretory immunoglobulin A [J]. China medicine, 2012, 7 (7): 887-890.

[321] RAI B, KAUR J, CATALINA M. Bone mineral density, bone mineral content, gingival crevicular fluid (matrix metalloproteinases, cathepsin K, osteocalcin), and salivary and serum osteocalcin levels in human mandible and alveolar bone under conditions of simulated microgravity [J]. Journal of oral science, 2010, 52 (3): 385-390.

[322] ORSINI S S, LEWIS A M, RICE K C. Investigation of simulated microgravity effects on Streptococcus mutans physiology and global gene expression [J]. NPJ microgravity, 2017, 3: 4.

[323] 李彦, 李石, 牛忠英, 等. 微重力环境下Smads信号通路对人牙周膜干细胞成骨向分化的影响 [J]. 上海口腔医学, 2012, 21 (3): 246-250.

[324] ZHANG C, LI L, CHEN J, et al. Behavior of stem cells under outer-space microgravity and ground-based microgravity simulation [J]. Cell biology international, 2015, 39 (6): 647-656.

[325] AAS J A, GRIFFEN A L, DARDIS S R, et al. Bacteria of dental caries in primary and permanent teeth in children and young adults [J]. Journal of clinical microbiology, 2008, 46 (4): 1407-1417.

[326] BROWN L R, DREIZEN S, DALY T E, et al. Interrelations of oral microorganisms, immunoglobulins, and dental caries following radiotherapy [J]. Journal of dental research, 1978, 57 (9-10): 882-893.

[327] 吕广明. 人体解剖学 [M]. 北京: 科学出版社, 2016.

[328] GROZA P, BOCA A, BORDEIANU A. Digestive histochemical reactions in rats after space flight of different duration [J]. The physiologist, 1991, 34 (1 Suppl): S100-S101.

[329] RIEPL R L, DRUMMER C, LEHNERT P, et al. Influence of microgravity on

plasma levels of gastroenteropancreatic peptides: a case study [J]. Aviation, space, and environmental medicine, 2002, 73 (3): 206 – 210.

[330] AFONIN B V. Analysis of possible causes of activation of gastric and the pancreatic excretory and incretory function after completion of space flight at the international space station [J]. Human physiology, 2013, 39: 504 – 510.

[331] AFONIN B V, SEDOVA E A. Digestive system functioning during simulation of the microgravity effects on humans by immersion [J]. Aerospace and environmental medicine, 2009, 43 (1): 48 – 52.

[332] 朱鸣, 吴本俨, 尤纬缔. 模拟失重大鼠胃窦黏膜白细胞介素 2 和生长抑素表达的变化 [J]. 中华航空航天医学杂志, 2004, 15 (1): 14 – 16.

[333] 王利芳, 张金山, 孙岚, 等. 模拟失重对大鼠胃黏膜瘦素及其受体表达的影响 [J]. 医学研究生学报, 2007, 20 (8): 799 – 801.

[334] 陈英, 杨春敏, 韩全利, 等. 模拟失重对大鼠血浆 ghrelin、VIP 和胃肠动力的影响 [J]. 胃肠病学和肝病学杂志, 2012, 21 (1): 55 – 58.

[335] 张雯, 李静, 韩全利, 等. 模拟失重对大鼠实验性胃溃疡愈合的影响 [J]. 世界华人消化杂志, 2011, 19 (27): 2863 – 2868.

[336] 朱鸣, 吴本俨, 聂捷琳, 等. 回转器模拟失重对人胃黏膜 HFE – 145 细胞形态和生物学特征的影响 [J]. 中华航空航天医学杂志, 2006, 17 (1): 6 – 10.

[337] AFONIN B V, SEDOVA E A, GONCHAROVA N P, et al. Investigation of the evacuatory function of the gastrointestinal tract in 5 – day dry immersion [J]. Aerospace and environmental medicine, 2011, 45 (6): 52 – 57.

[338] PRAKASH M, FRIED R, GÖTZE O, et al. Microgravity simulated by the 6° head – down tilt bed rest test increases intestinal motility but fails to induce gastrointestinal symptoms of space motion sickness [J]. Digestive diseases and sciences, 2015, 60: 3053 – 3061.

[339] 裴静琛, 常磊, 刘志强, 等. 21 天头低位 – 6°卧床对胃电图参数影响的观察 [J]. 航天医学与医学工程, 1997, 10 (6): 413 – 416.

[340] 李正鹏, 郭彪, 李晓鸥, 等. 模拟失重对大鼠血清胃泌素、胃动素和胃窦

Cajal 间质细胞的影响［J］. 生物技术通讯, 2013, 24（4）: 510-513.

［341］丁自海, 刘树伟. 格氏解剖学: 临床实践的解剖学基础［M］. 41 版. 济南: 山东科学技术出版社, 2017.

［342］孙庆伟, 李东亮. 人体生理学［M］. 北京: 中国医药科技出版社, 1994.

［343］SEEDORF H, GRIFFIN N W, RIDAURA V K, et al. Bacteria from diverse habitats colonize and compete in the mouse gut［J］. Cell, 2014, 159（2）: 253-266.

［344］ZHANG K, HORNEF M W, DUPONT A. The intestinal epithelium as guardian of gut barrier integrity［J］. Cellular microbiology, 2015, 17（11）: 1561-1569.

［345］陈英, 杨春敏, 王萍, 等. 模拟失重状态下大鼠小肠黏膜光镜及电镜的形态学改变［J］. 中华航空航天医学杂志, 2008, 19（2）: 124-128.

［346］PEANA A, MARZOCCO S, BIANCO G, et al. In vivo physiological experiments in the random positioning machine: a study on the rat intestinal transit［J］. Life in space for life on Earth, 2008, 553: 123.

［347］LU S K, BAI S, JAVERI K, et al. Altered cytochrome P450 and P-glycoprotein levels in rats during simulated weightlessness［J］. Aviation, space, and environmental medicine, 2002, 73（2）: 112-118.

［348］李成林. 模拟失重对大鼠肠黏膜机械屏障与免疫屏障的影响［D］. 重庆: 第三军医大学, 2008.

［349］李成林, 张铭. 模拟失重对大鼠肠黏膜 NF-κB 表达的影响［J］. 世界华人消化杂志, 2008, 16（29）: 3328-3331.

［350］陈英, 杨春敏, 毛高平, 等. 模拟失重对大鼠小肠黏膜紧密连接蛋白表达的影响［J］. 航天医学与医学工程, 2011, 24（5）: 327-331.

［351］李萍萍, 葛青. 尾吊模拟失重对结肠固有免疫和 DSS 诱导肠炎的影响［C］//第九届全国免疫学学术大会论文集, 2014.

［352］RABOT S, SZYLIT O, NUGON-BAUDON L, et al. Variations in digestive physiology of rats after short duration flights aboard the US space shuttle［J］. Digestive diseases and sciences, 2000, 45: 1687-1695.

[353] 张乐宁，马进，张立藩. 14 天尾部悬吊大鼠肠系膜血管床反应性的变化 [J]. 中华航空航天医学杂志，1998，9（2）：81-84.

[354] DUNBAR S L, BERKOWITZ D E, BROOKS-ASPLUND E M, et al. The effects of hindlimb unweighting on the capacitance of rat small mesenteric veins [J]. Journal of applied physiology, 2000, 89 (5): 2073-2077.

[355] SHI J, WANG Y, HE J, et al. Intestinal microbiota contributes to colonic epithelial changes in simulated microgravity mouse model [J]. The FASEB journal, 2017, 31 (8): 3695-3709.

[356] 白树民，黄纪明，朱德兵，等. 模拟失重对大鼠肠道菌群影响的研究 [J]. 中国微生态学杂志，2001，13（6）：326-327.

[357] YANG Y, QU C, LIANG S, et al. Estrogen inhibits the overgrowth of Escherichia coli in the rat intestine under simulated microgravity [J]. Molecular medicine reports, 2017, 17 (2): 2313-2320.

[358] RITCHIE L E, TADDEO S S, WEEKS B R, et al. Space environmental factor impacts upon murine colon microbiota and mucosal homeostasis [J]. Plos one, 2015, 10: e0125792.

[359] SMIRNOV K V, LIZKO N N. Problems of space gastroenterology and microenvironment [J]. Food/Nahrung, 1987, 31 (5-6): 563-566.

[360] JIANG P, GREEN S J, CHLIPALA G E, et al. Reproducible changes in the gut microbiome suggest a shift in microbial and host metabolism during spaceflight [J]. Microbiome, 2019, 7: 1-18.

[361] VOORHIES A A, LORENZI H A. The challenge of maintaining a healthy microbiome during long-duration space missions [J]. Frontiers in astronomy and space sciences, 2016, 3: 23.

[362] SHREINER A B, KAO J Y, YOUNG V B. The gut microbiome in health and in disease [J]. Curr opin gastroenterol, 2015, 31: 69-75.

[363] VOORHIES A A, MARK OTT C, MEHTA S, et al. Study of the impact of long-duration space missions at the International Space Station on the astronaut microbiome [J]. Scientific reports, 2019, 9 (1): 9911.

[364] CASERO D, GILL K, SRIDHARAN V, et al. Space-type radiation induces multimodal responses in the mouse gut microbiome and metabolome [J]. Microbiome, 2017, 5: 105.

[365] FREY M A. Radiation health: mechanisms of radiation-induced cataracts in astronauts [J]. Aviation, space, and environmental medicine, 2009, 80 (6): 575-576.

[366] PACKEY C D, CIORBA M A. Microbial influences on the small intestinal response to radiation injury [J]. Curr opin gastroenterol, 2010, 26: 88.

[367] KAMADA N, CHEN G Y, INOHARA N, et al. Control of pathogens and pathobionts by the gut microbiota [J]. Nature immunology, 2013, 14 (7): 685-690.

[368] AVILES H, BELAY T, VANCE M, et al. Effects of space flight conditions on the function of the immune system and catecholamine production simulated in a rodent model of hindlimb unloading [J]. Neuroimmunomodulation, 2005, 12: 173-181.

[369] WILSON J, OTT C, ZU BENTRUP K H, et al. Space flight alters bacterial gene expression and virulence and reveals a role for global regulator Hfq [J]. Proceedings of the National Academy of Sciences of the United States of America, 2007, 104: 16299-16304.

[370] BELKAID Y, HAND T W. Role of the microbiota in immunity and inflammation [J]. Cell, 2014, 157 (1): 121-141.

[371] OKUMURA R, TAKEDA K. Maintenance of intestinal homeostasis by mucosal barriers [J]. Inflammation and regeneration, 2018, 38: 5.

[372] 黄玉玲, 杨建武, 易勇, 等. 微重力及太空飞行对微生物影响的研究进展 [J]. 北京生物医学工程, 2014, 33 (1): 84-88.

[373] CHOPRA V, FADL A A, SHA J, et al. Alterations in the virulence potential of enteric pathogens and bacterial-host cell interactions under simulated microgravity conditions [J]. Journal of toxicology and environmental health, 2006, 69 (14): 1345-1370.

[374] LI T, CHANG D, XU H, et al. Impact of a short-term exposure to spaceflight on the phenotype, genome, transcriptome and proteome of Escherichia coli [J]. International journal of astrobiology, 2015, 14 (3): 435-444.

[375] 刘蓉, 程江, 裴雪枫, 等. 模拟失重下空间诱变菌感染巨噬细胞炎症相关microRNAs 的筛选及生物信息学分析 [J]. 航天医学与医学工程, 2017, 30 (1): 1-6.

[376] 姚静, 程江, 裴雪枫, 等. 尾吊小鼠感染空间诱变大肠杆菌炎症反应增强 [J]. 中国比较医学杂志, 2016, 26 (3): 1-5.

[377] RIVERA C A, TCHARMTCHI M H, MENDOZA L, et al. Endotoxemia and hepatic injury in a rodent model of hindlimb unloading [J]. Journal of applied physiology, 2003, 95 (4): 1656-1663.

[378] TAYLOR P W. Impact of space flight on bacterial virulence and antibiotic susceptibility [J]. Infect drug resist, 2015, 8: 249.

[379] SHAO D, YAO L, SHAHID RIAZ M, et al. Simulated microgravity affects some biological characteristics of Lactobacillus acidophilus [J]. Applied microbiology and biotechnology, 2017, 101: 3439-3449.

[380] BARZEGARI A, SAEI A A. Designing probiotics with respect to the native microbiome [J]. Future microbiology, 2012, 7 (5): 571-575.

[381] 卡尔. 人体解剖学及彩色图谱 [M]. 毕玉顺, 李振华, 译. 济南: 山东科学技术出版社, 2001.

[382] 王玢, 左明雪. 人体及动物生理学 [M]. 4版. 北京: 高等教育出版社, 2015.

[383] MAJUMDER S, SIAMWALA J H, SRINIVASAN S, et al. Simulated microgravity promoted differentiation of bipotential murine oval liver stem cells by modulating BMP4/notch1 signaling [J]. Journal of cellular biochemistry, 2011, 112 (7): 1898-1908.

[384] 周金莲, 李成林, 易勇, 等. 模拟失重导致门静脉内毒素血症和肝脏超微结构改变 [J]. 胃肠病学和肝病学杂志, 2011, 20 (12): 1140-1143.

[385] 宋艳, 赵国桢, 汪德生, 等. 不同时机介入电针对模拟失重大鼠肝脏组织结构、功能和一氧化氮水平的影响 [J]. 北京中医药大学学报, 2015, 38 (7): 481 – 485.

[386] OHNISHI T, TSUJI K, OHMURA T, et al. Accumulation of stress protein 72 (hsp72) in muscle and spleen of goldfish taken into space [J]. Advances in space research, 1998, 21 (8): 1077 – 1080.

[387] 崔彦, 董家鸿, 周金莲, 等. 模拟失重对大鼠肝脏 Hsp70 及其基因表达的影响 [J]. 中华肝胆外科杂志, 2009 (8): 594 – 597.

[388] 宋艳, 赵国桢, 赵百孝, 等. 不同时机介入电针对模拟失重大鼠肝脏 HSP 70、MDA、SOD 和 GSH – PX 的影响 [J]. 针刺研究, 2015, 40 (5): 383 – 387.

[389] 崔彦, 董家鸿. 模拟失重大鼠肝组织中 NF – κB 的表达及意义 [J]. 世界华人消化杂志, 2008, 16 (31): 3480 – 3484.

[390] 田西朋, 孙宏伟, 周金莲, 等. 模拟微重力对小鼠肝 kupffer 细胞增殖及相关基因表达的影响 [J]. 中华肝胆外科杂志, 2016 (8): 557 – 561.

[391] AHLERS I, MISUROVA E, PRASLICKA M, et al. Biochemical changes in rats flown on board the Cosmos 690 biosatellite [M]. Berlin: Walter de Gruyter GmbH & Co KG, 1976.

[392] ABRAHAM S, LIN C Y, KLEIN H P, et al. The effects of space flight on some rat liver enzymes regulating carbohydrate and lipid metabolism [J]. Advances in space research, 1981, 1 (14): 199 – 217.

[393] MERRILL A H, HOEL M, WANG E, et al. Altered carbohydrate, lipid, and xenobiotic metabolism by liver from rats flown on Cosmos 1887 [J]. The FASEB journal, 1990, 4 (1): 95 – 100.

[394] MERRILL A H, WANG E, JONES D P, et al. Hepatic function in rats after spaceflight: effects on lipids, glycogen, and enzymes [J]. American journal of physiology, 1987, 252 (2): 222 – 226.

[395] MERRILL A H, WANG E, LAROCQUE R, et al. Differences in glycogen, lipids, and enzymes in livers from rats flown on COSMOS 2044 [J]. Journal

of applied physiology, 1992, 73 (2): 142-147.

[396] BABA T, NISHIMURA M, KUWAHARA Y, et al. Analysis of gene and protein expression of cytochrome P450 and stress-associated molecules in rat liver after spaceflight [J]. Pathology international, 2008, 58 (9): 589-595.

[397] 李玉娟, 李盼盼, 孙欣欣, 等. 模拟失重对大鼠肝脏CYP1A2的影响研究 [J]. 北京理工大学学报, 2018, 38 (7): 766-770.

[398] PUTCHA L, CINTRON N M, VANDERPLOEG J M, et al. Effect of antiorthostatic bed rest on hepatic blood flow in man [J]. Aviation, space, and environmental medicine, 1988, 59 (4): 306-308.

[399] SAIVIN S, TRAON A P L, CORNAC A, et al. Impact of a four-day head-down tilt (-6°) on lidocaine pharmacokinetics used as probe to evaluate hepatic blood flow [J]. Journal of clinical pharmacology, 1995, 35 (7): 697-704.

[400] 周环宇, 梁会泽, 何薇薇, 等. 模拟失重对门静脉血流动力影响的彩色多普勒超声研究 [J]. 中华医学超声杂志: 电子版, 2010 (5): 26-29.

[401] MIYAKE M, YAMASAKI M, HAZAMA A, et al. Effects of microgravity on organ development of the neonatal rat [J]. Uchu seibutsu kagaku, 2004, 18 (3): 126-127.

[402] MACHO L, FICKOVÁ M, NÉMETH Š, et al. The effect of space flight on the board of the satellite cosmos 2044 on plasma hormone levels and liver enzyme activities of rats [J]. Acta astronautica, 1991, 24: 329-332.

[403] 刘飞, 周立艳, 李成林, 等. 尾悬吊模拟失重对大鼠胰腺分泌功能的影响 [J]. 医学研究杂志, 2012, 41 (7): 42-44.

[404] SONG C, DUAN X, ZHOU Y, et al. Experimental study on islet cells in rats under condition of three-dimensional microgravity [J]. Chinese journal of surgery, 2004, 42 (9): 559-561.

[405] RUTZKY L P, BILINSKI S, KLOC M, et al. Microgravity culture condition reduces immunogenicity and improves function of pancreatic islets [J]. Transplantation, 2002, 74 (1): 13-21.

[406] HAN X, QIU L, ZHANG Y, et al. Transplantation of sertoli-islet cell

aggregates formed by microgravity: prolonged survival in diabetic rats [J]. Experimental biology and medicine, 2009, 234 (5): 595 – 603.

[407] TANAKA H, TANAKA S, SEKINE K, et al. The generation of pancreatic β – cell spheroids in a simulated microgravity culture system [J]. Biomaterials, 2013, 34 (23): 5785 – 5791.

[408] SONG Y M, WEI Z, SONG C, et al. Simulated microgravity combined with polyglycolic acid scaffold culture conditions improves the function of pancreatic islets [J]. BioMed research international, 2013, 2013: 1 – 7.

[409] ALFREY C P, UDDEN M M, LEACH – HUNTOON C, et al. Control of red blood cell mass in spaceflight [J]. Journal of applied physiology, 1996, 81 (1): 98 – 104.

[410] WATENPAUGH D E. Fluid volume control during short – term space flight and implications for human performance [J]. The journal of experimental biology, 2001, 204 (18): 3209 – 3215.

[411] 沈羡云. 失重对体内水和电解质平衡的影响 [J]. 航天医学与医学工程, 2000 (1): 65 – 69.

[412] UDDEN M M, DRISCOLL T B, PICKETT M H, et al. Decreased production of red blood cells in human subjects exposed to microgravity [J]. The Journal of laboratory and clinical medicine, 1995, 125 (4): 442 – 449.

[413] 陈建和, 沈羡云, 孟京瑞, 等. 模拟失重对兔红细胞形态及生成的影响 [J]. 航天医学与医学工程, 1995 (4): 282 – 285.

[414] MICHEL E L, JOHNSTON R S, DIETLEIN L F. Biomedical results of the Skylab Program [J]. Life sciences and space research, 1976, 14: 3 – 18.

[415] ILYIN E A, SEROVA L V, PORTUGALOV V V, et al. Preliminary results of examinations of rats after a 22 – day flight aboard the Cosmos – 605 biosatellite [J]. Aviation, space, and environmental medicine, 1975, 46 (3): 319 – 321.

[416] 黄纪明, 白树民, 胡志祥, 等. 螺旋藻对尾吊大鼠血脂、红细胞膜流动性和血管内皮细胞的影响 [J]. 航天医学与医学工程, 2003 (3): 184 – 186.

[417] RICE L, ALFREY C P. Modulation of red cell mass by neocytolysis in space and on Earth [J]. Pflügers Archiv – European journal of physiology, 2000, 441: R91 – R94.

[418] ERSLEV A J. Molecular and cellular biology of erythropoietin [J]. European journal of haematology, 2000, 64 (6): 353 – 358.

[419] ALFREY C P, RICE L, UDDEN M M, et al. Neocytolysis: physiological down – regulator of red – cell mass [J]. The lancet, 1997, 349 (9062): 1389 – 1390.

[420] 董颀, 沈羡云. 失重对细胞造血系统影响的研究进展 [J]. 航天医学与医学工程, 2001, 4: 298 – 302.

[421] PLETT P A, ABONOUR R, FRANKOVITZ S M, et al. Impact of modeled microgravity on migration, differentiation, and cell cycle control of primitive human hematopoietic progenitor cells [J]. Experimental hematology, 2004, 32 (8): 773 – 781.

[422] 沈羡云. 航天重力生理学与医学 [M]. 北京: 国防工业出版社, 2001.

[423] 孟京瑞, 沈羡云, 董颀, 等. 7 天模拟失重对人体血液流变性的影响 [J]. 中国微循环, 1997, 4: 77 – 79.

[424] 董颀, 沈羡云, 孟京瑞, 等. 中长期模拟失重对血液循环状态影响的中药防护 [J]. 中华航空航天医学杂志, 1999, 1: 19 – 21.

[425] SIPOSAN D G, LUKACS A. Effect of low – level laser radiation on some rheological factors in human blood: an in vitro study [J]. Journal of clinical laser medicine & surgery, 2000, 18 (4): 185 – 195.

[426] 沈羡云, 向求鲁, 孟京瑞. 模拟失重时家兔耳廓微循环的变化 [J]. 空间科学学报, 1988, 3: 223 – 232.

[427] WEI J, ZHAO L, YAN G, et al. Temporal and spatial features of slow positive potential related to visual selective response during head – down – tilt [J]. Space medicine & medical engineering, 1998, 11 (3): 157 – 161.

[428] 张红, 陈斌, 李红毅, 等. 活性水对模拟失重大鼠血液流变学的影响 [J]. 食品科技, 2010, 35 (3): 85 – 87.

[429] 沈羡云, 陈建和, 孟京瑞, 等. 模拟失重对兔血液系统影响的研究 [J]. 航天医学与医学工程, 1996, 3: 44-49.

[430] 郭凯, 胡华碧, 陈琳, 等. 二十二碳六烯酸和二十碳五烯酸对对模拟失重大鼠红细胞膜流动性的影响 [J]. 细胞与分子免疫学杂志, 2009, 25 (9): 844-846.

[431] 朱德兵, 黄纪明, 李志霞, 等. 饮用加银水对尾吊大鼠脂质代谢的影响 [J]. 航天医学与医学工程, 2005, 3: 161-164.

[432] 王林杰, 李志利, 刘炳坤. 美国失重生理在轨研究证据分析与评价 [J]. 航天医学与医学工程, 2013, 26 (2): 145-150.

[433] 王汉青, 朱辉. 失重对人体外周血管及心脏影响的研究进展 [J]. 航天器环境工程, 2014, 31 (3): 254-261.

[434] VERHEYDEN B, LIU J, BECKERS F, et al. Adaptation of heart rate and blood pressure to short and long duration space missions [J]. Respiratory physiology & neurobiology, 2009, 169: S13-S16.

[435] YANG F, LI Y H, DING B, et al. Reduced function and disassembled microtubules of cultured cardiomyocytes in spaceflight [J]. Chinese science bulletin, 2008, 53 (8): 1185-1192.

[436] 王永春, 伍静, 孙喜庆, 等. 失重或模拟失重对机体心血管系统影响的研究进展 [J]. 解放军医学院学报, 2013, 34 (1): 17-19.

[437] WILLIAMS D, KUIPERS A, MUKAI C, et al. Acclimation during space flight: effects on human physiology [J]. Canadian medical association journal, 2009, 180 (13): 1317-1323.

[438] 孙喜庆, 李莹辉, 姜世忠. 重力生理学理论与实践 [M]. 西安: 第四军医大学出版社, 2009.

[439] AUBERT A E, VERHEYDEN B, D'YDEWALLE C, et al. Effects of mental stress on autonomic cardiac modulation during weightlessness [J]. American journal of physiology: heart and circulatory physiology, 2010, 298 (1): H202-H209.

[440] ROSSUM A C, WOOD M L, BISHOP S L, et al. Evaluation of cardiac

rhythm disturbances during extravehicular activity [J]. The American journal of cardiology, 1997, 79 (8): 1153 – 1155.

[441] BAEVSKY R M, BARANOV V M, FUNTOVA I I, et al. Autonomic cardiovascular and respiratory control during prolonged spaceflights aboard the International Space Station [J]. Journal of applied physiology, 2007, 103 (1): 156 – 161.

[442] MITCHELL B M, MECK J V. Short – duration spaceflight does not prolong QTc intervals in male astronauts [J]. The American journal of cardiology, 2004, 93 (8): 1051 – 1052.

[443] TAGAYASU A, MARY A F, AKIHIKO N. Cardiac arrhythmias during long – duration spaceflights [J]. Journal of arrhythmia, 2014, 30 (3): 139 – 149.

[444] 刘朝霞, 李志力, 汪德生, 等. 模拟失重对大鼠心肌组织缝隙连接蛋白表达谱的影响 [J]. 航天医学与医学工程, 2008, 1: 6 – 10.

[445] SUMMERS R L, MARTIN D S, PLATTS S H, et al. Ventricular chamber sphericity during spaceflight and parabolic flight intervals of less than 1 G [J]. Aviation, space, and environmental medicine, 2010, 81 (5): 506 – 510.

[446] ISKOVITZ I, KASSEMI M, THOMAS J D. Impact of weightlessness on cardiac shape and left ventricular stress/strain distributions [J]. Journal of biomechanical engineering, 2013, 135 (12): 121008.

[447] HAMILTON D R, SARGSYAN A E, MARTIN D S, et al. On – orbit prospective echocardiography on International Space Station crew [J]. Echocardiography, 2011, 28 (5): 491 – 450.

[448] PERHONEN M A, FRANCO F, LANE L D, et al. Cardiac atrophy after bed rest and spaceflight [J]. Journal of applied physiology, 2001, 91 (2): 645 – 653.

[449] SUMMERS R L, MARTIN D S, MECK J V, et al. Mechanism of spaceflight – induced changes in left ventricular mass [J]. The American journal of cardiology, 2005, 95 (9): 1128 – 1130.

[450] PURDY R E, WILKERSON M K, HUGHSON R L, et al. The cardiovascular

system in microgravity: symposium summary [J]. Proceedings of the Western Pharmacology Society, 2003, 46: 16 – 27.

[451] BAEVSKIĬ R M. Estimation and prediction of functional changes in organisms in space flight [J]. Uspekhi fiziologicheskikh nauk, 2006, 37 (3): 42 – 57.

[452] DORFMAN T A, LEVINE B D, TILLERY T, et al. Cardiac atrophy in women following bed rest [J]. Scandinavian journal of medicine & science in sports, 2007, 17 (5): 611 – 612.

[453] 张文辉, 亓鹏, 杨芬, 等. 模拟失重对大鼠心肌细胞凋亡影响的实验研究 [J]. 航天医学与医学工程, 2009, 22 (4): 252 – 254.

[454] 钟国徽, 凌树宽, 李英贤. 失重/模拟失重条件下心肌萎缩的发生机制 [J]. 生理学报, 2016, 68 (2): 194 – 200.

[455] 陈杰, 张立藩, 马进. 长期模拟失重大鼠心肌收缩性能的改变 [J]. 中华航空医学杂志, 1995, 1: 42 – 46.

[456] FREGLY M J, BLATTEIS C M. Handbook of physiology: environmental physiology [M]. New York: Oxford University Press, 1996.

[457] YUAN M, COUPÉ M, BAI Y Q, et al. Peripheral arterial and venous response to tilt test after a 60 – day bedrest with and without countermeasures (ES – IBREP) [J]. Plos clinical trials, 2012, 7 (3): e32854.

[458] 王兵, 梁会泽, 贾化平. 失重对心血管系统的影响 [J]. 总装备部医学学报, 2012, 14 (1): 53 – 55.

[459] JUNG A S, HARRISON R, LEE K H, et al. Simulated microgravity produces attenuated baroreflex – mediated pressor, chronotropic, and inotropic responses in mice [J]. American journal of physiology: heart and circulatory physiology, 2005, 289 (2): H600 – H607.

[460] BROSKEY J, SHARP M K. Evaluation of mechanisms of postflight orthostatic intolerance with a simple cardiovascular system model [J]. Annals of biomedical engineering, 2007, 35 (10): 1800 – 1811.

[461] NORSK P, DAMGAARD M, PETERSEN L, et al. Vasorelaxation in space [J]. Hypertension, 2006, 47 (1): 69 – 73.

[462] 何薇薇,王爱红,贾化平,等. 头低位卧床模拟失重状态下房室平面运动的定量组织速度成像 [J]. 第四军医大学学报, 2009, 30 (10): 949 - 952.

[463] HERAULT S, FOMINA G A, ALFEROVA I, et al. Cardiac, arterial and venous adaptation to weightlessness during 6 - month MIR spaceflights with and without thigh cuffs [J]. European journal of applied physiology, 2000, 81 (5): 384 - 390.

[464] ARBEILLE P, FOMINA G, ROUMY J, et al. Adaptation of the left heart, cerebral and femoral arteries, and jugular and femoral veins during short - and long - term head - down tilt and spaceflights [J]. European journal of applied physiology, 2001, 86 (2): 157 - 168.

[465] WATENPAUGH D E, O'LEARY D D, SCHNEIDER S M, et al. Lower body negative pressure exercise plus brief postexercise lower body negative pressure improve post - bed rest orthostatic tolerance [J]. Journal of applied physiology, 2007, 103 (6): 1964 - 1972.

[466] FOMINA G A, KOTOVSKAYA A R, POCHUEV V I, et al. Mechanisms of changes in human hemodynamics under the conditions of microgravity and prognosis of post - flight orthostatic stability [J]. Human physiology, 2008, 34 (3): 343 - 347.

[467] 张立藩,余志斌,马进,等. 航天飞行后心血管失调的外周效应器机制假说 [J]. 生理科学进展, 2001, 1: 13 - 17.

[468] WATENPAUGH D E, BUCKEY J C, LANE L D, et al. Effects of spaceflight on human calf hemodynamics [J]. Journal of applied physiology, 2001, 90 (4): 1552 - 1558.

[469] FOMINA G A, KOTOVSKAIA A R. Shifts in human venous hemodynamics in long - term space flight [J]. Aerospace and environmental medicine, 2005, 39 (4): 25 - 30.

[470] 岳勇. 模拟失重条件下家兔股静脉顺应性变化及其相关组织学研究 [D]. 西安: 第四军医大学, 2003.

［471］ IWASAKI K, LEVINE B D, ZHANG R, et al. Human cerebral autoregulation before, during and after spaceflight ［J］. Journal of physiology, 2007, 579 (3): 799-810.

［472］ ARBEILLE P, KERBECI P, GREAVES D, et al. Arterial and venous response to Tilt with LBNP test after a 60 day HDT bed rest ［J］. Journal of gravity physiology, 2007, 14 (1): 47-48.

［473］ 王忠波. TCD 对模拟失重下脑动脉血流的检测 ［J］. 中国疗养医学, 2009, 18 (5): 391-394.

［474］ 冯岱雅, 孙喜庆, 卢虹冰. 失重对脑血流影响的仿真研究 ［J］. 航天医学与医学工程, 2006, 19 (3): 163-166.

［475］ ZHANG L F, HARGENS A R. Spaceflight-induced intracranial hypertension and visual impairment: pathophysiology and countermeasures ［J］. Physiological reviews, 2018, 98 (1): 59-87.

［476］ ARBEILLE P, PROVOST R, ZUJ K, et al. Measurements of jugular, portal, femoral, and calf vein cross-sectional area for the assessment of venous blood redistribution with long duration spaceflight ［J］. European journal of applied physiology, 2015, 115 (10): 2099-2106.

［477］ ARBEILLE P, SHOEMAKER J K, KERBECI P, et al. Aortic, cerebral and lower limb arterial and venous response to orthostatic stress after a 60-day bedrest ［J］. European journal of applied physiology, 2012, 11 (1): 277-284.

［478］ 杨长斌, 姚永杰, 孙喜庆, 等. 下体负压对 21 天头低位卧床模拟失重心功能及脑血流量的影响 ［J］. 第四军医大学学报, 2001, 22 (20): 1903-1908.

［479］ 耿捷, 孙喜庆, 刘玉盛, 等. 30 d 头低位卧床期间体育锻炼对立位耐力、运动耐力和心率变异性的影响 ［J］. 心脏杂志, 2012, 24 (2): 213-218.

［480］ 王宪章. 失重因素对超重耐力的影响及其防护 ［C］//中国航空学会信号与信息处理专业第六届学术会议. 北京: 中国航空学会, 2002: 127-130.

［481］ 吴萍, 吴斌, 黄伟芬, 等. 中长期飞行对人体超重耐力的影响及防护

[J]. 载人航天, 2013, 19 (1): 81 - 85.

[482] 张广良, 方岩, 马进, 等. 四周尾部悬吊致大鼠立位耐力不良 [J]. 现代生物医学进展, 2016, 16 (2): 242 - 246.

[483] 樊志奇, 吴斌, 屈军乐, 等. 航天飞行后立位耐力不良的中医病因病机及防护措施研究进展 [J]. 航天医学与医学工程, 2020, 33 (4): 356 - 364.

[484] 孙喜庆, 张舒, 耿捷, 等. 对长期飞行任务中航天员医学防护问题的思考 [J]. 载人航天, 2013, 19 (4): 69 - 80.

[485] 孙喜庆, 姚永杰, 杨长斌, 等. 21d 头低位卧床期间第一周和最后一周下体负压锻炼对立位耐力和心功能的影响 [J]. 航天医学与医学工程, 2002, 2: 84 - 88.

[486] WATERS W W, MICHAEL G Z, JANICE V M. Postspaceflight orthostatic hypotension occurs mostly in women and is predicted by low vascular resistance [J]. Journal of applied physiology, 2002, 92 (2): 586 - 594.

[487] HARM D L, JENNINGS R T, MECK J V, et al. Invited review: gender issues related to spaceflight: a NASA perspective [J]. Journal of applied physiology, 2001, 91 (5): 2374 - 2383.

[488] 沈羡云. 失重对航天员超重耐力的影响 [J]. 中国航天, 1993, 4: 37 - 39.

[489] 孙喜庆, 姜世忠, 姚永杰, 等. 模拟失重对心血管功能的影响及下体负压的对抗作用 [J]. 航天医学与医学工程, 2002, 4: 235 - 240.

[490] 沈羡云. 失重对压力感受器反射功能的影响 [J]. 航天医学与医学工程, 2002, 6: 465 - 468.

[491] MOORE A D, LEE S M C, STENGER M B, et al. Cardiovascular exercise in the U. S. space program: past, present and future [J]. Acta astronautica, 2010, 66: 974 - 988.

[492] YANG C B, WANG Y C, GAO Y, et al. Artificial gravity with ergometric exercise preserves the cardiac, but not cerebrovascular, functions during 4 days of head - down bed rest [J]. Cytokine, 2011, 56 (3): 648 - 655.

[493] GOSWAMI N, BLABER A P, HINGHOFER - SZALKAY H, et al. Lower body

negative pressure: physiological effects, applications, and implementation [J]. Physiological reviews, 2019, 99 (1): 807-851.

[494] 吕云利,高原,马莉,等. 加压服对下体负压时人体心血管功能的影响 [J]. 心脏杂志, 2017, 29 (2): 206-209.

[495] 张家宁,高原,李程飞,等. 航天飞行人工重力的发展与应用研究进展 [J]. 西北国防医学杂志, 2018, 39 (6): 411-416.

[496] MOORE S T, DIEDRICH A, BIAGGIONI I, et al. Artificial gravity: a possible countermeasure for post-flight orthostatic intolerance [J]. Acta astronautica, 2005, 56: 867-876.

[497] MAO X W, BYRUM S, NISHIYAMA N C, et al. Impact of spaceflight and artificial gravity on the mouse retina: biochemical and proteomic analysis [J]. International journal of molecular sciences, 2018, 19 (9): 2546.

[498] AUÑÓN-CHANCELLOR S M, PATTARINI J M, MOLL S, et al. Venous thrombosis during spaceflight [J]. The New England journal of medicine, 2020, 382 (1): 89-90.

[499] 袁明. 模拟失重对心血管系统的影响及机制研究 [D]. 西安:第四军医大学, 2009.

[500] ZHU J. Influences of traditional Chinese medicine intervention on the bone growth and metabolism of rats with simulated weightlessness [J]. Asian Pacific journal of tropical medicine, 2013, 6 (3): 224-227.

[501] SONG S, GAO Z, LEI X, et al. Total flavonoids of drynariae rhizoma prevent bone loss induced by hindlimb unloading in rats [J]. Molecules, 2017, 22 (7): 1033.

[502] OZÇIVICI E. Effects of spaceflight on cells of bone marrow origin [J]. Turkish journal of haematology: official journal of Turkish Society of Haematology, 2013, 30 (1): 1-7.

[503] CAILLOT-AUGUSSEAU A, LAFAGE-PROUST M H, SOLER C. Bone formation and resorption biological markers in cosmonauts during and after a 180-day space flight [J]. Clinical chemistry, 1998, 44 (3): 578-585.

[504] COLLET P, UEBELHART D, VICO L. Effects of 1 - and 6 - month spaceflight on bone mass and biochemistry in two humans [J]. Bone, 2017, 20: 547-551.

[505] ORWOLL E S, ADLER R A, AMIN S, et al. Skeletal health in long - duration astronauts: nature, assessment, and management recommendations from the NASA Bone Summit [J]. Journal of bone and mineral research, 2013, 28 (6): 1243-1255.

[506] 衷锐. 补肾壮骨中药对模拟微重力成骨细胞的影响 [D]. 广州: 南方医科大学, 2009.

[507] 宋淑军, 司少艳, 牛忠英, 等. 雷奈酸锶在模拟微重力环境对成骨细胞增殖功能的影响 [J]. 中国骨质疏松杂志, 2011, 17 (2): 106-108, 112.

[508] 单海玲. 白术多糖通过调节免疫预防大鼠失重性骨丢失的研究 [D]. 哈尔滨: 哈尔滨工业大学, 2020.

[509] 刁岩, 魏力军, 王蕊, 等. 红松球果提取物对模拟失重诱导成骨细胞功能下降的防护作用 [J]. 航天医学与医学工程, 2016, 29 (6): 396-402.

[510] 张淑, 袁明, 吴士文. 血府逐瘀胶囊对模拟失重下骨骼肌萎缩的防护作用 [J]. 中华灾害救援医学, 2016, 4 (11): 618-623.

[511] ZHU M, LIU Z, GAO M, et al. The effect of Bu Zhong Yi Qi decoction on simulated weightlessness - induced muscle atrophy and its mechanisms [J]. Molecular medicine reports, 2017, 16 (4): 5165-5174.

[512] YAMAMOTO H, WILLIAMS E G, MOUCHIROUD L, et al. NCoR1 is a conserved physiological modulator of muscle mass and oxidative function [J]. Cell, 2011, 147 (4): 827-839.

[513] BLAAUW B, SCHIAFFINO S, REGGIANI C. Mechanisms modulating skeletal muscle phenotype [J]. Comprehensive physiology, 2013, 3 (4): 1645-1687.

[514] DONG Q, SHEN X Y, CHEN J H, et al. Effects of simulated weightlessness on erythrocyte deformability in rats [J]. Space medicine medical engineer,

1997（10）：241 -245.

[515] TUDAY E C, BERKOWITZ D E. Microgravity and cardiac atrophy：no sex discrimination [J]. Journal of applied physiology, 2007, 103（1）：1 -2.

[516] PLATTS S H, MARTIN D S, STENGER M B, et al. Cardiovascular adaptations to long - duration head - down bed rest [J]. Aviation, space, and environmental medicine, 2009, 80：A29 - A36.

[517] 李玉娟, 陈博, 甘琳, 等. 龙抗Ⅰ号对模拟微重力大鼠血液流变学的影响及心肌氧化损伤的保护研究 [J]. 北京理工大学学报, 2013, 33（12）：1313 -1316.

[518] 马建建, 宋艳, 贾敏. 血竭总黄酮对血小板聚集、血栓形成及心肌缺血的影响 [J]. 中草药, 2003, 33（11）：1008 -1010.

[519] SUN H, LING S, ZHAO D, et al. Panax quinquefolium saponin attenuates cardiac remodeling induced by simulated microgravity [J]. Phytomedicine, 2019, 56：83 -93.

[520] SHI H Z, LI Y Z, TANG Z Z, et al. Impact of 60 days of 6° head down bed rest on cardiopulmonary function, and the effects of Taikong Yangxin Prescription as a countermeasure [J]. Chinese journal of integrative medicine, 2014, 20（9）：654 -660.

[521] WOTRING V E. Medication use by U. S. crewmembers on the International Space Station [J]. The FASEB journal, 2015, 29（11）：4417 -4423.

[522] 黄丽丽, 武广霞, 张宇实, 等. 航天失重条件下药动学研究进展 [J]. 沈阳药科大学学报, 2017, 34（5）：436 -442.

[523] 郭彪, 李成林, 崔彦. 失重对消化系统影响的研究进展 [J]. 胃肠病学和肝病学杂志, 2013, 22（5）：482 -487.

[524] TIETZE K J, PUTCHA L. Factors affecting drug bioavailability in space [J]. Journal of clinical pharmacology, 1994, 34（6）：671 -676.

[525] ILYIN V K. Microbiological status of cosmonauts during orbital spaceflights on Salyut and Mir orbital stations [J]. Acta astronautica, 2005, 56：839 -850.

[526] GANDIA P, SAIVIN S, LAVIT M, et al. Influence of simulated weightlessness

on the pharmacokinetics of acetaminophen administered by the oral route: a study in the rat [J]. Fundamental & clinical pharmacology, 2004, 18 (1): 57-64.

[527] KOVACHEVICH I V, KONDRATENKO S N, STARODUBTSEV A K, et al. Pharmacokinetics of ace taminophen administered in tablets and capsules under longterm space flight conditions [J]. Pharmaceutical chemistry journal, 2009, 43 (3): 130-133.

[528] SOMODY L, FAGETTE S, BLANC S, et al. Regional blood flow in conscious rats after head-down suspension [J]. European journal of applied physiology and occupational physiology, 1998, 78 (4): 296-302.

[529] 赵军. 维生素 B6 和对乙酰氨基酚在模拟失重 SD 大鼠体内的药代动力学研究 [D]. 西安: 中国人民解放军空军军医大学, 2018.

[530] KAST J, YU Y, SEUBERT C N, et al. Drugs in space: pharmacokinetics and pharmacodynamics in astronauts [J]. European journal of pharmaceutical sciences, 2017, 109: S2-S8.

[531] IDKAIDEK N, ARAFAT T. Effect of microgravity on the pharmacokinetics of ibuprofen in humans [J]. Journal of clinical pharmacology, 2011, 51 (12): 1685-1689.

[532] 甘琳, 郑志芬, 王鲁君, 等. 异丙嗪麻黄碱合剂在模拟失重大鼠体内的药动学研究 [J]. 北京理工大学学报, 2018, 38 (2): 216-220.

[533] LIANG D, MA J, WEI B. Oral absorption and drug interaction kinetics of moxifloxacin in an animal model of weightlessness [J]. Scientific reports, 2021, 11 (1): 2605.

[534] 刘倩, 郑增娟, 吴红云, 等. 阿姆西汀在模拟失重大鼠体内检测方法建立及药代动力学研究 [J]. 国际药学研究杂志, 2018, 45 (11): 870-874.

[535] LI Y J, LI G Q, LI Y Z, et al. Development and application of an UPLC-MS method for comparative pharmacokinetic study of phenolic components from dragon's blood in rats under simulated microgravity environment [J]. Journal of pharmaceutical biomedical analysis, 2016, 121: 91-98.

[536] 李玉娟，张宇实，陈博，等. 龙血素 B 在模拟失重大鼠体内的血浆药物动力学研究 [J]. 航天医学与医学工程，2014，27（2）：79-83.

[537] 白玉，范玉凡，葛广波，等. 色谱技术在药物-血浆蛋白相互作用研究中的应用进展 [J]. 色谱，2021，39（10）：1077-1085.

[538] 王小青，周杰兆，程泽能，等. 失重环境药物代谢动力学研究 [J]. 中国临床药理学与治疗学，2017，22（6）：709-712.

[539] SCHUCK E L, GRANT M, DERENDORF H. Effect of simulated microgravity on the disposition and tissue penetration of ciprofloxacin in healthy volunteers [J]. Journal of clinical pharmacology, 2005, 45（7）：822-831.

[540] LEACH C S, ALTCHULER S I, CINTRON-TREVINO N M. The endocrine and metabolic responses to space flight [J]. Medicine & science in sports & exercise, 1983, 15（5）：432-440.

[541] DERENDORF H. Pharmacokinetic/pharmacodynamic consequences of space flight [J]. Journal of clinical pharmacology, 1994, 34（6）：684-691.

[542] 高建义，王宝珍，王静，等. 模拟失重状态对扑热息痛药代动力学的影响 [J]. 解放军药学学报，2001（6）：310.

[543] GUPTA D, BLEAKLEY B, GUPTA R K. Dragon's blood：botany, chemistry and therapeutic uses [J]. Journal of ethnopharmacology, 2008, 115（3）：361-380.

[544] 邓力. 龙抗 I 号在模拟失重大鼠体内药物动力学研究 [D]. 北京：北京理工大学，2015.

[545] 胡燕萍，李建新，刘仲昌，等. 模拟失重膳食 Fe 摄入及血清蛋白含量的变化 [J]. 第四军医大学学报，2002，23（9）：859-861.

[546] 崔伟，江涛，胡平，等. 模拟失重大鼠骨矿盐变化特点及机理 [J]. 空间科学学报，1996（201）：42-46.

[547] CHOWDHURY P, SOULSBY M E, PASLEY J N. Distribution of 3H-nicotine in rat tissues under the influence of simulated microgravity [J]. 生物医学与环境科学（英文版），1999（2）：103-109.

[548] CHINN L W, KROETZ D L. ABCB1 pharmacogenetics：progress, pitfalls,

and promise [J]. Clinical pharmacology and therapeutics, 2007, 81 (2): 265-269.

[549] KANNAN P, JOHN C, ZOGHBI S S, et al. Imaging the function of P-Glycoprotein with radiotracers: pharmacokinetics and in vivo applications [J]. Clinical pharmacology & therapeutics, 2009, 86 (4): 368-377.

[550] 郑志芬. 模拟失重对大鼠 P-gp 表达影响及藤黄酸的药物动力学研究 [D]. 北京：北京理工大学，2016.

[551] MOSKALEVA N, MOYSA A, NOVIKOVA S, et al. Spaceflight effects on cytochrome P450 content in mouse liver [J]. Plos one, 2015, 10 (11): e0142374.

[552] 石宏志，李勇枝，谢琼. 失重对药物代谢动力学影响的回顾与展望 [J]. 航天医学与医学工程，2011，24 (6): 419-422.

[553] 张旸. 叶酸和酒石酸唑吡坦在模拟失重 SD 大鼠体内的药代动力学研究 [D]. 西安：中国人民解放军空军军医大学，2018.

[554] 陈彩凤，顾明，薛瑞，等. 航天微重力条件下药物的药动学变化研究进展 [J]. 中国药理学与毒理学杂志，2022，36 (5): 393-400.

[555] 梁力. 基于生理药动学模型的异丙嗪在模拟失重大鼠体内的处置研究 [D]. 西安：第四军医大学，2015.

[556] CHEN B, GUO J, WANG S, et al. Simulated microgravity altered the metabolism of loureirin B and the expression of major cytochrome P450 in liver of rats [J]. Frontiers in pharmacology, 2018, 9: 1130.

[557] 李梦婷，陈颖，巩仔鹏，等. 航天空间环境对药物代谢动力学影响研究进展 [J]. 中国实验动物学报，2022，30 (4): 547-556.

[558] GARRETT-BAKELMAN F E, DARSHI M, GREEN S J, et al. The NASA Twins Study: a multidimensional analysis of a year-long human spaceflight [J]. Science, 2019, 364 (6436): eaau8650.

[559] 邓力，郑志芬，欧婉露，等. 紫檀芪在正常及模拟失重大鼠尿液及粪便中的排泄研究 [J]. 航天医学与医学工程，2015，28 (2): 89-93.

[560] 陈博，张宇实，苏靖，等. 模拟失重效应下龙血素 B 在大鼠体内的药物

动力学及排泄[J]. 北京理工大学学报, 2017, 37 (8): 875-880.

[561] SAIVIN S, PAVY-LE TRAON A, SOULEZ-LARIVIERE C, et al. Pharmacology in space: pharmacokinetics [J]. Advances in space biology and medicine, 1997, 6: 107-121.

[562] LIU H, LIANG M, DENG Y, et al. Simulated microgravity alters P-Glycoprotein efflux function and expression via the Wnt/β-Catenin signaling pathway in rat intestine and brain [J]. International journal of molecular sciences, 2023, 24 (6): 5438.

[563] SHAO S R, DONG H, LI Y D, et al. Pharmacokinetic study of salidroside in a rat tail suspension model [J]. Journal of Fudan University (Medical Edition), 2016, 43 (4): 393-400, 420.

[564] WEI B, ABOBO C V, MA J, et al. Gender differences in pharmacokinetics of antipyrine in a simulated weightlessness rat model [J]. Aviation, space, and environmental medicine, 2012, 83 (1): 8-13.

[565] 郭浩翔, 喻欢, 夏亚男, 等. 空间飞行对药物代谢的影响综述[J]. 航天医学与医学工程, 2021, 34 (6): 481-485.

[566] YAKOVLEVA I Y, KORNILOVA L N, SERIX G D, et al. Results of vestibular function and spatial perception of cosmonauts for the 1st and 2nd exploitation on station of Salut 6 [J]. Space biol (Russia), 1982, 1: 19-22.

[567] CHOWDHURY P, SOULSBY M E, PASLEY J N. Distribution of 3H-Nicotine in rat tissues under the influence of simulated microgravity [J]. 生物医学与环境科学（英文版）, 1999 (2): 103-109.

索 引

0~9（数字）

2D 细胞回转器　4
3D 细胞回转器　4
3 名航天员在 SLS-2 的数据（图）　229
6 名航天员平均血浆容量（图）　225
6 名航天员平均血清促红细胞生成素水平
　（图）　233
7 天卧床实验后不良组和良好组立位中 LF/
　HF 变化（图）　56
8 名航天员 9 天飞行后比目鱼肌和腓肠肌体
　积变化（图）　89
8 名模拟微重力志愿者完成恐惧情绪图片刺
　激的脑内激活　32（表）、32（图）
21 天头低位卧床期间受试者立位耐力检查时
　耐受时间变化（表）　248
90 天尾悬吊大鼠与正常组大鼠平均动脉压 -
　心率曲线（图）　55

A~Z、β

BCR 复合物介导的胞内信号转导（图）　150
B 细胞与辅助性 T 细胞相互作用（图）　149
D - 甘露糖　254
ERG　24
HDBR 实验 7　48
Hsp70 免疫组化图（图）　212

1 g　1
OKAN　26
OKN　25
OTTR 假说　41
　基本原理　41
P - 糖蛋白　269
Treisman 理论　41
T 淋巴细胞及其介导适应性细胞免疫应答
　147
T 细胞与抗原提呈细胞相互作用（图）　147
β 细胞球体治疗应用（图）　221

B

半规管　17
半规管、耳石信号改变　107
边缘系统　43
补体攻膜复合物组装及电镜结构（图）　140
补体三条激活途径（图）　140
不同测试时间积极情绪和消极情绪得分
　（图）　30
不同测试时间焦虑情绪得分（图）　29
不同测试时间抑郁情绪得分（图）　30

C

参考文献　271
参与 T 细胞与抗原提呈细胞相互作用主要分

子（图） 148
常见的由感觉引起的空间运动病 37
常见动物模拟微重力效应模型（图） 3
常见模拟微重力效应模型 2
肠道微生物 201
肠相关淋巴组织（图） 138
长期空间飞行前后肌肉容积变化比较（表） 89
长期微重力和模拟微重力对脑循环影响（表） 245
长期载人航天面临的问题 8
长时间模拟微重力培养导致T淋巴细胞产生对DC刺激抵抗（图） 167
成骨细胞 68
垂直OKN不对称变化 25
促肾上腺皮质激素 128

D

大肠结构 193、194
  功能 193
  示意（图） 194
大脑 42、43
  特征 43
大鼠红细胞骨架激光共聚焦扫描图像（图） 238
大鼠情绪唤醒水平评价（图） 31
大鼠肾脑比变化（表） 119
大鼠肾体比变化（表） 119
大鼠肾脏电镜结果×4000（图） 121
胆道、十二指肠和胰腺（图） 218
低聚果糖 172
地面动物模拟微重力实验 74
地面人体模拟微重力实验 75
地面实验和模拟 7
地球上相关疾病研究 14
电解质变化 115
动物模拟微重力效应模型 3、3（图）
动物体运动平衡系统 102
动物运动系统 62

对听觉影响 35
对乙酰氨基酚 262、265

E~F

耳石 25、40、106
  不对称假说 40
  感受器 106
烦躁情绪 27
返回地球后康复运动 101、102
  基本锻炼阶段 102
  结束阶段 102
  早期锻炼阶段 101
飞行大鼠肢体骨密度和骨强度变化（图） 74
飞行后骨密度恢复 79
飞行后航天员跟骨密度的变化（图） 77

G

钙平衡改变 79
肝脏 207、208
  结构示意（图） 208
  结构与功能 207
肝脏功能 207~210
  防御 210
  分泌胆汁 209
  解毒 209
  免疫 210
  物质代谢 209
  循环血量调节 210
感官感受 15
感觉 15、39、41
  补偿假说 41
  冲突论 39
  器官 15
感觉引起的空间运动病 37、38
  恶心、呕吐感 37
  睡眠障碍 38
  疼痛感 38
  眩晕感 38
感觉—运动系统功能 51

个体之间的骨密度差异 78
跟腱反射 57
骨代谢改变 79
骨的力学结构改变 74
骨丢失 86
    防护 86
    危害 86
骨丢失机理 84、85
    肌肉活动减少 85
    局部骨骼承重减弱和丧失 84
    全身性骨代谢调节改变 85
骨骼 66~68、75
    化学组成和代谢 68
    基本构造和功能 66
    基本结构（图） 67
    生长和质量 75
    细胞（图） 67
骨骼肌 63、64
    断面（图） 64
    基本构成 64
    基本结构及与骨骼关系（图） 64
    纤维 63
骨骼所需营养 70
    蛋白质 70
    钙 70
    维生素 D 70
骨胶原改变 81
骨结构变化 75
骨密度变化 73、75
骨髓微环境中 MSC 对 HSC 调节（图） 154
骨细胞 68、69、82
    改变 82
骨形成抑制 74
骨样品活体检查 76
骨转换改变 83
骨组织改变 73
固有淋巴样细胞 146
固有免疫 131、145
    和适应性免疫比较（表） 131

细胞 145
关节 70~72
    分类 70
    辅助结构 72
    基本构成 71
    运动形式 72
光感受器 19
国际空间站研究 7
国内外微重力生理学研究进展 12

H

航天动物实验 73
航天飞行后骨密度下降 77
航天飞行前、飞行中与飞行后坐姿时心血管
    参数（表） 242
航天飞行时肌肉运动 99
航天飞行条件下骨胶原变化 81
航天生理损伤药物防护 253
航天微重力环境对内耳前庭器影响 17
航天微重力环境对眼部影响 21~25
    对近视力、远视力、近点及立体视觉影
    响 22
    对视网膜影响 24
    对眼内压影响 21
    眼震 25
航天微重力下免疫功能变化机理 170
航天微重力下免疫功能变化预警及应对措施
    171、172
    人工重力对抗微重力 172
    饮食摄入改善免疫功能 172
    有强度的有规律的体育锻炼 172
    在轨飞行中监测免疫细胞数量及比例变
化 171
航天育种产业 13
航天员飞行 76、77
    飞行前后骨密度测量 77
    实验 76
航天员身体变化 7、88
    肌肉体积和质量变化 88

索 引

　　生理系统变化　7
　　体重变化　88
航天员运动协调障碍　104、105
　　空间定位能力下降　105
　　用力不当　104
　　运动协调能力下降　105
　　姿态平衡方式变化　105
和平号航天员飞行后骨密度改变（图）　79
红细胞　232、236、237
　　变形能力　236
　　变形性　236
　　骨架　237
　　寿命变化　232
红细胞膜流动性测定结果（表）　237
回转器　4、5

J

积极情绪和消极情绪得分（图）　30
肌层　180
肌腹　64
肌腱　65
肌肉　63、101、106
　　本体感受器　106
　　电刺激　101
　　分类　63
　　系统　63
肌肉血液供应和神经支配　66
肌肉组织病理改变　91
肌萎缩产生主要原因　98
　　激素调节改变　98
　　肌肉长时间废用　98
　　食物　98
肌萎缩造成原因和对机体影响　98
肌细胞收缩机制　65
肌纤维类型改变　90
肌原纤维　65
间充质干细胞　69
间脑　43
降钙素　85

焦虑情绪得分（图）　29
浸水实验　2
经典 HLA 分子结构（图）　144
经典固有免疫细胞　145

K

抗利尿激素　125
抗体结构及主要生物学功能（图）　143
空间飞行 13 天后小鼠胸腺及脾脏脏器指数变化（图）　157
空间飞行对大鼠比目鱼肌中两类肌纤维比例影响（表）　90
空间飞行对小鼠胸腺影响（图）　156
空间飞行作为一种应激反应促进肾上腺糖皮质激素释放　171
空间运动病　37、38
　　成因　38
　　症状　37
空间站　2、7
恐惧情绪　30
口腔　174、175
　　结构和功能　174
　　外观及结构（图）　175
口腔顶结构（图）　176
快肌纤维和慢肌纤维（图）　64

L～M

两组大鼠红细胞变形能力及异形红细胞比例（表）　236
两组大鼠血黏度和血细胞聚集指数变化（表）　236
淋巴结　137
　　结构（图）　137
　　组织结构　137
免疫　129～131、170
　　防御　130
　　功能变化机理　170
　　基本概念　129
　　监视　130

应答类型及其功能　131
　　　自稳　130
免疫分子　139～144
　　　MHC 分子　144
　　　补体　139
　　　抗体分子　141
　　　人白细胞分化抗原　144
　　　细胞因子　141
免疫分子和免疫细胞及其介导的免疫学功能
　　138
免疫器官与组织　132
免疫系统　130～132
　　　分辨自身和非己功能及平衡被打破后疾
　　病的发生（图）　130
　　　基本功能　130
免疫细胞　145
模拟微重力　2、18、35、82、198～201、
　　213、217、237
　　　对Ⅰ型毛细胞造成损伤　18
　　　对大鼠肝脏 NF-κB 表达影响（图）
　　213
　　　对大鼠胃组织瘦素水平影响（图）　35
　　　对大鼠血清瘦素水平影响（图）　35
　　　对骨胶原影响　82
　　　对小肠黏膜 CD4 细胞数量影响（图）
　　201
　　　对小肠黏膜分泌 sIgA 影响（图）　200
　　　对小肠黏膜淋巴细胞凋亡影响（图）
　　200
　　　对小肠黏膜上皮细胞凋亡影响（图）
　　198
　　　前后门静脉流速的彩色多普勒超声（图）
　　217
　　　前后兔红细胞衍射图变化（图）　237
　　　效应模型　2
模拟微重力及正常对照大鼠肝细胞超微结构
　　变化（图）　211
模拟微重力条件下 T 淋巴细胞非特异性激活
　　后 IL-2 分泌情况（图）　167

模拟微重力条件下大鼠体内 UA、BUN 变化
　　（表）　119
模拟微重力状态　23、122、196
　　　大鼠小肠黏膜光镜及电镜形态学改变
　　（图）　196
　　　对大鼠 Toll 样受体 4 表达影响　122
　　　对大鼠肾盂肾炎影响　122
　　　对人眼远视力、近点及立体视觉影响
　　（表）　23

N

脑干　44
脑结构与功能　42
内耳迷路解剖示意（图）　16
内耳前庭器　15～17
　　　功能　17
　　　结构示意（图）　17
　　　生理结构　15
内脏机械感受器　106
黏膜层　178
黏膜下层　180

P

抛物线飞行　2、164
　　　实验　2
　　　重力变化及研究取样时间点（图）　164
皮肤机械感受器　106
平衡-运动系统失调　103
平衡-运动系统失调发生机理　106、107
　　　感觉传入冲动改变　106
　　　平衡-运动系统紊乱　107
破骨细胞　69

Q～R

前庭系统　58
情绪　27
　　　分类　27
丘脑　43
人类航天研究　6

人类眼球结构简图（图） 19
人体骨骼构成 69
人体模拟微重力效应模型 2
人体头低位卧床实验 2
人体主要免疫器官及组织在体内分布情况
　　（图） 133
任务持续时间与红细胞质量下降百分比关系
　　（图） 228
认知过程 46

S

摄食调控信号机制 34
身体不同部位骨密度变化差异 78
身体上部血管调节 244
身体下肢血管调节 243、244
　　动脉血管紧张度变化 243
　　动脉血管阻力变化 243
　　静脉血管充盈度变化 244
　　静脉血管顺应性变化 244
神经肌肉功能改变 96、97
　　肌电变化 97
　　神经肌肉传递活动改变 97
肾结石形成 123
肾素-血管紧张素-醛固酮系统 126
肾小管重吸收 117
肾小球滤过率 117
视觉和耳石间的相互作用 108
视网膜 19~24
　　电图 24
　　组织结构示意（图） 20
适应性免疫 132、147
　　细胞 147
双目视频眼动测量系统 27
水的丧失 112~115
　　汗液蒸发量减少 114
　　排尿增加 115
　　体重变化 112
　　细胞内液减少 113
　　细胞外液变化 113

血浆容量减少 113
液体总量减少 114
水在体内重新分布 110、111
　　下肢容积减少 111
　　主要症状 110
苏联航天员飞行后血红蛋白质量下降程度
　　（表） 230
随机定位仪 4

T

太空探索 270
太空育种 13
太空运动病 108
弹簧束带将航天员固定在跑台上进行跑步锻
　　炼（图） 100
体液头向分布（转移）理论 39
天空实验室 80、81、93、95、115
　　3号飞行7天大鼠肌肉蛋白质和羟脯氨
　　酸含量变化（表） 93
　　-4航天员飞行期间和飞行后钙平衡
　　（图） 81
　　9名航天员尿中电解质变化（表） 115
　　航天员飞行中和飞行后尿钙和粪钙变化
　　（图） 80
　　指令长在飞行前、中、后的氮平衡（图）
　　95
听力 36
头低位模拟微重力对猕猴脾脏组织结构影响
　　（图） 157
头低位卧床 28、249
　　实验期间志愿者情绪状态变化（表） 28
　　最长运动时间变化（图） 249
兔血中红细胞畸形红细胞明显增加（图）
　　232

W

外周免疫器官与组织 136、137
　　淋巴结 136
　　黏膜相关淋巴组织 137

脾脏　136
微重力　1
微重力、辐射、饮食和其他环境因素引起肠
　　道菌群紊乱对机体影响（图）　204
微重力暴露导致大脑结构发生变化　45
微重力导致负钙平衡　79
微重力导致航天员血浆容量减少机制（图）
　　226、227
　　推测（图）　226
　　新假说（图）　227
微重力对 B 淋巴细胞及其介导体液免疫功能
　　影响　168
微重力对 NK 细胞影响　162
微重力对 T 淋巴细胞及其介导的细胞免疫应
　　答影响　165
微重力对补体系统影响　164
微重力对不同脑区影响　45
微重力对肠道影响　188
微重力对肠功能影响　195
微重力对大鼠情绪变化影响研究　29
微重力对单核/巨噬细胞影响　157
微重力对分泌功能影响　176
微重力对干细胞增殖和分化影响　177
微重力对肝脏功能影响　210~216
　　肝脏血流动力　216
　　肝脏组织超微结构　210
　　免疫功能　214
　　物质代谢　214
　　细胞增殖分化　210
　　氧化应激反应　212
微重力对肝脏影响　207
微重力对感觉功能影响　15
微重力对跟腱反射活动影响　57
微重力对骨骼肌代谢影响　93、94
　　蛋白质分解增加　94
　　蛋白质合成减少　93
　　负氮平衡出现　94
微重力对骨骼肌影响　87、99
　　防护　99

　　应对　87
微重力对骨髓及免疫细胞发育影响　153
微重力对骨质代谢影响及应对　72
微重力对固有免疫及适应性免疫应答功能影
　　响　150
微重力对固有免疫细胞及分子影响　157
微重力对航天员影响（图）　13、224、
　　228、229
　　红细胞数目影响（图）　229
　　红细胞质量影响（图）　228
　　机体影响与危害（表）　13
　　血量影响（图）　224
　　血浆容量影响（图）　224
微重力对红细胞影响　227~231
　　红细胞数目下降　228
　　红细胞形态改变　231
　　红细胞压积变化　230
　　红细胞质量下降　227
　　平均细胞体积减小　231
　　网织红细胞数量变化　231
　　血红蛋白浓度变化和质量下降　230
微重力对咀嚼和吞咽能力影响　174
微重力对口腔微生物影响　177
微重力对口腔影响　174
微重力对淋巴细胞及其介导适应性免疫应答
　　影响　165
微重力对免疫器官影响　153
微重力对免疫系统影响　129
微重力对免疫细胞及其介导免疫应答影响
　　157
微重力对男性航天员情绪变化影响研究　28
微重力对脑调节功能影响　42
微重力对女性航天员情绪变化影响研究　29
微重力对平衡-运动系统影响　102
微重力对其他感觉影响的空间运动病症状
　　37
微重力对前庭反射影响　58
微重力对前庭心血管反射影响　60
微重力对情绪影响　27

索　引

微重力对人体生理系统影响　42
微重力对人体水和电解质影响　110
微重力对摄食调控影响　34
微重力对神经反射影响　53
微重力对神经系统影响　15
微重力对肾功能影响　117
微重力对肾小管水通道蛋白 2 表达影响　120
微重力对肾小球滤过率和肾小管重吸收影响　117
微重力对肾脏氧自由基代谢影响　121
微重力对嗜酸性和嗜碱性粒细胞影响　164
微重力对视觉影响　19
微重力对视力改变影响　22
微重力对树突状细胞影响　163
微重力对水盐代谢影响　124
微重力对体液调节系统影响　110
微重力对外周免疫器官影响　156
微重力对位觉影响　15
微重力对味觉影响　32
微重力对胃黏膜影响　186
微重力对胃排空影响　187
微重力对胃影响　177、184
微重力对下丘脑 – 垂体系统影响　56
微重力对下丘脑与血压调节相关区域影响　56
微重力对下丘脑中神经递质影响　57
微重力对腺体状态和功能变化影响　219
微重力对消化系统影响　173
微重力对血流量影响　223
微重力对心血管调节功能影响　238
微重力对心血管系统压力感受器反射活动影响　53
微重力对心血管压力感受器反射影响　55
微重力对心脏影响　238 ~ 241
　　对心脏功能影响　241
　　对心脏结构影响　240
　　心律　239
　　心率　238
微重力对胸腺影响　154
微重力对血管影响　242
微重力对血浆容量影响　224
微重力对血液流变性影响　234
微重力对循环系统影响　223
微重力对延髓 – 心血管初级中枢影响　55
微重力对胰岛移植治疗影响　219
微重力对胰脏影响　217
微重力对运动系统影响　62
微重力对运动协调系统影响　104
微重力对中枢免疫器官影响　153
微重力对中性粒细胞影响　161
微重力防护原理及措施　10
微重力飞行　6
微重力骨丢失防护药物　253
微重力环境对心血管系统影响的对抗防护措施　251、252
　　人工重力　251
　　下体或四肢负压装置　251
　　药物防护　252
　　运动锻炼　251
微重力或模拟微重力对大脑认知功能影响　46 ~ 49
　　对认知相关神经递质影响　49
　　行为表现　47
微重力或模拟微重力对大脑运动功能影响　50
微重力或模拟微重力对视觉空间信息加工功能影响　52
微重力机体中的药物动力学研究　260
微重力肌萎缩对全身影响　98、99
　　骨丢失　99
　　机体动作协调性降低　99
　　心血管壁结构发生变化　99
　　心脏　98
微重力及辐射神经系统损伤防护药物　259
微重力及空间辐射消化道损伤防护药物　258
微重力尿白蛋白影响　124
其他影响因素　35
　　太空对流变化　35

体液头向转移　35
微重力生理效应防护措施　10、11
　　光照控制　11
　　合理用药　11
　　科学营养膳食　11
　　生理监测　11
　　水分管理　11
　　医学研究　11
　　运动和锻炼　10
　　重力模拟　11
微重力生理学　5、8、12、13
　　发展历史里程碑　5
　　历史　5
　　问题　8
　　研究进展　12
研究相关展望　13
　　研究意义　12
微重力生理学研究相关展望　13、14
　　长期太空任务　14
　　地球上相关疾病研究　14
　　基因和分子水平研究　14
　　跨学科研究　14
　　生命支持系统　14
　　新技术和设备　14
微重力时各重力感受器传入冲动的改变及成
　　因（表）　107
微重力时骨骼负荷降低　85
微重力时红细胞减少机理　232~234
　　红细胞生成素下降　232
　　网织红细胞减少　234
　　新细胞溶解　233
微重力时人体生理系统变化总起因　9
　　感觉传入冲动改变　9
　　缺乏引力负担　9
　　血液/体液头向分布　9
微重力时与骨骼肌供能有关的能量代谢　96
　　葡萄糖的有氧氧化　96
　　糖酵解　96
　　血糖　96

微重力所致肾动脉收缩功能变化　120
微重力条件下　118、255、261~269
　　肌肉萎缩防护药物　255
　　肾脏各项指标改变　118
　　药物代谢　266
　　药物分布　264
　　药物排泄　269
　　药物吸收　261
微重力细胞培养系统　4
微重力效应对消化液和消化道激素分泌影响
　　184
微重力心血管功能紊乱防护药物　257
微重力引起肌肉功能下降　91、92
　　肌力下降　91
　　肌肉紧张度下降　92
　　肌肉协调性下降　92
　　运动耐力下降　91
微重力引起肾脏形态改变　118
微重力影响细胞骨架调节及功能　170
微重力与1g时左心室球度与压力关系（图）
　　240
微重力造成感觉-运动性改变的应对措施
　　108、109
　　飞行操作训练　109
　　航天中的体能训练　109
　　微重力的体验和训练　108
微重力造成肌肉萎缩和功能下降　88
微重力状态　1、234
　　对红系细胞本身影响　234
尾部悬吊7天对大鼠胸腺指数影响（图）
　　155
位觉感受器　17
未来研究　8
未来展望　8
胃　177~184
　　分泌　183
　　结构　178
　　位置和毗邻　178
　　形态和分布　178

形态及胃壁结构（图）　179
　　　运动　182
　　　自我保护机制　184
胃壁　178
胃功能　182、183
　　　调控　183
胃神经　180、181
　　　分布（图）　181
胃血管　180~182
　　　分布（图）　182
卧床实验　22、23、80
　　　结果　80
卧床实验受试者　22、23、112、235
　　　血黏度变化（图）　235
　　　体重、小腿周径及面积变化（表）　112
　　　近视力变化（表）　23
　　　眼内压变化（表）　22
　　　眼球平均敏感度变化（表）　23

X

细胞或组织模拟微重力效应模型　4
细胞密度条件下生成的胰腺β细胞球体（图）　220
细胞色素 P450　266
细胞因子对免疫细胞的网络化调控（图）　142
下丘脑　33、44
　　　摄食相关核团　33
下体负压装置结合运动　101
线粒体功能变化可能参与空间飞行免疫失调　171
消化道各层肠壁结构（图）　189
消化和血流动力学变化　201
消化系统　173
小肠　191~199
　　　肠壁结构（图）　191
　　　机械屏障　198
　　　结构与功能　189
　　　免疫屏障　199

　　　黏膜形态　195
　　　位置及结构（图）　190
　　　细胞凋亡　197
　　　运动　197、192（图）
　　　转运功能　197
小结　221
小脑　44
小鼠下丘脑核团空间分布（图）　33
血量　223
血黏度增加　235
心房利尿钠肽　125
心血管功能失调表现　246~248
　　　超重耐力下降　246
　　　立位耐力下降　247
　　　运动耐力下降　248
心血管功能失调机理　249~251
　　　肌肉萎缩　250
　　　脑血流速度降低　250
　　　心脏泵血和收缩功能降低　250
　　　血浆容量减少　250
　　　压力感受器反射功能下降　251
心血管调节功能　246
心血管系统压力感受器反射生理结构　53
心血管压力感受器反射作用机制　54
心血管中枢系统　54
新细胞溶解模型（图）　234
行为及功能上的变化　59
胸腺中T淋巴细胞发育（图）　135
血浆容量减少机理　225
血液/体液头向转移影响　10

Y

亚历山大定律　25
延髓　54
眼动空间定向　26
眼球　19、20、26
　　　功能　20
　　　生理结构　19
　　　震颤后视动力　26

眼震 25
药物 261~269
　　代谢 266、268
　　分布 264
　　排泄 269
　　吸收 261
药物分布 264
　　容积 264
胰腺 217、220
　　β细胞球体（图） 220
胰脏 217
　　结构与功能 217
异丙嗪麻黄碱合剂 263
抑郁情绪 27、30
　　得分（图） 30
饮食营养 102
与运动平衡有关的器官及感觉 103
运动系统基本结构和功能 63

Z

载人飞船 6
载人航天环境 27

在ISS任务期间和返回地球后细胞因子浓度变化与肠道微生物群相对丰度之间的关系（表） 205
早期动物实验 6
早期空间探索 5
造血干细胞分化（图） 134
展望 270
真实微重力或模拟微重力环境 151、152
　　对免疫细胞数量及功能影响（表） 152
　　对细胞因子分泌水平影响（表） 151
正常组与尾悬吊28天大鼠下丘脑中儿茶酚胺含量（表） 57
中国空间医学研究 7
中枢免疫器官 133~135
　　骨髓 133
　　胸腺 135
重力 1、106
　　感受器 106
紫檀芪属二苯乙烯类化合物 269
组织定居型淋巴细胞 146
组织结构上的适应性变化 60
左旋肉碱 257

（王彦祥、张若舒 编制）